"十二五"国家重点出版规划项目

/现代激光技术及应用丛书/

激光束的强度矩描述

冯国英　周寿桓　编著

国防工业出版社

·北京·

内 容 简 介

本书系统阐述了激光光束的强度矩表达及相关基础知识,提出采用无量纲系数 a_{ZF} 表示光束像散特性,采用 t_{ZF} 表示光束的扭曲特性,建议采用 M 矩阵和 M 参数表征光束质量,采用 Q_{ZF} 表示光束的整体光束质量。内容包括线性光学系统的矩阵表示,激光束的强度分布及强度矩传输规律,光束传输旋转不变量,激光束像散和扭曲的定量表达及校正等。

本书可供从事光学、光学工程、电子科学与技术及相关专业的科技人员和大专院校师生阅读。

图书在版编目(CIP)数据

激光束的强度矩描述/冯国英,周寿桓编著. —北京:国防工业出版社,2016. 11
(现代激光技术及应用)
ISBN 978 - 7 - 118 - 11165 - 1

Ⅰ.①激…　Ⅱ.①冯…②周…　Ⅲ.①激光—强度矩阵—研究　Ⅳ.①TN24

中国版本图书馆 CIP 数据核字(2016)第 298965 号

※

国防工业出版社出版发行

(北京市海淀区紫竹院南路 23 号　邮政编码 100048)
北京嘉恒彩色印刷有限责任公司印刷
新华书店经售

*

开本 710×1000　1/16　印张 15¾　字数 340 千字
2016 年 11 月第 1 版第 1 次印刷　印数 1—2500 册　定价 76.00 元

(本书如有印装错误,我社负责调换)

国防书店:(010)88540777　　　发行邮购:(010)88540776
发行传真:(010)88540755　　　发行业务:(010)88540717

序

世界上第一台激光器于 1960 年诞生在美国，紧接着我国也于 1961 年研制出第一台国产激光器。激光的重要特性(亮度高、方向性强、单色性好、相干性好)决定了它五十多年来在技术与应用方面迅猛发展，并与多个学科相结合形成多个应用技术领域，比如光电技术、激光医疗与光子生物学、激光制造技术、激光检测与计量技术、激光全息技术、激光光谱分析技术、非线性光学、超快激光学、激光化学、量子光学、激光雷达、激光制导、激光同位素分离、激光可控核聚变、激光武器等。这些交叉技术与新的学科的出现，大大推动了传统产业和新兴产业的发展。可以说，激光技术是 20 世纪最具革命性的科技成果之一。我国也非常重视激光技术的发展，在《国家中长期科学与技术发展规划纲要(2006—2020 年)》中，激光技术被列为八大前沿技术之一。

近些年来，我国在激光技术理论创新和学科发展方面取得了很多进展，在激光技术相关前沿领域取得了丰硕的科研成果，在激光技术应用方面取得了长足的进步。为了更好地推动激光技术的进一步发展，促进激光技术的应用，国防工业出版社策划并组织编写了这套丛书。策划伊始，定位即非常明确，要"凝聚原创成果，体现国家水平"。为此，专门组织成立了丛书的编辑委员会。为确保丛书的学术质量，又成立了丛书的学术委员会。这两个委员会的成员有所交叉，一部分人是几十年在激光技术领域从事研究与教学的老专家，一部分人是长期在一线从事激光技术与应用研究的中年专家。编辑委员会成员以丛书各分册的第一作者为主。周寿桓院士为编辑委员会主任，我们两位被聘为学术委员会主任。为达到丛书的出版目的，2012 年 2 月 23 日两个委员会一起在成都召开了工作会议，绝大部分委员都参加了会议。会上大家进行了充分讨论，确定丛书书目、丛书特色、丛书架构、内容选取、作者选定、写作与出版计划等等，丛书的编写工作从那时就正式地开展起来了。

历时四年至今日，丛书已大部分编写完成。其间两个委员会做了大量的工作，又召开了多次会议，对部分书目及作者进行了调整，组织两个委员会的委员对编写大纲和书稿进行了多次审查，聘请专家对每一本书稿进行了审稿。

总体来说，丛书达到了预期的目的。丛书先后被评为"十二五"国家重点出版规划项目和国家出版基金项目。丛书本身具有鲜明特色：①丛书在内容上分三个部分，激光器、激光传输与控制、激光技术的应用，整体内容的选取侧重高功率高能激光技术及其应用；②丛书的写法注重了系统性，为方便读者阅读，采用了理论—技术—应用的编写体系；③丛书的成书基础好，是相关专家研究成果的总结和提炼，包括国家的各类基金项目，如973项目、863项目、国家自然科学基金项目、国防重点工程和预研项目等，书中介绍的很多理论成果、仪器设备、技术应用获得了国家发明奖和国家科技进步奖等众多奖项；④丛书作者均来自国内具有代表性的从事激光技术研究的科研院所和高等院校，包括国家、中科院、教育部的重点实验室以及创新团队等，这些单位承担了我国激光技术研究领域的绝大部分重大的科研项目，取得了丰硕的成果，有的成果创造了多项国际纪录，有的属国际首创，发表了大量高水平的具有国际影响力的学术论文，代表了国内激光技术研究的最高水平，特别是这些作者本身大都从事研究工作几十年，积累了丰富的研究经验，丛书中不仅有科研成果的凝练升华，还有着大量作者科研工作的方法、思路和心得体会。

综上所述，相信丛书的出版会对今后激光技术的研究和应用产生积极的重要作用。

感谢丛书两个委员会的各位委员、各位作者对丛书出版所做的奉献，同时也感谢多位院士在丛书策划、立项、审稿过程中给予的支持和帮助！

丛书起点高、内容新、覆盖面广、写作要求严，编写及组织工作难度大，作为丛书的学术委员会主任，很高兴看到丛书的出版，欣然写下这段文字，是为序，亦为总的前言。

金国藩　周炳琨

2015 年 3 月

自 1960 年梅曼完成了世界上第一台红宝石激光器以来,在应用需求的牵引下,激光模场及光束质量表征工作一直是人们关心的问题。系统掌握激光模场相关的基础知识和研究方法,并应用这些知识来指导激光器的设计及应用,对激光科学家和工程师等都是十分必要的。

本书系统阐述了激光光束的强度矩表达及相关基础知识,以线性光学系统、激光束强度矩描述、光束质量 M 矩阵表征为重点内容,提出采用无量纲系数 a_{ZF} 表示光束像散特性,采用 t_{ZF} 表示光束的扭曲特性,建议采用 M 矩阵和 M 参数表征光束质量,采用 Q_{ZF} 表示光束的整体光束质量。本书从内容上分为以下几个章节。第 1 章主要介绍线性光学系统;第 2 章介绍了激光束的强度分布特点及强度分布测量方法;第 3 章给出了光束的强度矩及其对光束特性参数的表征;第 4 章给出了光束像散和扭曲的定量表达;第 5 章提出了 M 矩阵和 M 参数以及传输不变量。本书全部章节由冯国英和周寿桓共同完成。

本书是以 2006 年以来作者在四川大学和中国电子科技集团第十一研究所从事本科生、研究生教学相关课程所用讲义、专题报告等为素材加以整理完善而成的。在编写过程中还广泛参考了这一领域发表的学术论文、硕博士论文和研究报告。每章末编入了参考文献,供进一步学习参考之用。本书力求较为全面和系统反映国内外在激光束强度矩描述相关领域的主要论文和有代表性的研究成果,其中包括国内外有重要意义的研究成果,也写入了作者及研究团队在国内外从事相关课题的研究体会。

在本书的编写过程中,王国振、兰斌、戴深宇、张澍霖、梁井川、刘亲厚等同学参与了本书源程序及文字等的编制工作,在此深表感谢!

限于编著者的学术水平,且时间仓促,书中难免有欠妥之处,恳请阅者批评指正,不胜感激!

作者
2016 年 8 月

目录

第3章 强度矩定义及传输

第 5 章　光束质量 M 曲线和 M 矩阵

第1章
线性光学系统

自1960年梅曼完成了世界上第一台红宝石激光器[1]以来，在应用需求的牵引下，激光束的描述[2]及光束质量表征[3]工作一直是人们关心的问题。

一阶光学系统是指无损耗、被动、无"像差[4]"的光学系统，通常由自由空间、具有抛物线面形的透镜和反射镜组成。折射率分布为抛物线形状的梯度折射率（GRIN）透镜和梯度折射率光纤也属于一阶光学系统[5,6]。一阶光学系统也称为线性光学系统，在各种光学系统中一阶光学系统具有特别重要的意义。

1.1 光线向量

在几何光学中光束可用光线向量来表示，如图1-1所示。光线向量 r 含有两个分量：

$$r = \begin{bmatrix} x \\ \theta \end{bmatrix} \qquad (1-1)$$

式中：x 为离轴距离；θ 为光线的方向。

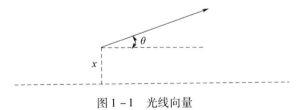

图 1-1 光线向量

在图1-2所示的情况下，光线向量 r 含有四个分量：

$$r = [x \quad y \quad \theta_x \quad \theta_y]^\mathrm{T} \qquad (1-2)$$

式中：x、y 为光线与 $X-Y$ 平面的交点坐标；θ_x、θ_y 分别为光线在 $X-Z$ 平面和 $Y-Z$ 平面的角度；上标"T"表示矩阵的转置。

为了简化，空间坐标 x、y 和角度坐标 θ_x、θ_y 可由位置 $q = [x \quad y]^\mathrm{T}$ 和方向 $p = [\theta_x \quad \theta_y]^\mathrm{T}$ 表示。

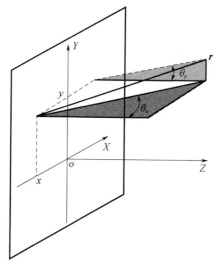

图 1-2   光线向量

1.2   光学系统的 2×2 矩阵描述

一阶光学系统可由矩阵 S 表征,S 与入射光线 r_1 和出射光线 r_2 之间有如下关系:

$$r_2 = S \cdot r_1 \tag{1-3}$$

如果光学系统是旋转对称的,或可分离为 X 轴方向和 Y 轴方向,其传输特性可用 2×2 传输矩阵表示:

$$S = \begin{bmatrix} A & B \\ C & D \end{bmatrix} \tag{1-4}$$

S 又称 $ABCD$ 矩阵,它可由构成光学系统的各元件的矩阵求出:

$$S = S_n S_{n-1} \cdots S_1 \tag{1-5}$$

式中:S_n 为构成光学系统的单个光学元件的传输矩阵。

表 1-1 列出了一些基本的近轴光学系统的 2×2 矩阵。

表 1-1   一些基本的近轴光学系统的 2×2 矩阵

均匀介质 其中:l 为长度	$\begin{bmatrix} 1 & l \\ 0 & 1 \end{bmatrix}$
折射率突变的平面 其中:n_1、n_2 为折射率	$\begin{bmatrix} 1 & 0 \\ 0 & \dfrac{n_1}{n_2} \end{bmatrix}$

（续）

折射率突变的球面 其中：n_1、n_2 为折射率；R 为球面曲率半径	$$\begin{bmatrix} 1 & 0 \\ \dfrac{n_2 - n_1}{n_2 R} & \dfrac{n_1}{n_2} \end{bmatrix}$$
平行平板介质 其中：n 为介质折射率；l 为长度	$$\begin{bmatrix} 1 & \dfrac{l}{n} \\ 0 & 1 \end{bmatrix}$$
薄透镜 其中：f 为焦距	$$\begin{bmatrix} 1 & 0 \\ -\dfrac{1}{f} & 1 \end{bmatrix}$$
厚透镜 其中：n_1 为环境折射率；n_2 为透镜折射率； R_1 为厚透镜前表面曲率半径；R_2 为厚透镜 后表面曲率半径；l 为长度	$$\begin{bmatrix} 1 - \dfrac{h_2}{f} & \dfrac{l n_1}{n_2} \\ -\dfrac{1}{f} & 1 - \dfrac{h_1}{f} \end{bmatrix}$$ $$\begin{cases} h_{1,2} = \dfrac{n_1 l \, \lvert R_{1,2} \rvert}{n_2 (R_2 + \lvert R_1 \rvert) - (n_2 - n_1) l} \\ f^{-1} = \dfrac{n_2 - n_1}{n_1} \left(\dfrac{1}{R_2} + \dfrac{1}{\lvert R_1 \rvert} - \dfrac{n_2 - n_1}{n_2} \cdot \dfrac{l}{\lvert R_1 \rvert R_2} \right) \end{cases}$$
球面反射镜 其中：R 为球面曲率半径	$$\begin{bmatrix} 1 & 0 \\ -\dfrac{2}{R} & 1 \end{bmatrix}$$
平面反射镜	$$\begin{bmatrix} 1 & 0 \\ 0 & 1 \end{bmatrix}$$
锥形反射镜 其中：n 为折射率；d 为长度	$$\begin{bmatrix} -1 & -\dfrac{2d}{n} \\ 0 & -1 \end{bmatrix}$$
正透镜介质 其中：β 为常数，$\beta > 0$；l 为长度。 折射率径向分布为 $n = n_0 \left(1 - \dfrac{\beta^2 r^2}{2} \right)$，　$\beta > 0$ 其中：r 为径向距离； n_0 为轴线（$r = 0$）上的折射率。	$$\begin{bmatrix} \cos(\beta l) & \dfrac{1}{\beta}\sin(\beta l) \\ -\beta\sin(\beta l) & \cos(\beta l) \end{bmatrix}$$
负透镜介质 其中：β 为常数，$\beta > 0$；l 为长度。 折射率径向分布为 $n = n_0 \left(1 + \dfrac{\beta^2 r^2}{2} \right)$，　$\beta > 0$ 其中：r 为径向距离； n_0 为轴线（$r = 0$）上的折射率。	$$\begin{bmatrix} \cosh(\beta l) & \dfrac{1}{\beta}\sinh(\beta l) \\ \beta\sinh(\beta l) & \cosh(\beta l) \end{bmatrix}$$

（续）

高斯光阑 径向透过率为 $t(r) = t_0 e^{-r^2/\sigma^2}$ 其中：r 为径向距离；t_0 为轴线（$r=0$）上的透过率	$\begin{bmatrix} 1 & 0 \\ -\dfrac{i\lambda}{\pi\sigma^2} & 1 \end{bmatrix}$
透镜焦平面系统 其中：f 为焦距	$\begin{bmatrix} 0 & f \\ -\dfrac{1}{f} & 0 \end{bmatrix}$
相位共轭镜（简并四波混频）[7] 其中：ρ_i 为入射光束的波阵面曲率半径	$\begin{bmatrix} 1 & 0 \\ 0 & -1 \end{bmatrix}$ 或 $\begin{bmatrix} 1 & 0 \\ -\dfrac{2}{\rho_i} & 1 \end{bmatrix}$
相位共轭镜（非简并四波混频）[8] 其中：ω 为激发相位共轭镜泵浦波的角频率；δ 可正可负，入射光的频率为 $\omega+\delta$，反射光的频率为 $\omega-\delta$；ρ_i 为入射光束的波阵面曲率半径	$\begin{bmatrix} 1-\dfrac{\delta}{\omega} & 0 \\ 0 & -1-\dfrac{\delta}{\omega} \end{bmatrix}$ 或 $\begin{bmatrix} \dfrac{1-\delta/\omega}{1+\delta/\omega} & 0 \\ -\dfrac{2}{\rho_i} & 1 \end{bmatrix}$
高斯反射球面镜 其中：R 为球面曲率半径。 径向透过率为 $t(r) = t_0 e^{-r^2/\sigma^2}$ 其中：r 为径向距离；t_0 为轴线（$r=0$）上的透过率	$\begin{bmatrix} 1 & 0 \\ -\left(\dfrac{2}{R}+\dfrac{i\lambda}{\pi\sigma^2}\right) & 1 \end{bmatrix}$

1.2.1 *ABCD* 定律

理论已经证明，光线通过变换矩阵 $\boldsymbol{M} = \begin{bmatrix} A & B \\ C & D \end{bmatrix}$ 的光学系统，其变换也遵循 *ABCD* 定律[9-11]，即

$$\begin{bmatrix} r_2 \\ \theta_2 \end{bmatrix} = \begin{bmatrix} A & B \\ C & D \end{bmatrix} \begin{bmatrix} r_1 \\ \theta_1 \end{bmatrix} \tag{1-6}$$

若光线通过具有多个光学元件的光学系统时，变换矩阵 $\boldsymbol{M}$ 由各光学元件变换矩阵 $\boldsymbol{M}_1, \boldsymbol{M}_2, \cdots, \boldsymbol{M}_n$ 的乘积所确定，则光线的变换方程为

$$\begin{bmatrix} r_2 \\ \theta_2 \end{bmatrix} = \boldsymbol{M}_n \cdots \boldsymbol{M}_3 \boldsymbol{M}_2 \boldsymbol{M}_1 \begin{bmatrix} r_1 \\ \theta_1 \end{bmatrix} \tag{1-7}$$

1.3 光学系统的 2×2 矩阵的特性

1.3.1 行列式的值

$ABCD$ 矩阵的一个重要性质是其行列式的值:

$$\det\begin{bmatrix} A & B \\ C & D \end{bmatrix} = \begin{vmatrix} A & B \\ C & D \end{vmatrix} = AD - BC = n_1/n_2 \qquad (1-8)$$

式中:n_1 为入射空间的折射率;n_2 为出射空间的折射率。

当入射空间和出射空间的折射率相同时,则有

$$\det\begin{bmatrix} A & B \\ C & D \end{bmatrix} = AD - BC = 1 \qquad (1-9)$$

1.3.2 逆矩阵和反向变换矩阵

$ABCD$ 矩阵的逆矩阵为

$$\begin{bmatrix} A & B \\ C & D \end{bmatrix}^{-1} = \frac{\begin{bmatrix} D & -B \\ -C & A \end{bmatrix}}{\det\begin{bmatrix} A & B \\ C & D \end{bmatrix}} \qquad (1-10)$$

若规定 $ABCD$ 矩阵为由左向右传输的正向传输矩阵,则光线由右向左传输的反向传输矩阵为

$$\begin{bmatrix} A & B \\ C & D \end{bmatrix}_{\text{反}} = \frac{\begin{bmatrix} D & B \\ C & A \end{bmatrix}}{\det\begin{bmatrix} A & B \\ C & D \end{bmatrix}} \qquad (1-11)$$

1.3.3 本征值

设从腔内某一位置为起点,在腔中往返一周的传输矩阵为 $\begin{bmatrix} A & B \\ C & D \end{bmatrix}$,该谐振腔的本征向量和本征值 λ 与 $\begin{bmatrix} A & B \\ C & D \end{bmatrix}$ 矩阵有如下关系:

$$\lambda\begin{bmatrix} r \\ \theta \end{bmatrix} = \begin{bmatrix} A & B \\ C & D \end{bmatrix}\begin{bmatrix} r \\ \theta \end{bmatrix} \qquad (1-12)$$

式(1-12)称为本征值方程,可改写为

$$\begin{bmatrix} A-\lambda & B \\ C & D-\lambda \end{bmatrix}\begin{bmatrix} r \\ \theta \end{bmatrix} = 0 \qquad (1-13)$$

求解

$$\begin{vmatrix} A-\lambda & B \\ C & D-\lambda \end{vmatrix} = 0 \qquad (1-14)$$

可得到两个本征值 λ_1 和 λ_2。若 $AD-BC=1$:当出现实本征值时,两个本征值互为倒数;当出现复数本征值时,两个本征值的模为 1,互为共轭。

若矩阵 $\begin{bmatrix} A & B \\ C & D \end{bmatrix}$ 为 $n \times n$ 矩阵,则它的本征值方程是 n 次多项式,因而 $\begin{bmatrix} A & B \\ C & D \end{bmatrix}$ 最多有 n 个本征值。所有奇数次的多项式必有一个实数根,因此对于奇数 n,每个实矩阵至少有一个实本征值。在实矩阵的情形下,非实数本征值成共轭对出现。

1.3.4 本征向量

线性变换的本征向量是一个非简并向量,其方向在此变换下不变。本征向量在此变换下缩放的比例称为本征值。一个线性变换通常可以由本征值和本征向量描述。

一旦得到两个本征值 λ_1 和 λ_2,就可得到一组有意义的本征向量 $\begin{bmatrix} r_1 \\ \theta_1 \end{bmatrix}$ 和

$\begin{bmatrix} r_2 \\ \theta_2 \end{bmatrix}$。本征向量可以通过求解下列方程得到:

$$\left(\begin{bmatrix} A & B \\ C & D \end{bmatrix} - \lambda_{1,2}\mathbb{I} \right) \begin{bmatrix} r_{1,2} \\ \theta_{1,2} \end{bmatrix} = \begin{bmatrix} 0 \\ 0 \end{bmatrix} \qquad (1-15)$$

式中:$\mathbb{I}$ 为单位阵,$\mathbb{I} = \begin{bmatrix} 1 & 0 \\ 0 & 1 \end{bmatrix}$。

当本征值出现重根时,如 $\lambda_1 = \lambda_2$,本征向量简并。

1.4 像散光学系统的 4×4 矩阵描述

如果光学系统是像散[12-14]的,其传输特性可用 4×4 传输矩阵表示:

$$S = \begin{bmatrix} A & B \\ C & D \end{bmatrix} \qquad (1-16)$$

式中:A、B、C 和 D 分别为 2×2 矩阵。

S 又称为 $ABCD$ 矩阵,是一个 4×4 矩阵,它可由构成光学系统的各元件的 4×4 矩阵求出:

$$S = S_n S_{n-1} \cdots S_1 \qquad (1-17)$$

式中:S_n 为构成光学系统的单个光学元件的 4×4 矩阵。

表 1-2 列出了一些基本的近轴光学元件的 4×4 矩阵。

表 1-2　一些基本的近轴光学元件的 4×4 矩阵

柱面反射 xoz 为子午面	$\begin{bmatrix} 1 & 0 & 0 & 0 \\ 0 & 1 & 0 & 0 \\ -\dfrac{2}{R} & 0 & 1 & 0 \\ 0 & 0 & 0 & 1 \end{bmatrix}$
柱面折射 xoz 为子午面 $p = \dfrac{n_1 - n_2}{R}$	$\begin{bmatrix} 1 & 0 & 0 & 0 \\ 0 & 1 & 0 & 0 \\ -\dfrac{p}{n_2} & 0 & \dfrac{n_1}{n_2} & 0 \\ 0 & 0 & 0 & \dfrac{n_1}{n_2} \end{bmatrix}$
柱面折射 yoz 为子午面 $p = \dfrac{n_1 - n_2}{R}$	$\begin{bmatrix} 1 & 0 & 0 & 0 \\ 0 & 1 & 0 & 0 \\ 0 & 0 & \dfrac{n_1}{n_2} & 0 \\ 0 & -\dfrac{p}{n_2} & 0 & \dfrac{n_1}{n_2} \end{bmatrix}$
球面折射 $p = \dfrac{n_1 - n_2}{R}$	$\begin{bmatrix} 1 & 0 & 0 & 0 \\ 0 & 1 & 0 & 0 \\ -\dfrac{p}{n_2} & 0 & \dfrac{n_1}{n_2} & 0 \\ 0 & -\dfrac{p}{n_2} & 0 & \dfrac{n_1}{n_2} \end{bmatrix}$
通过厚为 t、折射率为 n 的均匀介质 xoz 为子午面 （入射光束与 z 轴的夹角为 α）	$\begin{bmatrix} 1 & 0 & \dfrac{n^2 t(1 - \sin^2\alpha)}{(n^2 - \sin^2\alpha)^{3/2}} & 0 \\ 0 & 1 & 0 & \dfrac{t}{(n^2 - \sin^2\alpha)^{1/2}} \\ 0 & 0 & 1 & 0 \\ 0 & 0 & 0 & 1 \end{bmatrix}$
柱面厚透镜 xoz 为子午面，l 为透镜的厚度 $p_1 = \dfrac{1-n}{R_1}, p_2 = \dfrac{n-1}{R_2}$ $p_{12} = p_1 + p_2 - \dfrac{p_1 p_2}{n} l$ $= (n-1)\left(\dfrac{1}{R_2} - \dfrac{1}{R_1} + \dfrac{(n-1)l}{nR_1 R_2}\right)$	$\begin{bmatrix} 1 - \dfrac{lp_1}{n} & 0 & \dfrac{l}{n} & 0 \\ 0 & 1 & 0 & \dfrac{l}{n} \\ -p_{12} & 0 & 1 - \dfrac{lp_2}{n} & 0 \\ 0 & 0 & 0 & 1 \end{bmatrix}$

柱面厚透镜 yoz 为子午面,l 为透镜厚度 p_1、p_2、p_{12}同上	$$\begin{bmatrix} 1 & 0 & \dfrac{l}{n} & 0 \\ 0 & 1-\dfrac{lp_1}{n} & 0 & \dfrac{l}{n} \\ 0 & 0 & 1 & 0 \\ 0 & -p_{12} & 0 & 1-\dfrac{lp_2}{n} \end{bmatrix}$$
柱面薄透镜 xoz 为子午面 $\dfrac{1}{f}=(n-1)\left(\dfrac{1}{R_2}-\dfrac{1}{R_1}\right)$	$$\begin{bmatrix} 1 & 0 & 0 & 0 \\ 0 & 1 & 0 & 0 \\ -\dfrac{1}{f} & 0 & 1 & 0 \\ 0 & 0 & 0 & 1 \end{bmatrix}$$
柱面薄透镜 yoz 为子午面 $\dfrac{1}{f}=(n-1)\left(\dfrac{1}{R_2}-\dfrac{1}{R_1}\right)$	$$\begin{bmatrix} 1 & 0 & 0 & 0 \\ 0 & 1 & 0 & 0 \\ 0 & 0 & 1 & 0 \\ 0 & -\dfrac{1}{f} & 0 & 1 \end{bmatrix}$$
球面厚透镜 l 为透镜厚度 p_1,p_2,p_{12}同上	$$\begin{bmatrix} 1-\dfrac{p_1 l}{n} & 0 & \dfrac{l}{n} & 0 \\ 0 & 1-\dfrac{p_1 l}{n} & 0 & \dfrac{l}{n} \\ -p_{12} & 0 & 1-\dfrac{p_2 l}{n} & 0 \\ 0 & -p_{12} & 0 & 1-\dfrac{p_2 l}{n} \end{bmatrix}$$
球面薄透镜 $\dfrac{1}{f}=(n-1)\left(\dfrac{1}{R_2}-\dfrac{1}{R_1}\right)$	$$\begin{bmatrix} 1 & 0 & 0 & 0 \\ 0 & 1 & 0 & 0 \\ -\dfrac{1}{f} & 0 & 1 & 0 \\ 0 & -\dfrac{1}{f} & 0 & 1 \end{bmatrix}$$
柱面厚透镜 xoz 为子午面,l 为透镜的厚度,柱面绕 z 轴旋转 γ 角 p_1,p_2,p_{12}同上	$$\begin{bmatrix} 1-\dfrac{lp_1}{n}\cos^2\gamma & \dfrac{lp_1}{2n}\sin(2\gamma) & \dfrac{l}{n} & 0 \\ \dfrac{p_1 l}{2n}\sin(2\gamma) & 1-\dfrac{lp_1}{n}\sin^2\gamma & 0 & \dfrac{l}{n} \\ -p_{12}\cos^2\gamma & \dfrac{p_{12}}{2}\sin(2\gamma) & 1-\dfrac{p_2 l}{n}\cos^2\gamma & \dfrac{p_2 l}{2n}\sin(2\gamma) \\ \dfrac{p_{12}}{2}\sin(2\gamma) & -p_{12}\sin^2\gamma & \dfrac{p_2 l}{2n}\sin(2\gamma) & 1-\dfrac{p_2 l}{n}\sin^2\gamma \end{bmatrix}$$

（续）

柱面薄透镜 xoz 为子午面，柱面绕 z 轴旋转 γ 角 f 同前	$$\begin{bmatrix} 1 & 0 & 0 & 0 \\ 0 & 1 & 0 & 0 \\ -\dfrac{\cos^2\gamma}{f} & \dfrac{\sin(2\gamma)}{2f} & 1 & 0 \\ \dfrac{\sin(2\gamma)}{2f} & -\dfrac{\sin^2\gamma}{f} & 0 & 1 \end{bmatrix}$$
梯度折射率光纤 $n = n_0\left[1 - \dfrac{1}{2}(\beta_x^2 x^2 + \beta_y^2 y^2)\right]$ 其中：l 为长度	$$\begin{bmatrix} \cos(\beta_x l) & 0 & \dfrac{\sin(\beta_x l)}{\beta_x} & 0 \\ 0 & \cos(\beta_y l) & 0 & \dfrac{\sin(\beta_y l)}{\beta_y} \\ -\beta_x\sin(\beta_x l) & 0 & \cos(\beta_x l) & 0 \\ 0 & -\beta_y\sin(\beta_y l) & 0 & \cos(\beta_y l) \end{bmatrix}$$
梯度折射率光纤 $n = n_0\left[1 - \dfrac{1}{2}\beta^2(x^2 + y^2)\right]$ 其中：l 为长度	$$\begin{bmatrix} \cos(\beta l) & 0 & \dfrac{\sin(\beta l)}{\beta} & 0 \\ 0 & \cos(\beta l) & 0 & \dfrac{\sin(\beta l)}{\beta} \\ -\beta\sin(\beta l) & 0 & \cos(\beta l) & 0 \\ 0 & -\beta\sin(\beta l) & 0 & \cos(\beta l) \end{bmatrix}$$

1.4.1 $ABCD$ 定律

式(1－2)表示的空间光线向量 r 含有四个分量，当它通过 4×4 变换矩阵为 $M = \begin{bmatrix} A & B \\ C & D \end{bmatrix}$ 的光学系统，其变换也遵循 $ABCD$ 定律，即

$$\begin{bmatrix} r_{2x} \\ r_{2y} \\ \theta_{2x} \\ \theta_{2y} \end{bmatrix} = \begin{bmatrix} A & B \\ C & D \end{bmatrix} \begin{bmatrix} r_{1x} \\ r_{1y} \\ \theta_{1x} \\ \theta_{1y} \end{bmatrix} \qquad (1-18)$$

若光线通过具有多个光学元件的光学系统时，变换矩阵 M 仍由各光学元件变换矩阵 $M_1, M_2, \cdots, M_n$ 的乘积所确定，光线向量的变换方程为

$$\begin{bmatrix} r_{2x} \\ r_{2y} \\ \theta_{2x} \\ \theta_{2y} \end{bmatrix} = M_n \cdots M_3\, M_2\, M_1 \begin{bmatrix} r_{1x} \\ r_{1y} \\ \theta_{1x} \\ \theta_{1y} \end{bmatrix} \qquad (1-19)$$

1.5　光学系统 4×4 矩阵的特性

1.5.1　对偶性

$ABCD$ 矩阵的一个重要特性是其对偶性[15]：

$$\begin{bmatrix} A & B \\ C & D \end{bmatrix} J \begin{bmatrix} A & B \\ C & D \end{bmatrix}^{\mathrm{T}} = \frac{n_1}{n_2} J \tag{1-20}$$

式中：n_1、n_2 为光学系统两侧介质的折射率，为了讨论简单，常假定折射率相等（$n_1 = n_2$）；J 为反对角矩阵，且有

$$J = \begin{bmatrix} \mathbb{O} & \mathbb{I} \\ -\mathbb{I} & \mathbb{O} \end{bmatrix} \tag{1-21}$$

其中：$\mathbb{O}$、$\mathbb{I}$ 分别为零矩阵和单位矩阵，且有

$$\mathbb{O} = \begin{bmatrix} 0 & 0 \\ 0 & 0 \end{bmatrix}, \quad \mathbb{I} = \begin{bmatrix} 1 & 0 \\ 0 & 1 \end{bmatrix}$$

容易证明矩阵 J 具有如下性质：

$$J = J^{-1} = -J^{\mathrm{T}} \tag{1-22}$$

式中：J^{-1}、J^{T} 分别为矩阵 J 的逆矩阵和转置矩阵。

因此，对偶条件式（1-20）可展成

$$A\,D^{\mathrm{T}} - B\,C^{\mathrm{T}} = \mathbb{I} \tag{1-23}$$

$$A\,B^{\mathrm{T}} = B\,A^{\mathrm{T}} \tag{1-24}$$

$$C\,D^{\mathrm{T}} = D\,C^{\mathrm{T}} \tag{1-25}$$

或者等效为

$$A^{\mathrm{T}} D - B^{\mathrm{T}} C = \mathbb{I} \tag{1-26}$$

$$A^{\mathrm{T}} C = C^{\mathrm{T}} A \tag{1-27}$$

$$B^{\mathrm{T}} D = D^{\mathrm{T}} B \tag{1-28}$$

1.5.2　空间对称性

光学系统的空间对称性可从表征其特性的矩阵看出。共轴的光学系统一般可分为旋转对称光学系统[16]、像散光学系统和扭曲光学系统[16]三种类型。旋转对称光学系统的矩阵具有如下形式：

$$S_{\mathrm{ST}} = \begin{bmatrix} A\mathbb{I} & B\mathbb{I} \\ C\mathbb{I} & D\mathbb{I} \end{bmatrix} = \begin{bmatrix} A & 0 & B & 0 \\ 0 & A & 0 & B \\ C & 0 & D & 0 \\ 0 & C & 0 & D \end{bmatrix} \tag{1-29}$$

式中：$AD - BC = 1$。

自由空间传输和准直的球面薄透镜都属于典型的旋转对称光学系统。

对角化的像散光学系统的矩阵形式为

$$S_{SA} = \begin{bmatrix} A_d & B_d \\ C_d & D_d \end{bmatrix} = \begin{bmatrix} A_x & 0 & B_x & 0 \\ 0 & A_y & 0 & B_y \\ C_x & 0 & D_x & 0 \\ 0 & C_y & 0 & D_y \end{bmatrix} \qquad (1-30)$$

式中

$$A_x D_x - B_x C_x = 1 \qquad (1-31)$$

$$A_y D_y - B_y C_y = 1 \qquad (1-32)$$

式（1-30）中的子矩阵A_d、B_d、C_d和D_d都是对角矩阵，表示光学系统的两个主方向分别在x轴方向和y轴方向。对角化的像散光学系统的典型实例是母线在x轴方向的柱面薄透镜和柱面望远镜。

无像散光束通过像散光学系统时，光束会出现像散特性[18]。对角化的像散光束经过对角化光学系统传输后，通常还是像散的；当像散光束经过特殊设计的光学系统时，可以矫正它的像散回到无像散特性。

1.5.3　矩阵的旋转

旋转矩阵可由下式给出：

$$R = \begin{bmatrix} \boldsymbol{\Phi} & \mathbb{0} \\ \mathbb{0} & \boldsymbol{\Phi} \end{bmatrix} = \begin{bmatrix} \cos\phi & \sin\phi & 0 & 0 \\ -\sin\phi & \cos\phi & 0 & 0 \\ 0 & 0 & \cos\phi & \sin\phi \\ 0 & 0 & -\sin\phi & \cos\phi \end{bmatrix} \qquad (1-33)$$

式中：ϕ为x、y轴绕z轴旋转的角度；$\boldsymbol{\Phi} = \begin{bmatrix} \cos\phi & \sin\phi \\ -\sin\phi & \cos\phi \end{bmatrix}$。

当光学元件（用$ABCD$矩阵表示）绕z轴旋转一定角度时，其矩阵表示为

$$\begin{bmatrix} A' & B' \\ C' & D' \end{bmatrix} = R^{-1} \begin{bmatrix} A & B \\ C & D \end{bmatrix} R = \begin{bmatrix} \boldsymbol{\Phi}^{-1} & \mathbb{0} \\ \mathbb{0} & \boldsymbol{\Phi}^{-1} \end{bmatrix} \begin{bmatrix} A & B \\ C & D \end{bmatrix} \begin{bmatrix} \boldsymbol{\Phi} & \mathbb{0} \\ \mathbb{0} & \boldsymbol{\Phi} \end{bmatrix} \qquad (1-34)$$

式中：R^{-1}为矩阵R的逆矩阵；$\boldsymbol{\Phi}^{-1}$为矩阵$\boldsymbol{\Phi}$的逆矩阵。

当光学系统中含有非对角化的光学元件，且它的四个子矩阵不能同时对角化时，该光学系统为扭曲光学系统。

1.5.4　本征值

对非轴对称腔，设从腔内某一位置为起点，在腔中往返一周的传输矩阵为$\begin{bmatrix} A & B \\ C & D \end{bmatrix}$，该谐振腔的本征向量和本征值$\lambda$与$\begin{bmatrix} A & B \\ C & D \end{bmatrix}$矩阵有如下关系：

$$\lambda_1 \begin{bmatrix} r_{1x} \\ r_{1y} \\ \theta_{1x} \\ \theta_{1y} \end{bmatrix} = \begin{bmatrix} A & B \\ C & D \end{bmatrix} \begin{bmatrix} r_{1x} \\ r_{1y} \\ \theta_{1x} \\ \theta_{1y} \end{bmatrix} \tag{1-35}$$

$$\lambda_2 \begin{bmatrix} r_{2x} \\ r_{2y} \\ \theta_{2x} \\ \theta_{2y} \end{bmatrix} = \begin{bmatrix} A & B \\ C & D \end{bmatrix} \begin{bmatrix} r_{2x} \\ r_{2y} \\ \theta_{2x} \\ \theta_{2y} \end{bmatrix} \tag{1-36}$$

$$\lambda_3 \begin{bmatrix} r_{3x} \\ r_{3y} \\ \theta_{3x} \\ \theta_{3y} \end{bmatrix} = \begin{bmatrix} A & B \\ C & D \end{bmatrix} \begin{bmatrix} r_{3x} \\ r_{3y} \\ \theta_{3x} \\ \theta_{3y} \end{bmatrix} \tag{1-37}$$

$$\lambda_4 \begin{bmatrix} r_{4x} \\ r_{4y} \\ \theta_{4x} \\ \theta_{4y} \end{bmatrix} = \begin{bmatrix} A & B \\ C & D \end{bmatrix} \begin{bmatrix} r_{4x} \\ r_{4y} \\ \theta_{4x} \\ \theta_{4y} \end{bmatrix} \tag{1-38}$$

求解

$$\begin{vmatrix} A - \lambda \mathbb{I} & B \\ C & D - \lambda \mathbb{I} \end{vmatrix} = 0 \tag{1-39}$$

可得到四个本征值。

1.5.5 本征向量

对 4×4 矩阵，可得到四个本征值 λ_1、λ_2、λ_3 和 λ_4，每一本征值对应了一组有意义的本征向量 $[r_x \quad r_y \quad \theta_x \quad \theta_y]^T$。一旦找到两两互不相同的本征值 λ，相应的本征向量可以通过求解下列方程得到：

$$\begin{bmatrix} A - \lambda \mathbb{I} & B \\ C & D - \lambda \mathbb{I} \end{bmatrix} [r_x \quad r_y \quad \theta_x \quad \theta_y]^T = [0 \quad 0 \quad 0 \quad 0]^T \tag{1-40}$$

式中：$[r_x \quad r_y \quad \theta_x \quad \theta_y]^T$ 为待求本征向量。

参考文献

[1] Dieter Pohl. Operation of a ruby laser in the purely transverse electric mode TE$_{01}$ [J]. Applied Physics Letters,1972,20(7):266-267.

［2］ John J Degnan. Waveguide laser mode patterns in the near and far field［J］. Applied Optics,1973,12(5):
1026 - 1030.

［3］ Siegman A E. How to (maybe) measure laser beam quality［J］. OSA TOPS,1997,17:184 - 199.

［4］ Joseph A Ruff,Siegman A E. Measurement of beam quality degradation due to spherical aberration in a simple
lens［J］. Optical and Quantum Electronics,1993,26:629 - 632.

［5］ Luneburg,Rudolf Karl,Max Herzberger. Mathematical theory of optics［M］. Univ of California Press,1964.

［6］ Siegman L. Lasers［M］. University science books. Mill Valley,CA. 1986.

［7］ Mark Cronin - Golomb. Passive phase conjugate mirror based on self - induced oscillation in an optical ring
cavity［J］. Applied Physics Letters,1983,42(11):919 - 921.

［8］ John Auyeung,Fekete D,David M Pepper,et al. A theoretical and experimental investigation of the modes of
optical resonators with phase - conjugate mirrors［J］. IEEE Journal of Quantum Electronics,1979,15(10):
1180 - 1188.

［9］ Javier Alda. Laser and Gaussian beam propagation and transformation［J］. Encyclopedia of Optical Engineer-
ing,2003,2013:999 - 1013.

［10］ Bruce I. ABCD transfer matrices and paraxial ray tracing for elliptic and hyperbolic lenses and mirrors［J］.
European Journal of Physics,2006,27(2):393 - 406.

［11］ Chaoying Zhao,Weihan Tan,Qizhi Guo. Generalized optical ABCD theorem and its application to the dif-
fraction integral calculation［J］. J. Opt. Soc. Am. A,2004,21(11):2154 - 2163.

［12］ Arnaud J A,Kogelnik H. Gaussian light beams with general astigmatism［J］. Applied Optics,1969,8(8):
1687 - 1694.

［13］ Yangjian Cai,Li Hu. Propagation of partially coherent twisted anisotropic Gaussian Schell - model beams
through an apertured astigmatic optical system［J］. Optics Letters,2006,31(6):685 - 687.

［14］ De M. The influence of astigmatism on the response function of an optical system［J］. Proceedings of the
Royal Society of London A:Mathematical,Physical and Engineering Sciences,1955,233(1192):91 - 104.

［15］ Luneburg R K. Mathematical theory of optics［M］. University of California Press. 1964.

［16］ Jose M. Sasian. How to approach the design of a bilateral symmetric optical system［J］. Optical Engineering,
1994,33(6):2045 - 2061.

［17］ Nemes G. Measuring and handling general astigmatic beams［J］. Laser Beam Characterization,1993:325 - 358.

［18］ David C. Hanna. Astigmatic Gaussian beams produced axially asymmetric laser cavities［J］. IEEE Journal of
Quantum Electronics,1969,QE - 5(10):483 - 488.

第2章

激光束的强度分布

2.1 基模高斯光束的强度分布

2.1.1 基模高斯光束的场分布

稳态的电磁场满足亥姆霍兹方程[1,2]：

$$\nabla E(x,y,z) + k^2 E(x,y,z) = 0 \tag{2-1}$$

式中：k 为波数，$k = 2\pi/\lambda$。

设电场强度为

$$E(x,y,z) = A(x,y,z)\mathrm{e}^{ikz} \tag{2-2}$$

在缓变振幅近似下，则有

$$\begin{cases} \dfrac{\partial^2 A(x,y,z)}{\partial z^2} \ll k\,\dfrac{\partial A(x,y,z)}{\partial z} \\[3mm] \dfrac{\partial A(x,y,z)}{\partial z} \ll kA(x,y,z) \end{cases} \tag{2-3}$$

将式（2-2）代入式（2-1），只考虑 z 轴方向的一阶近似而忽略二阶变化，则可得

$$\frac{\partial^2 A(x,y,z)}{\partial x^2} + \frac{\partial^2 A(x,y,z)}{\partial y^2} + 2ik\,\frac{\partial A(x,y,z)}{\partial z} = 0 \tag{2-4}$$

在经典电磁理论中，对式（2-4）在各种边界条件下的特解做了详细研究。设在 $z = 0$ 处有一高斯光束

$$A(r,z)\,\big|_{z=0} = A(r,0) = A_0 \mathrm{e}^{-r^2/w_0^2} \tag{2-5}$$

式中：w_0 为束腰半径；A_0 为振幅（常量），如果只考虑相对值，就可以采用归一化条件求出。

高斯光束沿 z 轴传输时，有

$$E(r,z) = A(r,z)\mathrm{e}^{ikz} \tag{2-6}$$

为求解在任意位置时 $A(r,z)$ 的值，设 $A(r,z)$ 的解为

$$A(r,z) = A_0 f_1(z) e^{-f_2(z)\frac{r^2}{w_0^2}} \tag{2-7}$$

式中：$f_1(z)$、$f_2(z)$ 为待定函数，且满足

$$f_1(0) = f_2(0) = 1 \tag{2-8}$$

将式（2-7）微分后代入式（2-4），由于该方程对于任意的 r 都成立可得关系式

$$\frac{2f_2^2}{w_0^2} + ik\frac{df_2}{dz} = 0 \tag{2-9}$$

$$\frac{2f_1 f_2}{w_0^2} + ik\frac{df_1}{dz} = 0 \tag{2-10}$$

微分方程（2-10）在边界条件式（2-8）下的解为

$$f_1(z) = f_2(z) = \frac{1}{1 - iz(2/(kw_0^2))} = \frac{1}{1 - iz/Z_0} \tag{2-11}$$

式中：Z_0 为瑞利长度（或共焦参数），且有

$$Z_0 = \frac{1}{2}kw_0^2 = \frac{\pi w_0^2}{\lambda} \tag{2-12}$$

于是可得

$$A(r,z) = \frac{A_0}{1 - iz/Z_0} e^{-\frac{r^2/w_0^2}{1 - iz/Z_0}} \tag{2-13}$$

式（2-13）是式（2-4）的一个特解，是基模高斯光束。它的物理意义为：在 $z=0$ 处由式（2-5）表示的高斯光束将以式（2-13）的方式在自由空间传输。式（2-13）还可以改写为[3,4]

$$A(r,z) = \frac{A_0 w_0}{w(z)} e^{-\frac{r^2}{w^2(z)}} e^{i\left[\frac{kr^2}{2R(z)} - \psi(z)\right]} \tag{2-14}$$

式中：w_0 为束腰半径。高斯光束束半宽[2,5-7]为

$$w(z) = w_0\sqrt{1 + (z/Z_0)^2} \tag{2-15}$$

等相面曲率半径[8]为

$$R(z) = Z_0\left(\frac{z}{Z_0} + \frac{Z_0}{z}\right) \tag{2-16}$$

高斯光束的相位因子为

$$\psi(z) = \arctan\frac{z}{Z_0} \tag{2-17}$$

瑞利长度[9-11]为

$$Z_0 = \pi w_0^2/\lambda \tag{2-18}$$

高斯光束的发散角[12]为

$$\theta = \lim_{z\to\infty}\frac{w(z)}{z} \tag{2-19}$$

于是,在缓变振幅近似下,高斯光束沿 z 轴传输的完整表达式为

$$E(r,z) = \frac{A_0 w_0}{w(z)} \mathrm{e}^{-\frac{r^2}{w^2(z)}} \mathrm{e}^{\mathrm{i}\left[\frac{kr^2}{2R(z)} - \psi(z)\right]} \mathrm{e}^{\mathrm{i}kz} \qquad (2-20)$$

在笛卡儿坐标系下,其表达式为

$$E(x,y,z) = \frac{A_0 w_0}{w(z)} \mathrm{e}^{-\frac{x^2+y^2}{w^2(z)}} \mathrm{e}^{\mathrm{i}\left[\frac{k(x^2+y^2)}{2R(z)} - \psi(z)\right]} \mathrm{e}^{\mathrm{i}kz} \qquad (2-21)$$

2.1.2 基模高斯光束的基本性质

(1)由式(2-14)和式(2-15)可知,当给定一个 z 值时,高斯光束[13,14]的场振幅是高斯函数 $\mathrm{e}^{-r^2/w^2(z)}$ 的形式,也就是中间最强,然后向四周平滑地减小。将式(2-15)做变形处理,可得

$$\frac{w^2(z)}{w_0^2} - \frac{z^2}{Z_0^2} = 1 \qquad (2-22)$$

图2-1中,高斯光束光斑半径随 z 轴的变化满足双曲线的变化规律,当 $z=0$ 时,光束的半径取最小值为 w_0。

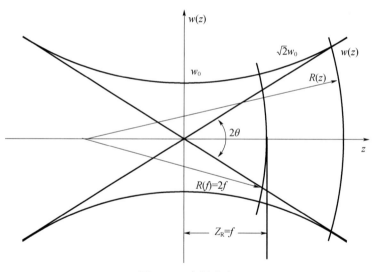

图2-1 高斯光束

(2)由式(2-14)可知,满足条件

$$k\left[\frac{r^2}{2R(z)} + z\right] - \psi = 常数 \qquad (2-23)$$

的所有点,组成了高斯光束的等相位面,即这些点具有相同的相位。在近轴情况下,ψ 可以省略。于是式(2-23)又可写为

$$\frac{r^2}{2R(z)} + z = 常数 \qquad (2-24)$$

结合式 (2-16) 可以得到结论,当 $z=0$ 时,$R(z) \to \infty$,也就是说在 $z=0$ 处,等相位面是一个平面。当 $z \ll Z_0$ 时,$R(z) \approx Z_0^2/z$,即 $R(z)$ 为很大值,这时也可以近似地认为等相位面是一个平面;当 $z = \pm Z_0$ 时,$R(\pm Z_0) = 2Z_0$,这时的等相面曲率半径取到最小值;当 $z \gg Z_0$ 时,$R(z) \approx z$,即等相面曲率半径趋向于 z。将式 (2-24) 变形处理可得

$$x^2 + y^2 + (z-a)^2 = R \qquad (2-25)$$

由式 (2-25) 可以看出,等相位面是一个中心点在 z 轴不固定的球面。具体与光的传输过程有关。

(3) 瑞利长度的物理定义,即当光斑半径从最小光斑 w_0 的位置变化到光斑半径为 $\sqrt{2} w_0$ 的位置时光传输的距离为 Z_0,也就是光斑面积变为原来的 2 倍时光通过的距离。用 Z_0 表征瑞利距离。实际上在以最小光斑位置 z_0 为中心 $\pm Z_0$ 的距离内,称为高斯光束的准直范围。在这个范围内,高斯光束可近似认为是平面波。因此,当 Z_0 越大时,光束的准直范围越大,准直性越好。

(4) 在瑞利距离以外,光束迅速发散,当 $z \to \infty$ 时,远场发散角(半角)定义为 z 轴与通过原点的该处双曲线的切线之间的夹角,也可以定义为无穷远处光斑半径对应的正切角。其表达式为

$$\theta = \lim_{z \to \infty} \frac{w(z)}{z} = \lim_{z \to \infty} \frac{w_0 \sqrt{1 + \left(\dfrac{\lambda z}{\pi w_0^2} \right)^2}}{z} = \frac{\lambda}{\pi w_0} \qquad (2-26)$$

计算可以得到,基模高斯光束在全角 2θ 中包含的能量,占光束总能量的 86.5%。

2.1.3　基模高斯光束的强度分布

基模高斯光束的强度分布表达式为

$$I(r,z) \propto |E(r,z)|^2 = \frac{A_0^2 w_0^2}{w^2(z)} e^{-\frac{2r^2}{w^2(z)}} \qquad (2-27)$$

在笛卡儿坐标系下,其表达式[15]为

$$I(x,y,z) \propto |E(x,y,z)|^2 = \frac{A_0^2 w_0^2}{w^2(z)} e^{-\frac{2(x^2+y^2)}{w^2(z)}} \qquad (2-28)$$

在垂直于传输方向的平面上,高斯光束的场振幅按高斯函数从中心向外平滑地减小;在传输方向上,$w(z)$ 的传输规律由式 (2-15) 决定。图 2-2 给出了高斯光束的光强分布。高斯光束的束半宽随着传输距离按照双曲线 $\dfrac{w^2(z)}{w_0^2} - \dfrac{z^2}{Z_0^2} = 1$ 的规律向外扩展,如图 2-3 所示。

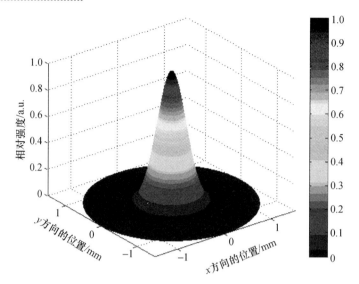

图 2 - 2　高斯光束光强分布

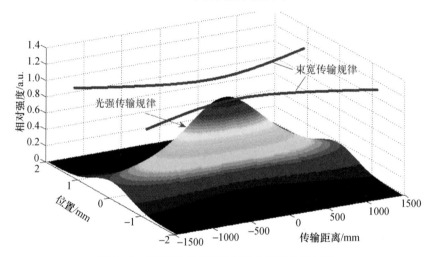

图 2 - 3　高斯光束束腰宽度及光强的传输规律

2.1.4　基模高斯光束的 q^{-1} 参数

高斯光束的传输如图 2 - 4 所示。由 2.1.3 节可知,高斯光束可由曲率半径 $R(z)$、束半宽 $w(z)$ 和 z 三个参量中的任意两个确定,也可用 q 参数或 q^{-1} 参数来描述。

q 参数又称为高斯光束的复曲率半径, q^{-1} 参数又称为高斯光束的复曲率。 q 参数定义为

$$q = l - \mathrm{i}\,\frac{\pi w_0{}^2}{\lambda} \qquad\qquad (2-29)$$

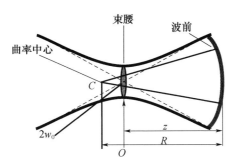

图 2 - 4　高斯光束的传输

式中:l 为距离束腰的位置;w_0 为光束的束腰半径。

q^{-1} 参数定义为

$$q^{-1} = \frac{1}{R} + \mathrm{i}\,\frac{\lambda}{\pi w^2} \tag{2-30}$$

则有

$$\frac{1}{R} = \mathrm{Re}(q^{-1}) \tag{2-31}$$

$$\frac{1}{w^2} = \frac{\pi}{\lambda}\mathrm{Im}(q^{-1}) \tag{2-32}$$

式中:R 为光束的等相面曲率半径;w 为光斑半径;Re 表示对复数取实部;Im 表示对复数取虚部。

基模高斯光束的场分布式(2 - 14)可以表示为

$$A(r,z) = \frac{A_0 w_0}{w(z)}\mathrm{e}^{\mathrm{i}kr^2\frac{q^{-1}}{2}}\mathrm{e}^{\mathrm{i}\psi(z)} \tag{2-33}$$

设在 $z = 0$ 处为光束的束腰位置,则光束的 q_{in} 参数可表示为

$$q_{\mathrm{in}} = -\mathrm{i}\,\frac{\pi w_0^2}{\lambda} \tag{2-34}$$

q_{in} 参数传输距离 d 后可有

$$q_{\mathrm{out}} = q_{\mathrm{in}} + d \tag{2-35}$$

若光束通过无像差的薄透镜(透镜焦距为 f)时,在薄透镜的两侧光斑尺寸保持不变,而光束的等相面曲率半径发生了变化,在傍轴近似下,复曲率半径光波与球面波的变换模式相同,则入射前后的 q^{-1} 参数可表示为

$$q_{\mathrm{out}}^{-1} = q_{\mathrm{in}}^{-1} - \frac{1}{f} \tag{2-36}$$

可见,无论是在均匀介质中传输还是通过薄透镜的变换,高斯光束的 q 参数与均匀球面波的曲率半径完全相似。

2.1.5 q 参数的 $abcd$ 定律

采用 q 参数或 q^{-1} 参数可以简便、规范地描述高斯光束。下面利用 q 参数或 q^{-1} 参数来讨论高斯光束的传输变换问题。理论已经证明,高斯光束 q 参数或 q^{-1} 参数通过变换矩阵 $\boldsymbol{M} = \begin{bmatrix} a & b \\ c & d \end{bmatrix}$ 的光学系统,其变换也遵循 $abcd$ 定律[16-19],即

$$q_2 = \frac{aq_1 + b}{cq_1 + d} \tag{2-37}$$

$$q_2^{-1} = \frac{c + dq_1^{-1}}{a + bq_1^{-1}} \tag{2-38}$$

式中:q_1^{-1}、q_2^{-1} 分别为高斯光束在变换前、后的 q^{-1} 参数。

若高斯光束通过具有多个光学元件的光学系统时,则如前面所述,变换矩阵 $\boldsymbol{M}$ 仍由各光学元件变换矩阵 $\boldsymbol{M}_1,\boldsymbol{M}_2,\cdots,\boldsymbol{M}_n$ 的乘积所确定。当 q_1(或 q_1^{-1})和 $\boldsymbol{M}_1,\boldsymbol{M}_2,\cdots,\boldsymbol{M}_n$ 等已知时,由 $abcd$ 定律就可以求出任意位置 z 处的 q_1(或 q_1^{-1})参数,然后根据该参数进行分离实部与虚部的运算就可以得到此位置处距离束腰的位置和束腰半径(或曲率半径 $R(z)$、光斑半径 $w(z)$)。

高斯光束复参数 q^{-1} 和 $abcd$ 定律的结合为人们提供了一种研究高斯光束传输变换的重要方法。

2.1.6 谐振腔中的自再现基模高斯光束

当高斯光束通过光学系统后,其 q 参数或 q^{-1} 参数保持不变,称为高斯光束的自再现。激光谐振腔中的谐振光束即为自再现高斯光束。设光束在谐振腔中往返一周的光学系统可用矩阵 $\begin{bmatrix} a & b \\ c & d \end{bmatrix}$ 来表示,则光束满足条件

$$q = \frac{aq + b}{cq + d} \tag{2-39}$$

$$q^{-1} = \frac{c + dq^{-1}}{a + bq^{-1}} \tag{2-40}$$

式中:光学系统传输矩阵的行列式恒等于 1,即

$$ad - bc = 1 \tag{2-41}$$

求解式(2-39)或式(2-40)可得

$$q^{-1} = \frac{d - a}{2b} + \mathrm{i}\,\frac{\sqrt{4 - (a + d)^2}}{2|b|} \tag{2-42}$$

若光束能在谐振腔内稳定存在,则光斑半径应为一个有限大小的正实数,谐振腔稳定性条件的表达式为

$$\left|\frac{a+d}{2}\right| < 1 \tag{2-43}$$

2.1.7　基模高斯光束的复光线

在参考面 1 和参考面 2 处空间光线的位置和方向 $\boldsymbol{r}_j$、$\boldsymbol{p}_j (j = 1, 2)$ 满足

$$\begin{bmatrix} r_2 \\ p_2 \end{bmatrix} = \begin{bmatrix} a & b \\ c & d \end{bmatrix} \begin{bmatrix} r_1 \\ p_1 \end{bmatrix} \tag{2-44}$$

式中：$\begin{bmatrix} a & b \\ c & d \end{bmatrix}$ 为由参考面 1 到参考面 2 的 2×2 变换矩阵。

利用程函方程和向量的物理意义可以推出

$$p = q^{-1} r \tag{2-45}$$

式(2-44)、式(2-45)是在普遍情况下对空间光线成立的公式。当用一根复光线(或用两根实光线)表示光束时,光束经过光学系统 $abcd$ 的传输就可以用一根复光线(或两根实光线)来代替,光线在输出位置的参数可以表示光束的特性,即

$$q^{-1} = p/r \tag{2-46}$$

设以镜 S_1 为参考,腔的往返一周矩阵为 $\begin{bmatrix} A & B \\ C & D \end{bmatrix}$,其本征向量 $\begin{bmatrix} r \\ p \end{bmatrix}$ 对应的本征值为 λ,则有

$$\begin{bmatrix} A-\lambda & B \\ C & D-\lambda \end{bmatrix} \begin{bmatrix} r \\ p \end{bmatrix} = 0 \tag{2-47}$$

求解

$$\begin{vmatrix} A-\lambda & B \\ C & D-\lambda \end{vmatrix} = 0 \tag{2-48}$$

可得到两个本征值,每一本征值对应了一组有意义的本征向量 $\begin{bmatrix} r_j \\ p_j \end{bmatrix}$,将求得的本征向量代入式(2-45)中,可得到镜 S_1 处的 q^{-1} 参数,即

$$q^{-1} = \frac{p}{r} \tag{2-49}$$

2.1.8　基模高斯光束在无源腔内的传输变换规律

对往返矩阵为 $\begin{bmatrix} A & B \\ C & D \end{bmatrix}$ 的无源腔,高斯光束的自再现条件可以表示为复参数 q_1 的高斯光经过无源腔后能够自再现。根据高斯光束复参数的 $ABCD$ 定律:

$$q = \frac{Aq_1 + B}{Cq_1 + D} \tag{2-50}$$

以镜1为参考,镜1处的复参数为

$$\frac{1}{q_1} = \frac{1}{R_1} + i\,\frac{\lambda}{\pi w_1^2} \tag{2-51}$$

式中:w_1、R_1分别为镜1处的高斯光束半径和等相面曲率半径。

将式(2-51)及谐振腔的往返矩阵$\begin{bmatrix} A & B \\ C & D \end{bmatrix}$代入自再现条件,则得镜1处的光斑半径的平方为

$$w_1^2 = \frac{\lambda L}{\pi}\left[\frac{g_2}{g_1(1-g_1 g_2)}\right]^{1/2} \tag{2-52}$$

谐振腔内基模高斯光束的束腰大小为

$$w_0^2 = \frac{\lambda L}{\pi}\frac{[g_1 g_2(1-g_1 g_2)]^{1/2}}{|g_1+g_2-2g_1 g_2|} \tag{2-53}$$

束腰到镜1的距离为

$$L_{01} = \frac{(1-g_1)g_2}{g_1+g_2-2g_1 g_2} \tag{2-54}$$

现在以镜1所在位置为原点,沿腔对称轴指向镜2为z轴正方向,则腔内任意位置处的基模高斯光束束半宽为

$$w(z) = w_1\sqrt{\left(1-\frac{z}{R_1}\right)^2+\left(\frac{\lambda z}{\pi w_1^2}\right)^2},\quad 0\leqslant z\leqslant L \tag{2-55}$$

图2-5为基模高斯光束在无源稳定腔内的传输变换规律,蓝色实线即腔内任意位置处的基模高斯光束的束半宽。左、右两段红线代表谐振腔镜,曲率半径分别为500mm、750mm,谐振腔长度为1m,垂直于腔对称轴的黑线为束腰所在位置,黑线长度为束腰半径的大小。

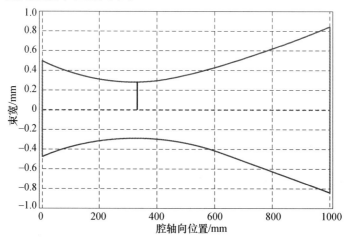

图2-5 基模高斯光束在无源稳定腔内的传输变换

2.2　H-G$_{mn}$模式光束的强度分布

厄米高斯(H-G$_{mn}$)光束[20]的场分布可以表示为厄米多项式和高斯分布函数的乘积,即

$$E(x,y,z) = \frac{A_0 w_0}{w_s(z)} H_m \left[\frac{\sqrt{2}x}{w_s(z)} \right] H_n \left[\frac{\sqrt{2}y}{w_s(z)} \right] e^{-\frac{x^2+y^2}{w_s^2(z)}}$$

$$\times e^{\frac{ik(x^2+y^2)}{2R(z)}} e^{ikz - i(m+n+1)\arctan\frac{z}{Z_0}} \qquad (2-56)$$

或写为

$$E(x,y,z) = \frac{A_0 w_0}{w_s(z)} H_m \left[\frac{\sqrt{2}x}{w_s(z)} \right] H_n \left[\frac{\sqrt{2}y}{w_s(z)} \right] e^{\frac{ik(x^2+y^2)}{2q(z)}} e^{ikz - i(m+n+1)\arctan\frac{z}{Z_0}} \qquad (2-57)$$

H-G$_{mn}$模式光束的光斑半径、等相面曲率半径、q 参数遵循基模高斯光束的变化规律。当 H-G$_{mn}$ 模式光束离开光腰的距离为 z 时,其附加相移是基模高斯光束的$(m+n+1)$倍。$m+n$ 相同的 H-G$_{mn}$ 模式光束的等相面是简并的。

H-G$_{mn}$模式的光强分布为

$$I_{mn}(x,y) \propto |E_{mn}(x,y)|^2 = \frac{A_0^2 w_0^2}{w_s^2(z)} H_m^2 \left[\frac{\sqrt{2}x}{w_s(z)} \right] H_n^2 \left[\frac{\sqrt{2}y}{w_s(z)} \right] e^{-\frac{2(x^2+y^2)}{w_s^2(z)}} \qquad (2-58)$$

式中:厄米多项式的一般表示式为

$$H_m(X) = (-1)^m e^{X^2} \frac{d^m}{dX^m} e^{-X^2} = \sum_{k=0}^{\left[\frac{m}{2}\right]} \frac{(-1)^k m!}{k!(m-2k)!} (2X)^{m-2k}, \quad m = 0,1,2,\cdots \qquad (2-59)$$

$$H_n(Y) = (-1)^n e^{Y^2} \frac{d^n}{dY^n} e^{-Y^2} = \sum_{k=0}^{\left[\frac{n}{2}\right]} \frac{(-1)^k n!}{k!(n-2k)!} (2Y)^{n-2k}, \quad n = 0,1,2,\cdots \qquad (2-60)$$

式中:$\left[\frac{m}{2}\right]$ 表示$\frac{m}{2}$的整数部分;$\left[\frac{n}{2}\right]$ 表示$\frac{n}{2}$的整数部分。

前四阶厄米多项式的曲线如图 2-6 所示。前几阶厄米多项式为

$$H_0(X) = 1 \qquad (2-61)$$

$$H_0(Y) = 1 \qquad (2-62)$$

$$H_1(X) = 2X \qquad (2-63)$$

$$H_1(Y) = 2Y \qquad (2-64)$$

$$H_2(X) = 4X^2 - 2 \qquad (2-65)$$

$$H_2(Y) = 4Y^2 - 2 \qquad (2-66)$$

$$H_3(X) = 8X^3 - 12X \qquad (2-67)$$

$$H_3(Y) = 8Y^3 - 12Y \qquad (2-68)$$

$$H_4(X) = 16X^4 - 48X^2 + 12 \qquad (2-69)$$

$$H_4(Y) = 16Y^4 - 48Y^2 + 12 \qquad (2-70)$$

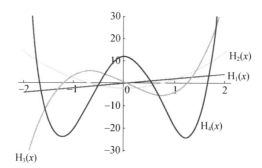

图 2-6   前四阶厄米多项式

在 x 轴方向上，H-G_{mn} 模式的功率归一化光强分布为

$$I_m(x) = c_m H_m^2 \left[\frac{\sqrt{2}x}{w_s(z)} \right] e^{-\frac{2x^2}{w_s^2(z)}} \qquad (2-71)$$

式中：c_m 为功率归一化系数。

在 y 轴方向上 H-G_{mn} 模式的功率归一化光强分布为

$$I_n(y) = c_n H_n^2 \left[\frac{\sqrt{2}y}{w_s(z)} \right] e^{-\frac{2y^2}{w_s^2(z)}} \qquad (2-72)$$

式中：c_n 为功率归一化系数。

在 x 轴方向上，当取不同的阶数 m 时，H-G_{mn} 模式光束的功率归一化光强分布如图 2-7 所示。由图可见，$m = 0$ 时，大部分能量集中在 $-w_s \sim w_s$ 的范围

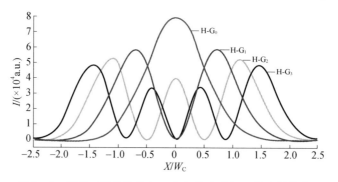

图 2-7   H-G_{mn} 模式光束在 x 方向的功率归一化光强分布

里。当 m 逐渐增大时,旁瓣越多,光场能量分布范围越大。与其他高阶模式相比,H-G_{00} 模式光束的覆盖面积是最小的。当功率归一化时,H-G_{00} 模式光束的最大光强是最大的。

H-G_{00} ~ H-G_{88} 模式光束的光强灰度分布如图 2-8 所示。

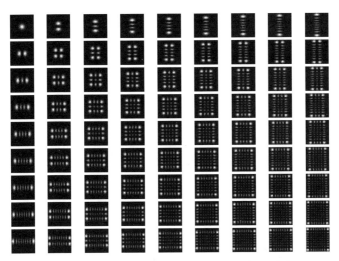

图 2-8　H-G_{00} ~ H-G_{88} 阶模式光束的光强灰度分布图

束半宽随传输距离的变化如图 2-9 所示。计算时采用的参数为:波长 632.8 nm,镜面光斑半径 0.246 mm,初始入射光峰值振幅为 3×10^{3} W/m^2,衍射距离为 0.3 m,x 方向及 y 方向抽样点数均为 2^{8}。

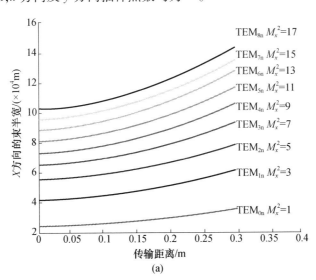

(a)

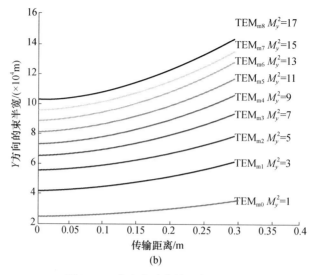

图 2－9　束半宽随传输距离的变化

2.3　L-G$_{pl}$模式光束的强度分布

对圆形球面镜共焦腔,当菲涅尔数 N 足够大时(在近轴范围内),腔的自再现模为拉盖尔－高斯分布(L-G$_{pl}$)[21,22],即光场分布为拉盖尔多项式和高斯分布函数的乘积:

$$E_{pl}(r,\phi) = C_{pl}\left(\frac{\sqrt{2}r}{w_s}\right)^l L_p^l\left(\frac{2r^2}{w_s^2}\right)e^{-\frac{r^2}{w_s^2}}\begin{cases}\cos(l\phi)\\\sin(l\phi)\end{cases} \tag{2-73}$$

式中:$\cos(l\phi)$ 和 $\sin(l\phi)$ 因子决定角向分布,可根据实际情况选择其中的一个;C_{pl} 为常数;L_p^l 为缔合拉盖尔多项式,且有

$$L_p^l(r) = e^r\frac{r^{-l}}{p!}\cdot\frac{d^p}{dr^p}(e^{-r}x^{p+l}) = \sum_{k=0}^p\frac{(p+l)!(-r)^k}{(l+k)!k!(p-k)!},\quad p=0,1,2,\cdots \tag{2-74}$$

最低阶拉盖尔多项式为

$$L_0^l(x) = 1 \tag{2-75}$$

$$L_1^l(x) = 1 + l - x \tag{2-76}$$

$$L_2^l(x) = \frac{1}{2}[x^2 - 2(l+2)x + (l+1)(l+2)] \tag{2-77}$$

$$\cdots\cdots$$

在镜面上,各本征模的场记为 TEM$_{lp}$,p 表示在径向的节线数,l 表示在 ϕ 方位的节线数。

本征值：

$$\sigma_{pl} = e^{i\left[kL - (2p + l + 1)\frac{\pi}{2} \right]} \qquad (2-78)$$

由本征值可决定谐振频率：

$$kL - (l + 2p + 1)\frac{\pi}{2} = q\pi \qquad (2-79)$$

因此有

$$\nu_{plq} = \frac{c}{2L}\left(\frac{2p + l + 1}{2} + q \right) \qquad (2-80)$$

相邻两纵模间距为

$$\Delta\nu_q = \nu_{plq+1} - \nu_{plq} = c/(2L) \qquad (2-81)$$

其他横模间距为

$$\Delta\nu_l = \nu_{p,l+1,q} - \nu_{plq} = c/(4L) \qquad (2-82)$$

$$\Delta\nu_p = \nu_{p+1,l,q} - \nu_{plq} = c/(2L) \qquad (2-83)$$

利用笛卡儿坐标与极坐标之间的相互关系 $x = r\cos\phi, y = r\sin\phi$ ，并将 $w_{os} = \sqrt{L\lambda/\pi}$ 代入前几阶 L-G$_{pl}$ 模场振幅分布的极坐标表达式,则可得到其在笛卡儿坐标下的表达式为

$$E_{00}(r,\phi) = C_{00}\left(\frac{\sqrt{2}r}{w_{0s}}\right)^0 L_0^0\left(\frac{2r^2}{w_{0s}^2}\right)e^{-\frac{r^2}{w_{0s}^2}} = C_{00}e^{-\frac{r^2}{w_{0s}^2}} \qquad (2-84)$$

$$E_{01}(r,\phi) = C_{01}\left(\frac{\sqrt{2}r}{w_{0s}}\right)^1 L_0^1\left(\frac{2r^2}{w_{0s}^2}\right)e^{-\frac{r^2}{w_{0s}^2}}\cos\phi = C_{01}\frac{\sqrt{2}x}{w_{0s}}e^{-\frac{r^2}{w_{0s}^2}} \qquad (2-85)$$

$$E_{02}(r,\phi) = C_{02}\left(\frac{\sqrt{2}r}{w_{0s}}\right)^2 L_0^2\left(\frac{2r^2}{w_{0s}^2}\right)e^{-\frac{r^2}{w_{0s}^2}}\sin(2\phi) = C_{02}\frac{4xy}{w_{0s}^2}e^{-\frac{r^2}{w_{0s}^2}} \qquad (2-86)$$

$$E_{03}(r,\phi) = C_{03}\left(\frac{\sqrt{2}r}{w_{0s}}\right)^3 L_0^3\left(\frac{2r^2}{w_{0s}^2}\right)e^{-\frac{r^2}{w_{0s}^2}}\sin(3\phi) = C_{03}\frac{2\sqrt{2}}{w_{0s}^3}(3x^2y - y^3)e^{-\frac{r^2}{w_{0s}^2}} \qquad (2-87)$$

$$E_{10}(r,\phi) = C_{10}\left(\frac{\sqrt{2}r}{w_{0s}}\right)^0 L_1^0\left(\frac{2r^2}{w_{0s}^2}\right)e^{-\frac{r^2}{w_{0s}^2}} = C_{10}\left(1 - \frac{2r^2}{w_{0s}^2}\right)e^{-\frac{r^2}{w_{0s}^2}} \qquad (2-88)$$

$$E_{11}(r,\phi) = C_{11}\left(\frac{\sqrt{2}r}{w_{0s}}\right)^1 L_1^1\left(\frac{2r^2}{w_{0s}^2}\right)e^{-\frac{r^2}{w_{0s}^2}}\cos\phi = C_{11}\frac{2\sqrt{2}x}{w_{0s}}\left(1 - \frac{r^2}{w_{0s}^2}\right)e^{-\frac{r^2}{w_{0s}^2}} \qquad (2-89)$$

$$E_{12}(r,\phi) = C_{12}\left(\frac{\sqrt{2}r}{w_{0s}}\right)^2 L_1^2\left(\frac{2r^2}{w_{0s}^2}\right)e^{-\frac{r^2}{w_{0s}^2}}\sin2\phi = C_{12}\frac{4xy}{w_{0s}^2}\left(3 - 2\frac{r^2}{w_{0s}^2}\right)e^{-\frac{r^2}{w_{0s}^2}} \qquad (2-90)$$

$$E_{13}(r,\phi) = C_{13}\left(\frac{\sqrt{2}r}{w_{0s}}\right)^3 L_1^3\left(\frac{2r^2}{w_{0s}^2}\right)e^{-\frac{r^2}{w_{0s}^2}}\sin(3\phi) = C_{13}\frac{4\sqrt{2}}{w_{0s}^3}\left(2 - \frac{r^2}{w_{0s}^2}\right)(3x^2y - y^3)e^{-\frac{r^2}{w_{0s}^2}} \qquad (2-91)$$

$$E_{20}(r,\phi) = C_{20}\left(\frac{\sqrt{2}r}{w_{0s}}\right)^0 L_2^0\left(\frac{2r^2}{w_{0s}^2}\right)e^{-\frac{r^2}{w_{0s}^2}} = C_{20}\left[\frac{2r^4}{w_{0s}^4} - \frac{4r^2}{w_{0s}^2} + 1\right]e^{-\frac{r^2}{w_{0s}^2}} \qquad (2-92)$$

$$E_{21}(r,\phi) = C_{21}\left(\frac{\sqrt{2}r}{w_{0s}}\right)^1 L_2^1\left(\frac{2r^2}{w_{0s}^2}\right)e^{-\frac{r^2}{w_{0s}^2}}\cos\phi = C_{21}\frac{\sqrt{2}x}{w_{0s}}\left[\frac{2r^4}{w_{0s}^4} - \frac{6r^2}{w_{0s}^2} + 3\right]e^{-\frac{r^2}{w_{0s}^2}} \quad (2-93)$$

$$E_{22}(r,\phi) = C_{22}\left(\frac{\sqrt{2}r}{w_{0s}}\right)^2 L_2^2\left(\frac{2r^2}{w_{0s}^2}\right)e^{-\frac{r^2}{w_{0s}^2}}\sin(2\phi) = C_{22}\frac{8xy}{w_{0s}^2}\left[\frac{r^4}{w_{0s}^4} - \frac{4r^2}{w_{0s}^2} + 3\right]e^{-\frac{r^2}{w_{0s}^2}} \quad (2-94)$$

$$E_{23}(r,\phi) = C_{23}\left(\frac{\sqrt{2}r}{w_{0s}}\right)^3 L_2^3\left(\frac{2r^2}{w_{0s}^2}\right)e^{-\frac{r^2}{w_{0s}^2}}\sin(3\phi) = C_{23}\frac{4\sqrt{2}}{w_{0s}^3}\left[\frac{r^4}{w_{0s}^4} - \frac{5r^2}{w_{0s}^2} + 5\right](3x^2y - y^3)e^{-\frac{r^2}{w_{0s}^2}}$$

$$(2-95)$$

L-G$_{pl}$ 模式的光强分布可表示为

$$I_{pl}(r,\phi) \propto |E_{pl}(r,\phi)|^2 = C_{pl}^2\frac{2^l r^{2l}}{w_{0s}^{2l}}\left|L_p^l\left(\frac{2r^2}{w_{0s}^2}\right)\right|^2 e^{-\frac{2r^2}{w_{0s}^2}}\begin{cases}\cos^2(l\phi)\\\sin^2(l\phi)\end{cases} \quad (2-96)$$

在 r 径向上,当取不同的阶数 p 和 l 时,拉盖尔高斯光束的功率归一化光强分布如图 2-10 所示。由图可见,$p=l=0$ 时,大部分能量集中在 $-w_s \sim w_s$ 的范围。当 $l=0$ 时,中心点光强最强;当 $l\neq0$ 时,中心点光强为 0。当 p 逐渐增大时,径向旁瓣越多,光场能量分布范围增大。当 l 逐渐增大时,角向旁瓣越多,光场能量分布范围增大。与其他高阶模式相比,L-G$_{00}$ 模式的覆盖面积是最小的。当功率归一化时,L-G$_{00}$ 模式的最大光强是最大的。

L-G$_{00}$ ~ L-G$_{88}$ 阶模式的光强灰度分布如图 2-11 所示。

作为计算例,束半宽随传输距离的变化如图 2-12 所示。计算中所用的参数为:波长 632.8 nm,光腰半径为 0.246 mm。

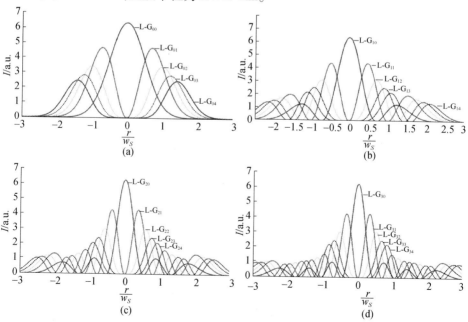

图 2-10 L-G$_{pl}$ 模式光束在 r 径向的功率归一化光强分布图

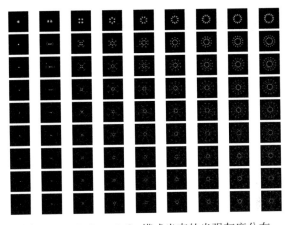

图 2 - 11　L-G$_{00}$ ~ L-G$_{88}$ 模式光束的光强灰度分布

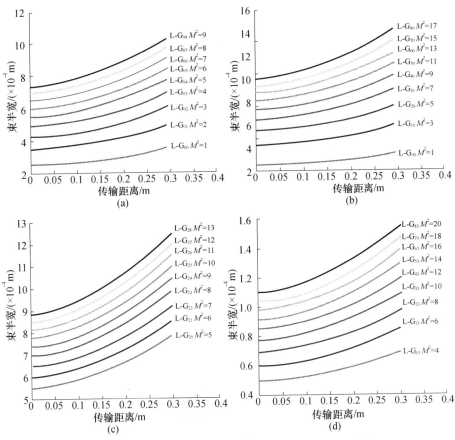

图 2 - 12　L-G$_{pl}$ 模式光束的束半宽随传输距离的变化[23]

（a）L-G$_{0l}$；（b）L-G$_{p0}$；（c）L-G$_{2l}$；（d）L-G$_{p3}$。

2.4 LP$_{mn}$模式光束的强度分布

对于圆柱形阶跃光纤,其纤芯半径为 a,纤芯折射率为 n_1,包层半径为 b,包层折射率为 n_2。当给定光纤的几何参数以及波长后,得到的传播常数 β 为介于 $k_0 n_2$ 和 $k_0 n_1$ 之间的离散值,波数 $k_0 = 2\pi/\lambda$。对每个整数 $m(m = 0,1,2,3,\cdots)$,存在 n 个解,将这些解进行降序排列,得到不同的 β_{mn} 值 $(n = 1,2,3,\cdots)$。每一个 β_{mn} 值可以确定在光纤中传播的场的一个空间分布。这种空间分布在传播过程中只存在相位的变化而没有形状的变化,并且始终满足边界条件,将这种空间分布称为模式。在弱导光纤中,将近似解确定的空间分布称为线偏振模,用 LP$_{mn}$ 表示。设光纤中传输的模式的偏振方向与 y 轴平行,横向电场用标量 E_y 表示,其表达式为

$$E_y = A\exp^{i\beta z}\cos(m\theta)\begin{cases}\dfrac{J_m\left(\dfrac{U_{mn}}{a}r\right)}{J_m(U_{mn})} & , \quad 0\leqslant r\leqslant a \\[6mm] \dfrac{K_m\left(\dfrac{W_{mn}}{a}r\right)}{K_m(W_{mn})} & , \quad r\geqslant a\end{cases} \qquad (2-97)$$

这里只是取场沿 y 轴方向偏振时对应的场分布,实际上还存在沿 x 轴方向偏振的场,并且这两种情况下的场分布沿圆周方向的变化规律都可以取为 $\cos(m\theta)$ 或 $\sin(m\theta)$。

当圆周方向的变化规律取 $\cos(m\theta)$ 时,LP$_{mn}$ 模式光束[24]的光强分布为

$$I_y(r,\theta) \propto |E_y(r,\theta)|^2 = A^2\cos^2(m\theta)\begin{cases}\dfrac{J_m^2\left(\dfrac{U_{mn}}{a}r\right)}{J_m^2(U_{mn})} & , \quad 0\leqslant r\leqslant a \\[6mm] \dfrac{K_m^2\left(\dfrac{W_{mn}}{a}r\right)}{K_m^2(W_{mn})} & , \quad r\geqslant a\end{cases} \qquad (2-98)$$

LP$_{01}$ ~ LP$_{33}$ 模式光束的光强分布如图 2 – 13 所示。

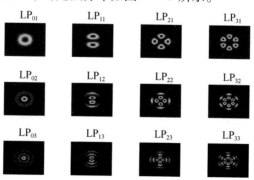

图 2 – 13　LP$_{01}$ ~ LP$_{33}$ 模式光束的光强度分布图

在 r 径向上，当取不同的阶数 m 和 n 时，LP_{mn} 模式光束的功率归一化光强分布如图 2-14 所示。由图可见，导波模式的能量主要集中在纤芯内。LP_{0n} 模式光束的中心点位置光强最强，其余模式的中心点光强为 0。当功率归一化时，LP_{01} 模式光束的中心光强是最大的。当 m 逐渐增大时，角向旁瓣越多，光场能量由中心向纤芯边缘移动。当 n 逐渐增大时，径向旁瓣越多。

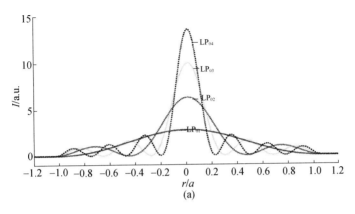

(a)

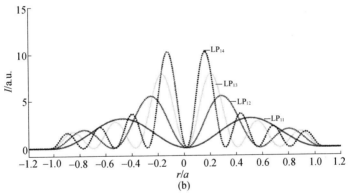

(b)

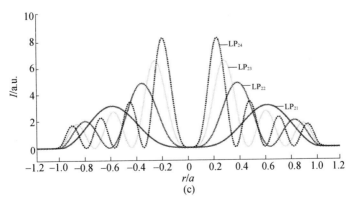

(c)

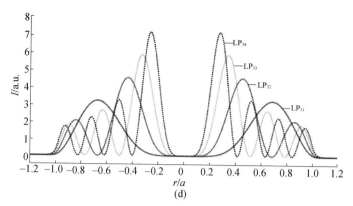

图 2 - 14　LP_{mn} 模式光束在 r 径向的功率归一化光强分布

2.5　嵌入高斯光束的强度分布

对多模光束[25],可在其中构造一个"嵌入高斯光束","嵌入高斯光束"与多模有相同的束腰位置、瑞利距离和波面曲率半径,且在任意截面上有 $w(z) = Mw_G(z)$,可利用相应于实际多模光束的"嵌入高斯光束"及 $ABCD$ 定律进行系统结构参数设计。

多模光束的 Q 参数定义为

$$\frac{1}{Q(z)} = \frac{1}{R(z)} + \mathrm{i}\,\frac{M^2\lambda}{\pi w^2(z)} \qquad (2-99)$$

Q 参数的传输同样遵守 $ABCD$ 定律。若多模是非旋转对称的,则应把光束各传播参量写成在 x 轴和 y 轴方向的分解形式。

2.6　像散光束的强度分布

2.6.1　像散的产生

当旋转对称光束通过了非对称光学系统后,光束可能会变成像散[26]的。以基模高斯光束为例,当它通过了一个柱透镜时,虽然在柱透镜的前、后表面处,其光强分布保持不变,还是旋转对称的圆形光斑,但由于光束的相位受到了柱透镜的调制变为非对称的,在之后的传输中,明显可见光束的像散,如图 2 - 15 所示。基模高斯光束和像散基模高斯光束在不同传输位置的光斑轮廓线以及在不同方位角下光斑半径随传输距离变化的曲线,如图 2 - 16 所示。

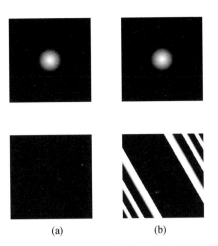

图 2－15　基模高斯光束经过柱透镜前、后的光强分布和相位分布

(a)经过柱透镜前；(b)经过柱透镜后。

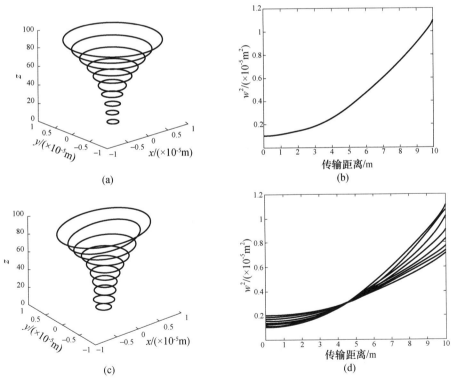

图 2－16　基模高斯光束(a)在不同传输位置的光斑轮廓线以及(b)在不同方位角下光斑半径随传输距离变化的曲线；基模高斯光束经过柱透镜后(c)在不同传输位置的光斑轮廓线以及(d)在不同方位角下光斑半径随传输距离变化的曲线

2.6.2 像散基模高斯光束

1. 场分布

若高斯光束在 x 轴和 y 轴方向是可分离的,且光束在这两个方向上的参数不一致,称为像散高斯光束。参考式(2-21)可表示为

$$E(x,y,z) = A_0 e^{ikz} \sqrt{\frac{w_{0xx}}{w_{xx}(z)}} e^{-\frac{x^2}{w_{xx}^2(z)}} e^{i\left[\frac{kx^2}{2R_{xx}(z)} - \psi_{xx}(z)\right]}$$

$$\times \sqrt{\frac{w_{0yy}}{w_{yy}(z)}} e^{-\frac{y^2}{w_{yy}^2(z)}} e^{i\left[\frac{ky^2}{2R_{yy}(z)} - \psi_{yy}(z)\right]} \quad (2-100)$$

式中: w_{0xx}、w_{0yy} 分别为像散高斯光束在 x 轴方向和 y 轴方向的束腰半径。

像散高斯光束在 x 轴和 y 轴方向的瑞利长度为

$$Z_{0xx} = \pi w_{0xx}^2 / \lambda \quad (2-101)$$

$$Z_{0yy} = \pi w_{0yy}^2 / \lambda \quad (2-102)$$

像散高斯光束在 x 轴和 y 轴方向的束半宽为

$$w_{xx}(z) = w_{0xx}\sqrt{1 + (z/Z_{0xx})^2} \quad (2-103)$$

$$w_{yy}(z) = w_{0yy}\sqrt{1 + (z/Z_{0yy})^2} \quad (2-104)$$

像散高斯光束在 x 轴和 y 轴方向的等相面曲率半径为

$$R_{xx}(z) = Z_{0xx}\left(\frac{z}{Z_{0xx}} + \frac{Z_{0xx}}{z}\right) \quad (2-105)$$

$$R_{yy}(z) = Z_{0yy}\left(\frac{z}{Z_{0yy}} + \frac{Z_{0yy}}{z}\right) \quad (2-106)$$

像散高斯光束在 x 轴和 y 轴方向的相位因子为

$$\psi_{xx}(z) = \arctan\frac{z}{Z_{0xx}} \quad (2-107)$$

$$\psi_{yy}(z) = \arctan\frac{z}{Z_{0yy}} \quad (2-108)$$

像散高斯光束在 x 轴和 y 轴方向的发散角为

$$\theta_{xx} = \lim_{z\to\infty}\frac{w_{xx}(z)}{z} \quad (2-109)$$

$$\theta_{yy} = \lim_{z\to\infty}\frac{w_{yy}(z)}{z} \quad (2-110)$$

2. 像散嵌入高斯光束

由于多模像散光束是非旋转对称的,因此可把它写成在主方位角方向上的分解形式。在主方位角方向上分别构造一个"嵌入高斯光束","嵌入高斯光束"与多模光束有相同的束腰位置、瑞利距离和波面曲率半径。设光束的主方位角

方向在 x 轴和 y 轴方向,则在任意截面上有 $w_{xx}(z) = M_{xx} w_{Gxx}(z)$,$w_{yy}(z) = M_{yy}$ $w_{Gyy}(z)$,可利用相应于实际多模像散光束的"像散嵌入高斯光束"及 $ABCD$ 定律进行系统结构参数设计。

多模像散光束的 Q 参数定义为

$$q_{xx}^{-1} = \frac{1}{R_{xx}(z)} + \mathrm{i}\,\frac{M_{xx}^2 \lambda}{\pi w_{xx}^2(z)} \qquad (2-111)$$

$$q_{yy}^{-1} = \frac{1}{R_{yy}(z)} + \mathrm{i}\,\frac{M_{yy}^2 \lambda}{\pi w_{yy}^2(z)} \qquad (2-112)$$

Q 参数的传输同样遵守 $ABCD$ 定律。

3. 复 Q^{-1} 矩阵

像散光束可用 2×2 复波前 Q^{-1} 矩阵为

$$Q^{-1} = \begin{bmatrix} q_{xx}^{-1} & q_{xy}^{-1} \\ q_{xy}^{-1} & q_{yy}^{-1} \end{bmatrix} \qquad (2-113)$$

Q^{-1} 是高斯光束 q 参数的推广。对像散高斯光束,有 $q_{xy}^{-1} \neq 0$,$q_{xx}^{-1} \neq q_{yy}^{-1}$,在对角化时 $q_{xy}^{-1} = 0$,$q_{xx}^{-1} \neq q_{yy}^{-1}$;对圆对称高斯光束,则有 $q_{xx}^{-1} = q_{yy}^{-1} = q^{-1}$,$q_{xy}^{-1} \equiv 0$。

对简单像散光束,当它的两个主方向上就在 x 轴和 y 轴方向时,其复波前矩阵为

$$Q^{-1} = \begin{bmatrix} q_{xx}^{-1} & 0 \\ 0 & q_{yy}^{-1} \end{bmatrix} \qquad (2-114)$$

4. $ABCD$ 定律

Q^{-1} 表示的光束通过传输矩阵为 4×4 的 $\begin{bmatrix} A & B \\ C & D \end{bmatrix}$ 的光学系统时满足 $ABCD$ 定律:

$$Q'^{-1} = (C + DQ^{-1})(A + BQ^{-1})^{-1} \qquad (2-115)$$

$$Q' = (AQ + B)(CQ + D)^{-1} \qquad (2-116)$$

5. 复 Q^{-1} 矩阵在自由空间传输

简单像散光束的复 Q^{-1} 矩阵为

$$Q^{-1} = \begin{bmatrix} q_{xx}^{-1} & 0 \\ 0 & q_{yy}^{-1} \end{bmatrix} = \begin{bmatrix} \dfrac{1}{R_{xx}} - \mathrm{i}\,\dfrac{\lambda}{\pi w_{xx}^2} & 0 \\ 0 & \dfrac{1}{R_{yy}} - \mathrm{i}\,\dfrac{\lambda}{\pi w_{yy}^2} \end{bmatrix} \qquad (2-117)$$

当光束传输距离 l 时,传输矩阵为

$$T = \begin{bmatrix} \mathbb{I} & \mathbb{L} \\ \mathbb{0} & \mathbb{I} \end{bmatrix} = \begin{bmatrix} 1 & 0 & l & 0 \\ 0 & 1 & 0 & l \\ 0 & 0 & 1 & 0 \\ 0 & 0 & 0 & 1 \end{bmatrix} \qquad (2-118)$$

利用 $ABCD$ 定律

$$Q'^{-1} = \frac{C + D\,Q^{-1}}{A + B\,Q^{-1}} = \frac{0 + I\,Q^{-1}}{I + L\,Q^{-1}} = \frac{Q^{-1}}{E + L\,Q^{-1}}$$

$$= \frac{\begin{bmatrix} q_{xx}^{-1} & 0 \\ 0 & q_{yy}^{-1} \end{bmatrix}}{\begin{bmatrix} 1 + lq_{xx}^{-1} & 0 \\ 0 & 1 + lq_{yy}^{-1} \end{bmatrix}} = \begin{bmatrix} q_{xx}^{-1} & 0 \\ 0 & q_{yy}^{-1} \end{bmatrix} \begin{bmatrix} \dfrac{1}{1 + lq_{xx}^{-1}} & 0 \\ 0 & \dfrac{1}{1 + lq_{yy}^{-1}} \end{bmatrix} \qquad (2-119)$$

$$= \begin{bmatrix} \dfrac{q_{xx}^{-1}}{1 + lq_{xx}^{-1}} & 0 \\ 0 & \dfrac{q_{yy}^{-1}}{1 + lq_{yy}^{-1}} \end{bmatrix}$$

这与旋转对称光束传输的 $ABCD$ 定律一致,即

$$\begin{bmatrix} a & b \\ c & d \end{bmatrix} = \begin{bmatrix} 1 & l \\ 0 & 1 \end{bmatrix}, q'^{-1} = \frac{c + dq^{-1}}{a + bq^{-1}} = \frac{q^{-1}}{1 + lq^{-1}} \qquad (2-120)$$

6. 复 Q^{-1} 矩阵的旋转

设像散光束的 Q^{-1}:

$$Q^{-1} = \begin{bmatrix} q_{xx}^{-1} & 0 \\ 0 & q_{yy}^{-1} \end{bmatrix} \qquad (2-121)$$

当像散光束相对于坐标系旋转角度 ϕ 后,其 2×2 复波前矩阵 Q^{-1} 变为

$$Q'^{-1} = \Phi^{-1} Q^{-1} \Phi \qquad (2-122)$$

式中

$$\Phi = \begin{bmatrix} \cos\phi & \sin\phi \\ -\sin\phi & \cos\phi \end{bmatrix} \qquad (2-123)$$

$$\Phi^{-1} = \begin{bmatrix} \cos\phi & -\sin\phi \\ \sin\phi & \cos\phi \end{bmatrix} \qquad (2-124)$$

将式(2-114)、式(2-123)和式(2-124)代入式(2-122),可得

$$Q'^{-1} = \begin{bmatrix} q_{xx}^{-1}\cos^2\phi + q_{yy}^{-1}\sin^2\phi & (q_{xx}^{-1} - q_{yy}^{-1})\sin\phi\cos\phi \\ (q_{xx}^{-1} - q_{yy}^{-1})\sin\alpha\cos\alpha & q_{xx}^{-1}\sin^2\alpha + q_{yy}^{-1}\cos^2\phi \end{bmatrix} \qquad (2-125)$$

7. 复 Q^{-1} 矩阵的对角化

对简单像散光束,可以找到一个方位角 ϕ,使它的复波前矩阵 Q^{-1} 的反对角元素取值为 0,实现对角化,即

$$\begin{bmatrix} q_{xx}^{-1} & q_{xy}^{-1} \\ q_{xy}^{-1} & q_{yy}^{-1} \end{bmatrix} = \begin{bmatrix} \cos\phi & -\sin\phi \\ \sin\phi & \cos\phi \end{bmatrix} \begin{bmatrix} q_1^{-1} & 0 \\ 0 & q_2^{-1} \end{bmatrix} \begin{bmatrix} \cos\phi & \sin\phi \\ -\sin\phi & \cos\phi \end{bmatrix} \qquad (2-126)$$

由式(2-126)可得

$$q_{xx}^{-1} + q_{yy}^{-1} = q_1^{-1} + q_2^{-1} \qquad (2-127)$$

$$q_{xx}^{-1} - q_{yy}^{-1} = (q_1^{-1} - q_2^{-1})\cos 2\phi \qquad (2-128)$$

$$q_{xy}^{-1} = 0.5(q_1^{-1} - q_2^{-1})\sin 2\phi \qquad (2-129)$$

式(2-129)等号两边的项除以式(2-128)等号两边的项,可得

$$\tan(2\phi) = \frac{2q_{xy}^{-1}}{q_{xx}^{-1} - q_{yy}^{-1}} \qquad (2-130)$$

$$\phi = 0.5\arctan\frac{2q_{xy}^{-1}}{q_{xx}^{-1} - q_{yy}^{-1}} \qquad (2-131)$$

由式(2-128)可得

$$(q_{xx}^{-1} - q_{yy}^{-1})^2 = (q_1^{-1} - q_2^{-1})^2\cos^2 2\phi \qquad (2-132)$$

由式(2-129)可得

$$(2q_{xy}^{-1})^2 = (q_1^{-1} - q_2^{-1})^2\sin^2 2\phi \qquad (2-133)$$

由式(2-132)和式(2-133)可得

$$(q_{xx}^{-1} - q_{yy}^{-1})^2 + (2q_{xy}^{-1})^2 = (q_1^{-1} - q_2^{-1})^2 \qquad (2-134)$$

由式(2-134)可得

$$q_1^{-1} - q_2^{-1} = \sqrt{(q_{xx}^{-1} - q_{yy}^{-1})^2 + (2q_{xy}^{-1})^2} \qquad (2-135)$$

由式(2-134)和式(2-135)可得对角化后的元素为

$$q_{1,2}^{-1} = \frac{q_{xx}^{-1} + q_{yy}^{-1} \pm \sqrt{(q_{xx}^{-1} - q_{yy}^{-1})^2 + (2q_{xy}^{-1})^2}}{2} \qquad (2-136)$$

8. 像散腔中的光束自再现

设光束在谐振腔中往返一周的传输矩阵为 $\begin{bmatrix} A & B \\ C & D \end{bmatrix}$,则谐振光束满足自再现

条件为

$$Q = (AQ + B)(CQ + D)^{-1} \qquad (2-137)$$

$$Q^{-1} = (C + DQ^{-1})(A + BQ^{-1})^{-1} \qquad (2-138)$$

$ABCD$ 矩阵满足条件

$$AD - BC = \mathbb{I} \qquad (2-139)$$

下面假设条件 $B = B^{\mathrm{T}}$ 成立,求解式(2-138)。由式(2-138)可得

$$Q^{-1}A + Q^{-1}BQ^{-1} = C + DQ^{-1} \qquad (2-140)$$

将式(2-140)左乘 B 可得

$$BQ^{-1}A + BQ^{-1}BQ^{-1} = BC + BDQ^{-1} \qquad (2-141)$$

将式(2-140)转置并左乘 B 可得

$$BA^{\mathrm{T}}Q^{-1} + BQ^{-1}BQ^{-1} = BC^{\mathrm{T}} + BQ^{-1}D^{\mathrm{T}} \qquad (2-142)$$

式(2-141)加式(2-142)可得

$$BA^{\mathrm{T}}Q^{-1} + BQ^{-1}A + 2BQ^{-1}BQ^{-1} = BC^{\mathrm{T}} + BC + BDQ^{-1} + BQ^{-1}D^{\mathrm{T}} \tag{2-143}$$

利用条件

$$A D^{\mathrm{T}} - B C^{\mathrm{T}} = \mathbb{I} \tag{2-144}$$

$$A^{\mathrm{T}} D - C^{\mathrm{T}} B = \mathbb{I} \tag{2-145}$$

$$D^{\mathrm{T}} B = B^{\mathrm{T}} D \tag{2-146}$$

$$A B^{\mathrm{T}} = B A^{\mathrm{T}} \tag{2-147}$$

$$A D^{\mathrm{T}} = D^{\mathrm{T}} A \tag{2-148}$$

式(2-143)可写为

$$(A - D^{\mathrm{T}})BQ^{-1} + BQ^{-1}(A - D^{\mathrm{T}}) + 2BQ^{-1}BQ^{-1} = AD^{\mathrm{T}} + D^{\mathrm{T}}A - 2\mathbb{I} \tag{2-149}$$

配方后可得

$$B Q^{-1}B Q^{-1} + (A - D^{\mathrm{T}})B Q^{-1} + \left(\frac{A - D^{\mathrm{T}}}{2}\right)^2 - \left(\frac{A - D^{\mathrm{T}}}{2}\right)^2$$

$$+ B Q^{-1}B Q^{-1} + B Q^{-1}(A - D^{\mathrm{T}}) + \left(\frac{A - D^{\mathrm{T}}}{2}\right)^2 - \left(\frac{A - D^{\mathrm{T}}}{2}\right)^2 = A D^{\mathrm{T}} + D^{\mathrm{T}} A - 2\mathbb{I}$$

$$\tag{2-150}$$

整理后可得

$$\left(\frac{A - D^{\mathrm{T}}}{2} + B Q^{-1}\right)^2 + \left(B Q^{-1} + \frac{A - D^{\mathrm{T}}}{2}\right)^2 = 2\left(\frac{A - D^{\mathrm{T}}}{2}\right)^2 + AD^{\mathrm{T}} + D^{\mathrm{T}}A - 2\mathbb{I} \tag{2-151}$$

进一步整理可得

$$\left(B Q^{-1} + \frac{A - D^{\mathrm{T}}}{2}\right)^2 = \left(\frac{A + D^{\mathrm{T}}}{2}\right)^2 - \mathbb{I} \tag{2-152}$$

若腔是稳定的,应该有复数解:

$$B Q^{-1} = \frac{D^{\mathrm{T}} - A}{2} \pm \mathrm{i}\sqrt{\mathbb{I} - \left(\frac{A + D^{\mathrm{T}}}{2}\right)^2} \tag{2-153}$$

当 $\det(B) \neq 0$ 时,可以得到自再现模式的解为

$$Q^{-1} = B^{-1}\left(\frac{D^{\mathrm{T}} - A}{2}\right) \pm \mathrm{i} B^{-1}\sqrt{\mathbb{I} - \left(\frac{D^{\mathrm{T}} + A}{2}\right)^2} \tag{2-154}$$

设 $\begin{bmatrix} s_1 & s_2 \\ s_3 & s_4 \end{bmatrix} = \mathbb{I} - \left(\frac{D^{\mathrm{T}} + A}{2}\right)^2$,$2 \times 2$ 矩阵的开方可表示为

$$\begin{bmatrix} p_1 & p_2 \\ p_3 & p_4 \end{bmatrix} = \sqrt{\begin{bmatrix} s_1 & s_2 \\ s_3 & s_4 \end{bmatrix}} \tag{2-155}$$

式中

$$p_1 = \sqrt{\frac{s_1(s_1 - s_4)^2 + s_2 s_3(3s_1 - s_4) \pm 2s_2 s_3\sqrt{s_1 s_4 - s_2 s_3}}{(s_1 - s_4)^2 + 4s_2 s_3}} \tag{2-156}$$

$$p_4 = \sqrt{\frac{s_4(s_1-s_4)^2 + s_2 s_3(3s_4-s_1) \pm 2s_2 s_3 \sqrt{s_1 s_4 - s_2 s_3}}{(s_1-s_4)^2 + 4s_2 s_3}} \qquad (2-157)$$

$$p_2 = \frac{s_2}{p_1 + p_4} \qquad (2-158)$$

$$p_3 = \frac{s_3}{p_1 + p_4} \qquad (2-159)$$

由式(2-153)、式(2-156)和式(2-157),谐振腔的稳定性条件为

$$\det\left\{ \mathbb{I} - \left(\frac{A+D^{\mathrm{T}}}{2}\right)^2 \right\} \geq 0 \qquad (2-160)$$

即

$$s_1 s_4 - s_2 s_3 \geq 0, \ p_1^2 \geq 0, \ p_4^2 \geq 0 \qquad (2-161)$$

同理,对式(2-137),假设条件 $C = C^{\mathrm{T}}$ 成立以及 $\det(C) \neq 0$,可以得到自再现模式的解为

$$Q = \left(\frac{A-D^{\mathrm{T}}}{2}\right)C^{-1} \pm \mathrm{i}\sqrt{\mathbb{I} - \left(\frac{A+D^{\mathrm{T}}}{2}\right)^2}\, C^{-1} \qquad (2-162)$$

9. 像散光束的复光线

对非轴对称腔,以镜 S_1 为参考,腔的往返矩阵 $\begin{bmatrix} A & B \\ C & D \end{bmatrix}$ 的本征向量 $\begin{bmatrix} r \\ p \end{bmatrix}$ 对应的本征值为 γ,则有

$$\begin{bmatrix} A-\gamma\mathbb{I} & B \\ C & D-\gamma\mathbb{I} \end{bmatrix}\begin{bmatrix} r \\ p \end{bmatrix} = 0 \qquad (2-163)$$

式中

$$r = \begin{bmatrix} r_{1x} & r_{2x} \\ r_{1y} & r_{2y} \end{bmatrix}, \ p = \begin{bmatrix} p_{1x} & p_{2x} \\ p_{1y} & p_{2y} \end{bmatrix} \qquad (2-164)$$

求解

$$\begin{vmatrix} A-\gamma\mathbb{I} & B \\ C & D-\gamma\mathbb{I} \end{vmatrix} = 0 \qquad (2-165)$$

可得到四个本征值,每一本征值对应了一组有意义的本征向量 $\begin{bmatrix} r_j \\ p_j \end{bmatrix}$,将求得的本征向量代入

$$p = Q^{-1} r \qquad (2-166)$$

中,求出 Q_1^{-1} 为

$$Q_1^{-1} = \begin{bmatrix} q_{xx}^{-1} & q_{xy}^{-1} \\ q_{xy}^{-1} & q_{yy}^{-1} \end{bmatrix} = pr^{-1} = \frac{1}{x_1 y_2 - x_2 y_1}\begin{bmatrix} p_{1x} & p_{2x} \\ p_{1y} & p_{2y} \end{bmatrix}\begin{bmatrix} y_2 & -x_2 \\ -y_1 & x_1 \end{bmatrix} \qquad (2-167)$$

由此可得

$$q_{xx}^{-1} = \frac{y_2 p_{1x} - y_1 p_{2x}}{x_1 y_2 - x_2 y_1} \tag{2-168}$$

$$q_{xy}^{-1} = \frac{x_1 p_{2x} - x_2 p_{1x}}{x_1 y_2 - x_2 y_1} = \frac{y_2 p_{1y} - y_1 p_{2y}}{x_1 y_2 - x_2 y_1} \tag{2-169}$$

$$q_{yy}^{-1} = \frac{x_1 p_{2y} - x_2 p_{1y}}{x_1 y_2 - x_2 y_1} \tag{2-170}$$

同理,可以求出镜 S_2 处的复波前 $\mathbb{Q}_2^{-1}$ 和腔内任意处的复波前矩阵,将复波前实部和虚部分开后分别对角化就可得到非轴对称腔的本征光束参数。另外,使用本征光线向量法时的选解法则与复波前自再现法相同。

2.6.3 像散 H-G$_{mn}$ 模式光束

H-G$_{mn}$ 模式光束通过具有像散特性的光学系统,即可获得 H-G$_{mn}$ 模式像散光束。采用矩形像散腔,也可得到像散 H-G$_{mn}$ 模式光束。

像散 H-G$_{mn}$ 模式光束的场分布可以表示为厄米多项式和高斯分布函数的乘积,只是在两个方向上的基模光斑尺寸不同:

$$E(x,y,z) = A_0 e^{ikz} \sqrt{\frac{w_0}{w_{sx}(z-z_x)}} H_m \left[\frac{\sqrt{2}x}{w_{sx}(z-z_x)} \right] e^{-\frac{x^2}{w_{sx}^2(z-z_x)}} e^{\frac{ikx^2}{2R(z-z_x)}} e^{-i(m+1)\arctan\left(\frac{z-z_x}{Z_{0x}}\right)}$$

$$\times \sqrt{\frac{w_0}{w_{sy}(z-z_y)}} H_n \left[\frac{\sqrt{2}y}{w_{sy}(z-z_y)} \right] e^{-\frac{y^2}{w_{sy}^2(z-z_y)}} e^{\frac{iky^2}{2R(z-z_y)}} e^{-i(n+1)\arctan\frac{z-z_y}{Z_{0y}}}$$

$$\tag{2-171}$$

像散 H-G$_{mn}$ 模式光束的光强为

$$I_{mn}^A(x,y,z) = c_{mn}^A \left| H_m \left[\frac{\sqrt{2}x}{w_{sx}(z-z_x)} \right] \right|^2 \left| H_n \left[\frac{\sqrt{2}y}{w_{sy}(z-z_y)} \right] \right|^2 e^{-\frac{2x^2}{w_{sx}^2(z-z_x)} - \frac{2y^2}{w_{sy}^2(z-z_y)}}$$

$$\tag{2-172}$$

图 2 – 17 给出了 H-G$_{12}$ 模式光束的强度分布,图 2 – 17(a)的像散最严重,图 2 – 17(d)无像散。

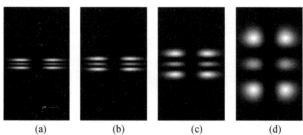

(a)   (b)   (c)   (d)

图 2 – 17　像散 H-G$_{12}$ 模式光束的强度分布

(a) $w_{01}/w_{02} = 0.15$;(b) $w_{01}/w_{02} = 0.2$;(c) $w_{01}/w_{02} = 0.4$;(d) $w_{01}/w_{02} = 1$。

H-G$_{mn}$模式光束通过像散光学系统后,则变为了像散的 H-G$_{mn}$ 模式光束。作为计算例,设基模光斑尺寸 $w_s = 10$ μm 的 H-G$_{00}$ ~ H-G$_{33}$ 模式光束经过焦距为 $15w_s$ 的柱透镜并传输距离 1mm,计算得到光强分布如图 2-18 ~ 图 2-21 所示。

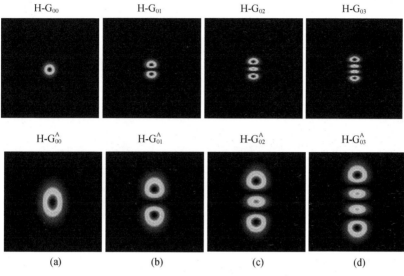

图 2-18 无像散和像散 H-G$_{00}$ ~ H-G$_{03}$ 模式光束的
强度分布(上标 A 表示有像散)

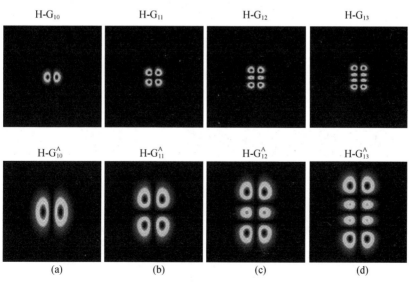

图 2-19 无像散和像散 H-G$_{10}$ ~ H-G$_{13}$ 模式光束的
强度分布(上标 A 表示有像散)

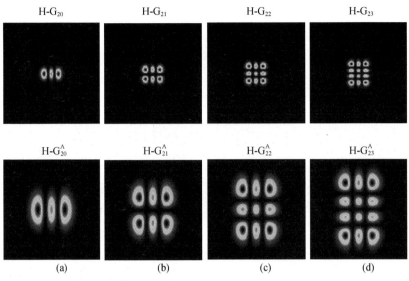

图 2 - 20　无像散和像散 H-G$_{20}$ ~ H-G$_{23}$模式光束的
强度分布(上标 A 表示有像散)

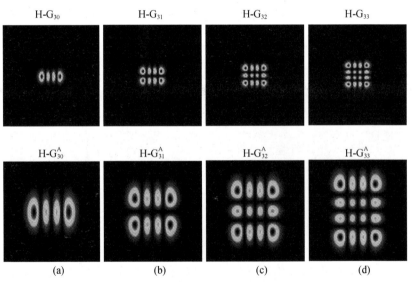

图 2 - 21　无像散和像散 H-G$_{30}$ ~ H-G$_{33}$模式光束的
强度分布(上标 A 表示有像散)

2.6.4　像散 L-G$_{pl}$模式光束

L-G$_{pl}$模式光束通过像散光学系统后,则变为了像散的 L-G$_{pl}$模式光束。设基
模光斑尺寸 $w_s = 10$ μm 的 L-G$_{00}$ ~ L-G$_{33}$模式光束经过焦距为 $20w_s$的柱透镜并传

输距离1mm,计算得到光强分布如图2-22~图2-25所示。

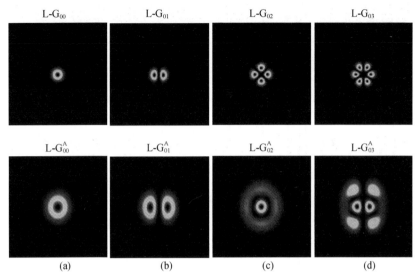

图2-22　无像散和像散 L-G_{00} ~ L-G_{03} 模式光束的
强度分布(上标 A 表示有像散)

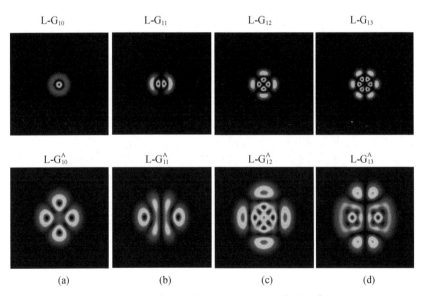

图2-23　无像散和像散 L-G_{10} ~ L-G_{13} 模式光束的
强度分布(上标 A 表示有像散)

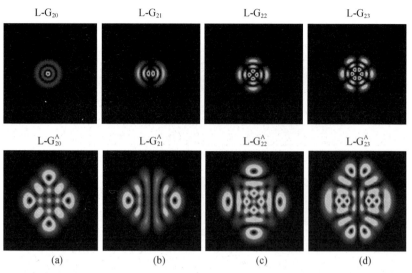

图 2 - 24　无像散和像散 $L\text{-}G_{20} \sim L\text{-}G_{23}$ 模式光束的
强度分布（上标 A 表示有像散）

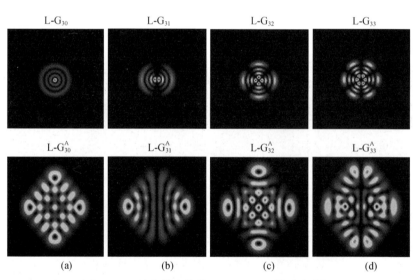

图 2 - 25　无像散和像散 $L\text{-}G_{30} \sim L\text{-}G_{33}$ 模式光束的
强度分布（上标 A 表示有像散）

2.6.5　像散 LP_{mn} 模式光束

LP_{mn} 模式光束通过像散光学系统后，则变为了像散的 LP_{mn} 模式光束。设阶跃光纤纤芯半径 $a = 20\ \mu m$，纤芯折射率 $n_1 = 1.46$，包层折射率 $n_2 = 1.44$。

$LP_{01} \sim LP_{34}$ 模式光束经过焦距为 $10a$ 的柱透镜并传输距离 1 cm，计算得到光强分布如图 2-26~图 2-29 所示。

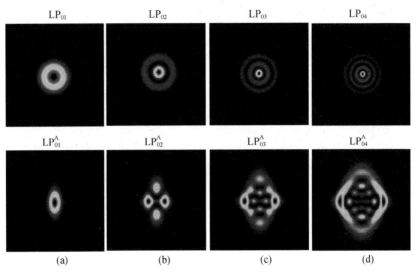

图 2-26 无像散和像散 $LP_{01} \sim LP_{04}$ 模式光束的
强度分布（上标 A 表示有像散）

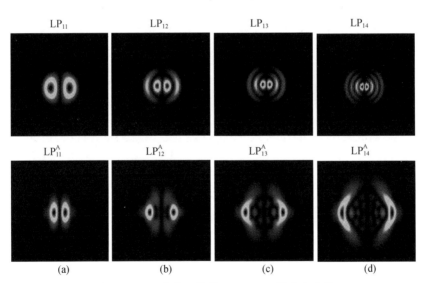

图 2-27 无像散和像散 $LP_{11} \sim LP_{14}$ 模式光束的
强度分布（上标 A 表示有像散）

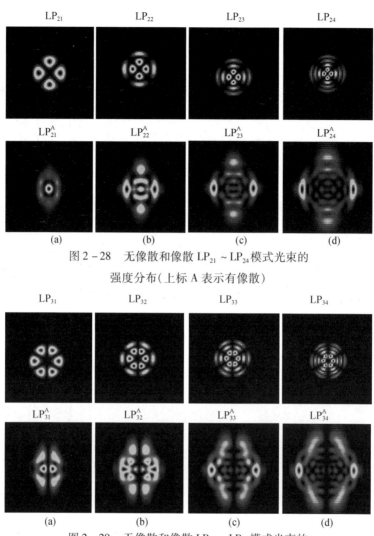

图 2 – 28　无像散和像散 $LP_{21} \sim LP_{24}$ 模式光束的
强度分布(上标 A 表示有像散)

图 2 – 29　无像散和像散 $LP_{31} \sim LP_{34}$ 模式光束的
强度分布(上标 A 表示有像散)

2.7　扭曲光束的强度分布

2.7.1　扭曲光束的产生

1. 扭曲光学系统产生扭曲光束

高斯光束 Q^{-1} 矩阵通过变换矩阵 $M = \begin{bmatrix} A & B \\ C & D \end{bmatrix}$ 的光学系统,其变换也遵循

$ABCD$ 定律,即

$$Q_2 = \frac{A Q_1 + B}{C Q_1 + D}$$

或
$$Q_2^{-1} = \frac{C + D Q_1^{-1}}{A + B Q_1^{-1}}$$

(2-173)

式中:Q_1、Q_2为高斯光束在变换前、后的Q矩阵。

高斯光束通过具有多个光学元件的光学系统时,变换矩阵M仍由各光学元件变换矩阵$M_1,M_2,\cdots,M_n$的乘积确定。当Q_1(或Q_1^{-1})和$M_1,M_2,\cdots,M_n$等已知时,由$ABCD$定律就可以求出任意位置处的Q_2矩阵(或Q_2^{-1}矩阵);然后根据该矩阵进行分离实部和虚部的运算就可以得到此位置的曲率半径$R(z)$、束半宽$W(z)$。

若旋转对称的基模高斯光束通过光学系统后,其Q_2^{-1}矩阵的实部和虚部不能同时对角化,则说明该光学系统是扭曲的,光束经过这样的光学系统后出现了扭曲特性。图2-30给出了基模高斯光束、像散基模高斯光束和扭曲基模高斯光束的光斑强度分布和位相分布。图2-31给出了基模高斯光束、像散基模高斯光束和扭曲基模高斯光束在不同传输位置的束宽轮廓图和在不同方位角上束宽随传输距离变化的曲线。

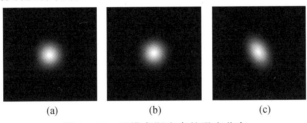

图2-30　基模高斯光束的强度分布

(a)无像散;(b)有像散;(c)有扭曲。

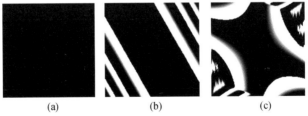

图2-31　基模高斯光束的位相分布

(a)无像散;(b)有像散;(c)有扭曲。

2. 扭曲谐振腔产生扭曲光束

一般非轴对称腔如图2-32所示,谐振腔的非轴对称腔镜S_1(左)、S_2(右)的变换矩阵分别为$\begin{bmatrix} \mathbb{I} & \mathbb{O} \\ \mathbb{R}_1 & \mathbb{I} \end{bmatrix}$,$\begin{bmatrix} \mathbb{I} & \mathbb{O} \\ \mathbb{R}_2 & \mathbb{I} \end{bmatrix}$。若镜$S_1$的两个主曲率方向与$x$、$y$轴交角为$\theta$,镜$S_2$的两个主曲率方向与$x$、$y$轴重合,则有

$$R_1 = \begin{bmatrix} \cos\theta & -\sin\theta \\ \sin\theta & \cos\theta \end{bmatrix} \begin{bmatrix} -\dfrac{1}{R_{1x}} & 0 \\ 0 & -\dfrac{1}{R_{1y}} \end{bmatrix} \begin{bmatrix} \cos\theta & \sin\theta \\ -\sin\theta & \cos\theta \end{bmatrix} \quad (2-174)$$

$$R_2 = \begin{bmatrix} -\dfrac{1}{R_{2x}} & 0 \\ 0 & -\dfrac{1}{R_{2y}} \end{bmatrix} \quad (2-175)$$

式中:R_{ix}、R_{iy} 分别为镜 $S_i(i=1,2)$ 的两个主曲率半径。

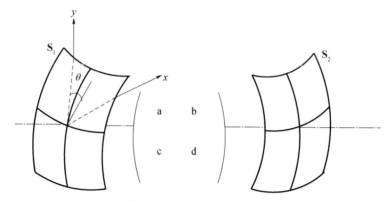

图 2－32　一般非轴对称腔

以镜 S_1 为参考,往返一周的传输矩阵为

$$\begin{bmatrix} A & B \\ C & D \end{bmatrix} = \begin{bmatrix} d^{\mathrm{T}} & b^{\mathrm{T}} \\ c^{\mathrm{T}} & a^{\mathrm{T}} \end{bmatrix} \begin{bmatrix} \mathbb{I} & \mathbb{O} \\ R_2 & \mathbb{I} \end{bmatrix} \begin{bmatrix} a & b \\ c & d \end{bmatrix} \begin{bmatrix} \mathbb{I} & \mathbb{O} \\ R_1 & \mathbb{I} \end{bmatrix} \quad (2-176)$$

式中:$\begin{bmatrix} a & b \\ c & d \end{bmatrix}$ 为光腔内单程变换 4×4 矩阵;上标"T"表示转置运算。

引入光腔 G 矩阵

$$G_1 = a + \frac{1}{2} b R_1 \quad (2-177)$$

$$G_2 = a^{\mathrm{T}} + \frac{1}{2} b^{\mathrm{T}} R_2 \quad (2-178)$$

则有

$$\begin{bmatrix} A & B \\ C & D \end{bmatrix} = \begin{bmatrix} 4 G_2 G_1 - 2 G_2 a - \mathbb{I} & 2 G_2 b \\ 4 b^{-1} a G_2 G_1 - 2 b^{-1} G_1 - 2 b^{-1} a G_2 & 2 a^{\mathrm{T}} G_2^{\mathrm{T}} - \mathbb{I} \end{bmatrix} \quad (2-179)$$

式中:上标"-1"表示对矩阵求逆。

对此种非轴对称腔,在镜面处有

$$\mathbb{B}^{\mathrm{T}} = \mathbb{B} \qquad (2-180)$$

将往返一周的传输矩阵代入镜 S_1 处复波前往返一周自再现条件

$$\mathbb{Q}^{-1} = (\mathbb{C} + \mathbb{D}\,\mathbb{Q}_1^{-1})(\mathbb{A} + \mathbb{B}\,\mathbb{Q}_1^{-1})^{-1} \qquad (2-181)$$

进一步可得

$$\mathbb{Q}_1^{-1} = \mathbb{B}^{-1}\left(\frac{\mathbb{D}^{\mathrm{T}} - \mathbb{A}}{2}\right) \pm i\mathbb{B}^{-1}\sqrt{\mathbb{I} - \left(\frac{\mathbb{A} + \mathbb{D}^{\mathrm{T}}}{2}\right)^2}$$

$$= -\frac{1}{2}R_1 \pm i\mathbf{b}^{-1}\mathbb{G}_2^{-1}\sqrt{\mathbb{G}_1\,\mathbb{G}_2(\mathbb{I} - \mathbb{G}_1\,\mathbb{G}_2)}\ (\det(\mathbb{G}_2\mathbf{b}) \neq 0) \qquad (2-182)$$

以镜 S_2 为参考,往返一周的传输矩阵为

$$\begin{bmatrix} A' & B' \\ C' & D' \end{bmatrix} = \begin{bmatrix} 4\,\mathbb{G}_1\,\mathbb{G}_2 - 2\,\mathbb{G}_1\,\mathbf{d}^{\mathrm{T}} - \mathbb{I} & 2\,\mathbb{G}_1\,\mathbf{b}^{\mathrm{T}} \\ 4\mathbf{d}\mathbf{b}^{-1}\mathbb{G}_1\,\mathbb{G}_2 - 2\mathbf{b}^{-1\mathrm{T}}\mathbb{G}_2 - 2\mathbf{d}\mathbf{b}^{-1}\mathbb{G}_1\,\mathbf{d}^{\mathrm{T}} & 2\mathbf{d}\,\mathbb{G}_1^{\mathrm{T}} - \mathbb{I} \end{bmatrix} \qquad (2-183)$$

且有

$$\mathbb{B}'^{\mathrm{T}} = \mathbb{B} \qquad (2-184)$$

同理可得,镜 S_2 处复波前为

$$\mathbb{Q}_2^{-1} = \mathbb{B}'^{-1}\left(\frac{\mathbb{D}'^{\mathrm{T}} - \mathbb{A}'}{2}\right) \pm i\mathbb{B}'^{-1}\sqrt{\mathbb{I} - \left(\frac{\mathbb{A}' + \mathbb{D}'^{\mathrm{T}}}{2}\right)^2}$$

$$= -\frac{1}{2}R_2 \pm i(\mathbf{b}^{\mathrm{T}})^{-1}\mathbb{G}_1^{-1}\sqrt{\mathbb{G}_1\,\mathbb{G}_2(\mathbb{I} - \mathbb{G}_1\,\mathbb{G}_2)}\ (\det(\mathbb{G}_1\mathbf{b}^{\mathrm{T}}) \neq 0) \qquad (2-185)$$

求出 $\mathbb{Q}_1^{-1}$、$\mathbb{Q}_2^{-1}$ 后,将实部和虚部分开,分别对实部和虚部对角化。按照对角化复波前矩阵主对角元的物理意义,实部和虚部分别对应于像散光束在对角化坐标系中主方向上的波面曲率半径和光束束半宽。当镜面处的 $\mathbb{Q}_1^{-1}$ 或 $\mathbb{Q}_2^{-1}$ 求出后,利用广义 $ABCD$ 定律,则可以求出腔内任意处的复波前矩阵 $\mathbb{Q}^{-1}$,从而得到该处的光束参数。对于从复杂像散非轴对称腔输出光束,不仅有简单像散光束的特征,而且实部和虚部矩阵对角化角度是不相等的,在传输过程中还会发生变化,这表明光束的强度曲面和相位曲面的主方向不仅不重合,而且以不同速度旋转,因此光束参数出现复杂耦合。

非轴对称腔的稳定性有多种判别法,其中以用光腔本征值判别较为简明,且物理意义明确。以镜 S_1 为参考,设往返一周矩阵的本征向量 $\begin{bmatrix} r \\ p \end{bmatrix}$($r,p$ 分别为空间光线的位置和方向)对应的本征值为 γ,它可由解方程 $\begin{vmatrix} A - \gamma\mathbb{I} & B \\ C & D - \gamma\mathbb{I} \end{vmatrix} = 0$ 得出。本征值 γ 共有四个,由互为倒数的两对组成。若 γ 由两对共轭复数组成,则光腔为约束稳定 – 稳定腔;若 γ 由两对互为倒数的实数组成,则光腔为非稳 – 非稳腔,若一组 γ 为共轭复数,另一组为实数,则光腔为约束稳定 – 非稳腔(也称

为混合腔)。相应地,非轴对称像散腔的本征基模光束是高斯光束 – 高斯光束、点光束 – 点光束和高斯光束 – 点光束的组合。

注意:当 $\gamma = \pm 1$ 时,为临界腔,复波前分析法失效。在数值求解时 $\mathbb{Q}_1^{-1}$、$\mathbb{Q}_2^{-1}$ 会出现多解,选解法则为:当 γ 为复数时,应取使光束束半宽平方为正的解;当 γ 为实数时,选取满足微扰稳定,即 γ 绝对值大于 1 的解。$\mathbb{Q}_1^{-1}$、$\mathbb{Q}_2^{-1}$ 表达式成立的条件是转置对称性:$\mathbb{B}^{\mathrm{T}} = \mathbb{B}$ 和 $\mathbb{B}'^{\mathrm{T}} = \mathbb{B}'$。这两个条件对线性腔的腔镜处是成立的,但若计算参考面取在腔内任意处,则不一定成立。另外,对非轴对称环形腔,即使在腔镜处它们也未必成立。当用复波前矩阵研究这类问题时,可以用参考面移动技巧来解决。说明如下:

设 RP 为非轴对称腔内某一参考面,以该处为起点,往返一周传输矩阵设为 $\begin{bmatrix} A & B \\ C & D \end{bmatrix}$,其中 B 不满足转置对称性 $B^{\mathrm{T}} = B$。将计算参考面由 RP 移动至 RP',从 RP 到 RP' 的变换矩阵为 $\begin{bmatrix} \mathbb{I} & \mathbb{L} \\ \mathbb{O} & \mathbb{I} \end{bmatrix}$,$\mathbb{L} = \begin{bmatrix} l & 0 \\ 0 & l \end{bmatrix}$,以 RP' 为参考,往返一周传输矩阵则变为

$$\begin{bmatrix} \widetilde{A} & \widetilde{B} \\ \widetilde{C} & \widetilde{D} \end{bmatrix} = \begin{bmatrix} \mathbb{I} & \mathbb{L} \\ \mathbb{O} & \mathbb{I} \end{bmatrix} \begin{bmatrix} A & B \\ C & D \end{bmatrix} \begin{bmatrix} \mathbb{I} & -\mathbb{L} \\ \mathbb{O} & \mathbb{I} \end{bmatrix} \qquad (2-186)$$

设

$$A = \begin{bmatrix} A_1 & A_2 \\ A_3 & A_4 \end{bmatrix}, B = \begin{bmatrix} B_1 & B_2 \\ B_3 & B_4 \end{bmatrix}, \mathbb{C} = \begin{bmatrix} C_1 & C_2 \\ C_3 & C_4 \end{bmatrix}, \mathbb{D} = \begin{bmatrix} D_1 & D_2 \\ D_3 & D_4 \end{bmatrix} \qquad (2-187)$$

令

$$\widetilde{\mathbb{B}} = \widetilde{\mathbb{B}}^{\mathrm{T}} \qquad (2-188)$$

则有

$$(C_3 - C_2) l^2 + [(A_3 - A_2) - (D_3 - D_2)] l - (B_3 - B_2) = 0 \qquad (2-189)$$

由式(2-189)可以确定 l,然后可确定满足转置对称性的新参考面 RP' 的位置。此后就可用复波前自再现法对非轴对称腔进行分析,分析方法同前。

2.7.2　扭曲基模高斯光束

扭曲基模高斯光束用复 $\mathbb{Q}^{-1}$ 矩阵表示为

$$\mathbb{Q}^{-1} = \begin{bmatrix} \dfrac{1}{R_{xx}} - \mathrm{i}\, \dfrac{\lambda}{\pi w_{xx}^2} & \dfrac{1}{R_{xy}} - \mathrm{i}\, \dfrac{\lambda}{\pi w_{xy}^2} \\[3mm] \dfrac{1}{R_{xy}} - \mathrm{i}\, \dfrac{\lambda}{\pi w_{xy}^2} & \dfrac{1}{R_{yy}} - \mathrm{i}\, \dfrac{\lambda}{\pi w_{yy}^2} \end{bmatrix} \qquad (2-190)$$

式中，复 $\mathbb{Q}^{-1}$ 矩阵的实部和虚部不能同时对角化，它是扭曲光束的特征之一。当基模高斯光束通过复杂像散系统(如两个母线夹角为任意角的柱透镜)时，输出光束为扭曲光束。

1. 扭曲光束的传输

光束传输距离 l 时，传输光学系统可表示为 4×4 矩阵，即

$$\mathbb{T} = \begin{bmatrix} \mathbb{A} & \mathbb{B} \\ \mathbb{C} & \mathbb{D} \end{bmatrix} \tag{2-191}$$

式中

$$\mathbb{A} = \begin{bmatrix} 1 & 0 \\ 0 & 1 \end{bmatrix}, \mathbb{B} = \begin{bmatrix} l & 0 \\ 0 & l \end{bmatrix}, \mathbb{C} = \begin{bmatrix} 0 & 0 \\ 0 & 0 \end{bmatrix}, \mathbb{D} = \begin{bmatrix} 1 & 0 \\ 0 & 1 \end{bmatrix} \tag{2-192}$$

利用 **ABCD** 定理，复 $\mathbb{Q}^{-1}$ 矩阵代表的光束传输距离 l 后变为复 $\mathbb{Q}_l^{-1}$ 矩阵：

$$\mathbb{Q}_l^{-1} = (\mathbb{C} + \mathbb{D}\mathbb{Q}^{-1})(\mathbb{A} + \mathbb{B}\mathbb{Q}^{-1})^{-1} = \mathbb{Q}^{-1}(\mathbb{I} + \mathbb{L}\mathbb{Q}^{-1})^{-1}$$

$$= \begin{bmatrix} \dfrac{1}{R_{xx}} - \mathrm{i}\dfrac{\lambda}{\pi w_{xx}^2} & \dfrac{1}{R_{xy}} - \mathrm{i}\dfrac{\lambda}{\pi w_{xy}^2} \\[2mm] \dfrac{1}{R_{xy}} - \mathrm{i}\dfrac{\lambda}{\pi w_{xy}^2} & \dfrac{1}{R_{yy}} - \mathrm{i}\dfrac{\lambda}{\pi w_{yy}^2} \end{bmatrix} \begin{bmatrix} 1 + \dfrac{l}{R_{xx}} - \mathrm{i}\dfrac{\lambda l}{\pi w_{xx}^2} & \dfrac{l}{R_{xy}} - \mathrm{i}\dfrac{\lambda l}{\pi w_{xy}^2} \\[2mm] \dfrac{l}{R_{xy}} - \mathrm{i}\dfrac{\lambda l}{\pi w_{xy}^2} & 1 + \dfrac{l}{R_{yy}} - \mathrm{i}\dfrac{\lambda l}{\pi w_{yy}^2} \end{bmatrix}^{-1}$$

$$= \frac{\begin{bmatrix} \dfrac{1}{R_{xx}} + \dfrac{l}{R_{xx}R_{yy}} - \dfrac{l}{R_{xy}^2} - \dfrac{\lambda^2 l}{\pi^2 w_{xx}^2 w_{yy}^2} + \dfrac{\lambda^2 l}{\pi^2 w_{xy}^4} & \dfrac{1}{R_{xy}} - \mathrm{i}\dfrac{\lambda}{\pi w_{xy}^2} \\[2mm] \quad - \mathrm{i}\left(\dfrac{\lambda}{\pi w_{xx}^2} + \dfrac{\lambda l}{\pi w_{xx}^2 R_{yy}} + \dfrac{\lambda l}{\pi w_{yy}^2 R_{xx}} - \dfrac{2\lambda l}{\pi w_{xy}^2 R_{xy}}\right) & \\[4mm] \dfrac{1}{R_{xy}} - \mathrm{i}\dfrac{\lambda}{\pi w_{xy}^2} & \dfrac{1}{R_{yy}} + \dfrac{l}{R_{xx}R_{yy}} - \dfrac{l}{R_{xy}^2} - \dfrac{\lambda^2 l}{\pi^2 w_{xx}^2 w_{yy}^2} + \dfrac{\lambda^2 l}{\pi^2 w_{xy}^4} \\[2mm] & \quad - \mathrm{i}\left(\dfrac{\lambda}{\pi w_{yy}^2} + \dfrac{\lambda l}{\pi w_{xx}^2 R_{yy}} + \dfrac{\lambda l}{\pi w_{yy}^2 R_{xx}} - \dfrac{2\lambda l}{\pi w_{xy}^2 R_{xy}}\right) \end{bmatrix}}{\left(1 + \dfrac{l}{R_{xx}} + \dfrac{l}{R_{yy}} + \dfrac{l^2}{R_{xx}R_{yy}} - \dfrac{l^2}{R_{xy}^2} - \dfrac{\lambda^2 l^2}{\pi^2 w_{xx}^2 w_{yy}^2} + \dfrac{\lambda^2 l^2}{\pi^2 w_{xy}^4}\right) - \mathrm{i}\left(\dfrac{\lambda l}{\pi w_{xx}^2} + \dfrac{\lambda l}{\pi w_{yy}^2} + \dfrac{\lambda l^2}{\pi w_{xx}^2 R_{yy}} + \dfrac{\lambda l^2}{\pi w_{yy}^2 R_{xx}} - \dfrac{2\lambda l^2}{\pi w_{xy}^2 R_{xy}}\right)}$$

$$\tag{2-193}$$

设

$$a = \frac{1}{R_{xx}R_{yy}} - \frac{1}{R_{xy}^2} - \frac{\lambda^2}{\pi^2 w_{xx}^2 w_{yy}^2} + \frac{\lambda^2}{\pi^2 w_{xy}^4} \tag{2-194}$$

$$b = \frac{2\lambda}{\pi w_{xy}^2 R_{xy}} - \frac{\lambda}{\pi w_{xx}^2 R_{yy}} - \frac{\lambda}{\pi w_{yy}^2 R_{xx}} \tag{2-195}$$

$$c_l = \frac{1}{\left(1 + \dfrac{l}{R_{xx}} + \dfrac{l}{R_{yy}} + a l^2\right)^2 + \left(\dfrac{\lambda l}{\pi w_{xx}^2} + \dfrac{\lambda l}{\pi w_{yy}^2} - b l^2\right)^2} \tag{2-196}$$

则有

$$\mathbb{Q}_l^{-1} = c_l \begin{bmatrix} \left(\dfrac{1}{R_{xx}} + al\right)\left(1 + \dfrac{l}{R_{xx}} + \dfrac{l}{R_{yy}} + al^2\right) & \dfrac{1}{R_{xy}}\left(1 + \dfrac{l}{R_{xx}} + \dfrac{l}{R_{yy}} + al^2\right) \\ + \left(\dfrac{\lambda}{\pi w_{xx}^2} - bl\right)\left(\dfrac{\lambda l}{\pi w_{xx}^2} + \dfrac{\lambda l}{\pi w_{yy}^2} - bl^2\right) & + \dfrac{\lambda}{\pi w_{xy}^2}\left(\dfrac{\lambda l}{\pi w_{xx}^2} + \dfrac{\lambda l}{\pi w_{yy}^2} - bl^2\right) \\ \dfrac{1}{R_{xy}}\left(1 + \dfrac{l}{R_{xx}} + \dfrac{l}{R_{yy}} + al^2\right) & \left(\dfrac{1}{R_{yy}} + al\right)\left(1 + \dfrac{l}{R_{xx}} + \dfrac{l}{R_{yy}} + al^2\right) \\ + \dfrac{\lambda}{\pi w_{xy}^2}\left(\dfrac{\lambda l}{\pi w_{xx}^2} + \dfrac{\lambda l}{\pi w_{yy}^2} - bl^2\right) & + \left(\dfrac{\lambda}{\pi w_{yy}^2} - bl\right)\left(\dfrac{\lambda l}{\pi w_{xx}^2} + \dfrac{\lambda l}{\pi w_{yy}^2} - bl^2\right) \end{bmatrix}$$

$$+ ic_l \begin{bmatrix} \left(\dfrac{1}{R_{xx}} + al\right)\left(\dfrac{\lambda l}{\pi w_{xx}^2} + \dfrac{\lambda l}{\pi w_{yy}^2} - bl^2\right) & \dfrac{1}{R_{xy}}\left(\dfrac{\lambda l}{\pi w_{xx}^2} + \dfrac{\lambda l}{\pi w_{yy}^2} - bl^2\right) \\ - \left(\dfrac{\lambda}{\pi w_{xx}^2} - bl\right)\left(1 + \dfrac{l}{R_{xx}} + \dfrac{l}{R_{yy}} + al^2\right) & - \dfrac{\lambda}{\pi w_{xy}^2}\left(1 + \dfrac{l}{R_{xx}} + \dfrac{l}{R_{yy}} + al^2\right) \\ \dfrac{1}{R_{xy}}\left(\dfrac{\lambda l}{\pi w_{xx}^2} + \dfrac{\lambda l}{\pi w_{yy}^2} - bl^2\right) & \left(\dfrac{1}{R_{yy}} + al\right)\left(\dfrac{\lambda l}{\pi w_{xx}^2} + \dfrac{\lambda l}{\pi w_{yy}^2} - bl^2\right) \\ - \dfrac{\lambda}{\pi w_{xy}^2}\left(1 + \dfrac{l}{R_{xx}} + \dfrac{l}{R_{yy}} + al^2\right) & - \left(\dfrac{\lambda}{\pi w_{yy}^2} - bl\right)\left(1 + \dfrac{l}{R_{xx}} + \dfrac{l}{R_{yy}} + al^2\right) \end{bmatrix}$$

$$(2-197)$$

2. 等相面曲率

复 $\mathbb{Q}^{-1}$ 矩阵的实部为

$$\mathrm{Re}(\mathbb{Q}_l^{-1}) = \begin{bmatrix} \dfrac{1}{R_{xx}} & \dfrac{1}{R_{xy}} \\ \dfrac{1}{R_{xy}} & \dfrac{1}{R_{yy}} \end{bmatrix} \tag{2-198}$$

传输距离 l 后的复 $\mathbb{Q}_l^{-1}$ 矩阵的实部为

$$\mathrm{Re}(\mathbb{Q}_l^{-1}) = \begin{bmatrix} \dfrac{1}{R_{xx(l)}} & \dfrac{1}{R_{xy(l)}} \\ \dfrac{1}{R_{xy(l)}} & \dfrac{1}{R_{yy(l)}} \end{bmatrix} = \dfrac{1}{\left(1 + \dfrac{l}{R_{xx}} + \dfrac{l}{R_{yy}} + al^2\right)^2 + \left(\dfrac{\lambda l}{\pi w_{xx}^2} + \dfrac{\lambda l}{\pi w_{yy}^2} - bl^2\right)^2} \times$$

$$\begin{bmatrix} \left(\dfrac{1}{R_{xx}} + al\right)\left(1 + \dfrac{l}{R_{xx}} + \dfrac{l}{R_{yy}} + al^2\right) & \dfrac{1}{R_{xy}}\left(1 + \dfrac{l}{R_{xx}} + \dfrac{l}{R_{yy}} + al^2\right) \\ + \left(\dfrac{\lambda}{\pi w_{xx}^2} - bl\right)\left(\dfrac{\lambda l}{\pi w_{xx}^2} + \dfrac{\lambda l}{\pi w_{yy}^2} - bl^2\right) & + \dfrac{\lambda}{\pi w_{xy}^2}\left(\dfrac{\lambda l}{\pi w_{xx}^2} + \dfrac{\lambda l}{\pi w_{yy}^2} - bl^2\right) \\ \dfrac{1}{R_{xy}}\left(1 + \dfrac{l}{R_{xx}} + \dfrac{l}{R_{yy}} + al^2\right) & \left(\dfrac{1}{R_{yy}} + al\right)\left(1 + \dfrac{l}{R_{xx}} + \dfrac{l}{R_{yy}} + al^2\right) \\ + \dfrac{\lambda}{\pi w_{xy}^2}\left(\dfrac{\lambda l}{\pi w_{xx}^2} + \dfrac{\lambda l}{\pi w_{yy}^2} - bl^2\right) & + \left(\dfrac{\lambda}{\pi w_{yy}^2} - bl\right)\left(\dfrac{\lambda l}{\pi w_{xx}^2} + \dfrac{\lambda l}{\pi w_{yy}^2} - bl^2\right) \end{bmatrix}$$

$$(2-199)$$

可得到在 x 轴和 y 轴方向及交叉项的等相面曲率为

$$\frac{1}{R_{xx(l)}} = \frac{\left(\frac{1}{R_{xx}} + al\right)\left(1 + \frac{l}{R_{xx}} + \frac{l}{R_{yy}} + al^2\right) + \left(\frac{\lambda}{\pi w_{xx}^2} - bl\right)\left(\frac{\lambda l}{\pi w_{xx}^2} + \frac{\lambda l}{\pi w_{yy}^2} - bl^2\right)}{\left(1 + \frac{l}{R_{xx}} + \frac{l}{R_{yy}} + al^2\right)^2 + \left(\frac{\lambda l}{\pi w_{xx}^2} + \frac{\lambda l}{\pi w_{yy}^2} - bl^2\right)^2} \quad (2-200)$$

$$\frac{1}{R_{yy(l)}} = \frac{\left(\frac{1}{R_{yy}} + al\right)\left(1 + \frac{l}{R_{xx}} + \frac{l}{R_{yy}} + al^2\right) + \left(\frac{\lambda}{\pi w_{yy}^2} - bl\right)\left(\frac{\lambda l}{\pi w_{xx}^2} + \frac{\lambda l}{\pi w_{yy}^2} - bl^2\right)}{\left(1 + \frac{l}{R_{xx}} + \frac{l}{R_{yy}} + al^2\right)^2 + \left(\frac{\lambda l}{\pi w_{xx}^2} + \frac{\lambda l}{\pi w_{yy}^2} - bl^2\right)^2} \quad (2-201)$$

$$\frac{1}{R_{xy(l)}} = \frac{\frac{1}{R_{xy}}\left(1 + \frac{l}{R_{xx}} + \frac{l}{R_{yy}} + al^2\right) + \frac{\lambda}{\pi w_{xy}^2}\left(\frac{\lambda l}{\pi w_{xx}^2} + \frac{\lambda l}{\pi w_{yy}^2} - bl^2\right)}{\left(1 + \frac{l}{R_{xx}} + \frac{l}{R_{yy}} + al^2\right)^2 + \left(\frac{\lambda l}{\pi w_{xx}^2} + \frac{\lambda l}{\pi w_{yy}^2} - bl^2\right)^2} \quad (2-202)$$

3. 光斑半径

复 $\mathbb{Q}^{-1}$ 矩阵的虚部为

$$\mathrm{Im}(\mathbb{Q}^{-1}) = \begin{bmatrix} -\dfrac{\lambda}{\pi w_{xx}^2} & -\dfrac{\lambda}{\pi w_{xy}^2} \\ -\dfrac{\lambda}{\pi w_{xy}^2} & -\dfrac{\lambda}{\pi w_{yy}^2} \end{bmatrix} \quad (2-203)$$

传输距离 l 后的复 $\mathbb{Q}_l^{-1}$ 矩阵的虚部为

$$\mathrm{Im}(\mathbb{Q}_l^{-1}) = \begin{bmatrix} -\dfrac{\lambda}{\pi w_{xx(l)}^2} & -\dfrac{\lambda}{\pi w_{xy(l)}^2} \\ -\dfrac{\lambda}{\pi w_{xy(l)}^2} & -\dfrac{\lambda}{\pi w_{yy(l)}^2} \end{bmatrix}$$

$$= \frac{1}{\left(1 + \frac{l}{R_{xx}} + \frac{l}{R_{yy}} + al^2\right)^2 + \left(\frac{\lambda l}{\pi w_{xx}^2} + \frac{\lambda l}{\pi w_{yy}^2} - bl^2\right)^2}$$

$$\times \begin{bmatrix} \left(\frac{1}{R_{xx}} + al\right)\left(\frac{\lambda l}{\pi w_{xx}^2} + \frac{\lambda l}{\pi w_{yy}^2} - bl^2\right) & \frac{1}{R_{xy}}\left(\frac{\lambda l}{\pi w_{xx}^2} + \frac{\lambda l}{\pi w_{yy}^2} - bl^2\right) \\ -\left(\frac{\lambda}{\pi w_{xx}^2} - bl\right)\left(1 + \frac{l}{R_{xx}} + \frac{l}{R_{yy}} + al^2\right) & -\frac{\lambda}{\pi w_{xy}^2}\left(1 + \frac{l}{R_{xx}} + \frac{l}{R_{yy}} + al^2\right) \\ \frac{1}{R_{xy}}\left(\frac{\lambda l}{\pi w_{xx}^2} + \frac{\lambda l}{\pi w_{yy}^2} - bl^2\right) & \left(\frac{1}{R_{yy}} + al\right)\left(\frac{\lambda l}{\pi w_{xx}^2} + \frac{\lambda l}{\pi w_{yy}^2} - bl^2\right) \\ -\frac{\lambda}{\pi w_{xy}^2}\left(1 + \frac{l}{R_{xx}} + \frac{l}{R_{yy}} + al^2\right) & -\left(\frac{\lambda}{\pi w_{yy}^2} - bl\right)\left(1 + \frac{l}{R_{xx}} + \frac{l}{R_{yy}} + al^2\right) \end{bmatrix}$$

$$(2-204)$$

可得到在 x 轴和 y 轴方向及交叉项分别为

$$-\frac{\lambda}{\pi w_{xx(l)}^2} = \frac{\left(\frac{1}{R_{xx}} + al\right)\left(\frac{\lambda l}{\pi w_{xx}^2} + \frac{\lambda l}{\pi w_{yy}^2} - bl^2\right) - \left(\frac{\lambda}{\pi w_{xx}^2} - bl\right)\left(1 + \frac{l}{R_{xx}} + \frac{l}{R_{yy}} + al^2\right)}{\left(1 + \frac{l}{R_{xx}} + \frac{l}{R_{yy}} + al^2\right)^2 + \left(\frac{\lambda l}{\pi w_{xx}^2} + \frac{\lambda l}{\pi w_{yy}^2} - bl^2\right)^2} \quad (2-205)$$

$$-\frac{\lambda}{\pi w_{yy(l)}^2} = \frac{\left(\frac{1}{R_{yy}} + al\right)\left(\frac{\lambda l}{\pi w_{xx}^2} + \frac{\lambda l}{\pi w_{yy}^2} - bl^2\right) - \left(\frac{\lambda}{\pi w_{yy}^2} - bl\right)\left(1 + \frac{l}{R_{xx}} + \frac{l}{R_{yy}} + al^2\right)}{\left(1 + \frac{l}{R_{xx}} + \frac{l}{R_{yy}} + al^2\right)^2 + \left(\frac{\lambda l}{\pi w_{xx}^2} + \frac{\lambda l}{\pi w_{yy}^2} - bl^2\right)^2} \quad (2-206)$$

$$-\frac{\lambda}{\pi w_{xy(l)}^2} = \frac{\frac{1}{R_{xy}}\left(\frac{\lambda l}{\pi w_{xx}^2} + \frac{\lambda l}{\pi w_{yy}^2} - bl^2\right) - \frac{\lambda}{\pi w_{xy}^2}\left(1 + \frac{l}{R_{xx}} + \frac{l}{R_{yy}} + al^2\right)}{\left(1 + \frac{l}{R_{xx}} + \frac{l}{R_{yy}} + al^2\right)^2 + \left(\frac{\lambda l}{\pi w_{xx}^2} + \frac{\lambda l}{\pi w_{yy}^2} - bl^2\right)^2} \quad (2-207)$$

4. 等相面曲率主方位角

将复 $\mathcal{Q}^{-1}$ 矩阵的实部进行对角化,可得到等相面曲率主方位角 ϕ_R,有表达式为

$$\begin{bmatrix} \frac{1}{R_1} & 0 \\ 0 & \frac{1}{R_2} \end{bmatrix} = \begin{bmatrix} \cos\phi_R & \sin\phi_R \\ -\sin\phi_R & \cos\phi_R \end{bmatrix}\begin{bmatrix} \frac{1}{R_{xx}} & \frac{1}{R_{xy}} \\ \frac{1}{R_{xy}} & \frac{1}{R_{yy}} \end{bmatrix}\begin{bmatrix} \cos\phi_R & -\sin\phi_R \\ \sin\phi_R & \cos\phi_R \end{bmatrix}$$

$$= \begin{bmatrix} \frac{\cos^2\phi_R}{R_{xx}} + \frac{\sin^2\phi_R}{R_{yy}} + \frac{2\sin\phi_R\cos\phi_R}{R_{xy}} & \frac{\cos^2\phi_R - \sin^2\phi_R}{R_{xy}} + \sin\phi_R\cos\phi_R\left(\frac{1}{R_{yy}} - \frac{1}{R_{xx}}\right) \\ \frac{\cos^2\phi_R - \sin^2\phi_R}{R_{xy}} + \sin\phi_R\cos\phi_R\left(\frac{1}{R_{yy}} - \frac{1}{R_{xx}}\right) & \frac{\sin^2\phi_R}{R_{xx}} + \frac{\cos^2\phi_R}{R_{yy}} - \frac{2\sin\phi_R\cos\phi_R}{R_{xy}} \end{bmatrix}$$

$$(2-208)$$

由式 $(2-208)$ 可得对角化的条件为

$$\frac{\cos^2\phi_R - \sin^2\phi_R}{R_{xy}} + \sin\phi_R\cos\phi_R\left(\frac{1}{R_{yy}} - \frac{1}{R_{xx}}\right) = 0 \quad (2-209)$$

可得

$$\tan(2\phi_R) = \frac{\frac{2}{R_{xy}}}{\frac{1}{R_{xx}} - \frac{1}{R_{yy}}} \quad (2-210)$$

$$\phi_R = 0.5\arctan\frac{\frac{2}{R_{xy}}}{\frac{1}{R_{xx}} - \frac{1}{R_{yy}}} \quad (2-211)$$

类似地,可得传输距离 l 后的 $\mathcal{Q}_1^{-1}$ 参数的等相面曲率主方位角 $\phi_{R,l}$:

$$\tan(2\phi_{R,l}) = \frac{2\left(\dfrac{1}{R_{xy}}a' + \dfrac{\lambda}{\pi w_{xy}^2}b'\right)}{\left(\dfrac{1}{R_{yy}} - \dfrac{1}{R_{xx}}\right)a' + \left(\dfrac{\lambda}{\pi w_{yy}^2} - \dfrac{\lambda}{\pi w_{xx}^2}\right)b'} \qquad (2-212)$$

$$\phi_{R,l} = 0.5\arctan\frac{2\left(\dfrac{1}{R_{xy}}a' + \dfrac{\lambda}{\pi w_{xy}^2}b'\right)}{\left(\dfrac{1}{R_{yy}} - \dfrac{1}{R_{xx}}\right)a' + \left(\dfrac{\lambda}{\pi w_{yy}^2} - \dfrac{\lambda}{\pi w_{xx}^2}\right)b'} \qquad (2-213)$$

式中

$$a' = \left(1 + \frac{l}{R_{xx}} + \frac{l}{R_{yy}} + al^2\right) \qquad (2-214)$$

$$b' = \left(\frac{\lambda l}{\pi w_{xx}^2} + \frac{\lambda l}{\pi w_{yy}^2} - bl^2\right) \qquad (2-215)$$

也可表示为

$$\phi_{R,l} = 0.5\arctan\frac{\dfrac{2}{R_{xy}}\left(1 + \dfrac{l}{R_{xx}} + \dfrac{l}{R_{yy}} + al^2\right) + \dfrac{2\lambda}{\pi w_{xy}^2}\left(\dfrac{\lambda l}{\pi w_{xx}^2} + \dfrac{\lambda l}{\pi w_{yy}^2} - bl^2\right)}{\left(\dfrac{1}{R_{yy}} - \dfrac{1}{R_{xx}}\right)\left(1 + \dfrac{l}{R_{xx}} + \dfrac{l}{R_{yy}} + al^2\right) + \dfrac{\lambda}{\pi}\left(\dfrac{1}{w_{yy}^2} - \dfrac{1}{w_{xx}^2}\right)\left(\dfrac{\lambda l}{\pi w_{xx}^2} + \dfrac{\lambda l}{\pi w_{yy}^2} - bl^2\right)}$$
$$(2-216)$$

5. 光斑半径主方位角

将复 $\mathcal{Q}^{-1}$ 矩阵的实部进行对角化,可得到等相面曲率主方位角 ϕ_w,表达式为

$$-\mathrm{i}\frac{\lambda}{\pi}\begin{bmatrix}\dfrac{1}{w_1^2} & 0 \\ 0 & \dfrac{1}{w_2^2}\end{bmatrix} = -\mathrm{i}\frac{\lambda}{\pi}\begin{bmatrix}\cos\phi_w & \sin\phi_w \\ -\sin\phi_w & \cos\phi_w\end{bmatrix}\begin{bmatrix}\dfrac{1}{w_{xx}^2} & \dfrac{1}{w_{xy}^2} \\ \dfrac{1}{w_{xy}^2} & \dfrac{1}{w_{yy}^2}\end{bmatrix}\begin{bmatrix}\cos\phi_w & -\sin\phi_w \\ \sin\phi_w & \cos\phi_w\end{bmatrix}$$

$$= -\mathrm{i}\frac{\lambda}{\pi}\begin{bmatrix}\dfrac{\cos^2\phi_w}{w_{xx}^2} + \dfrac{\sin^2\phi_w}{w_{yy}^2} + \dfrac{2\sin\phi_w\cos\phi_w}{w_{xy}^2} & \dfrac{\cos^2\phi_w - \sin^2\phi_w}{w_{xy}^2} + \sin\phi_w\cos\phi_w\left(\dfrac{1}{w_{yy}^2} - \dfrac{1}{w_{xx}^2}\right) \\ \dfrac{\cos^2\phi_w - \sin^2\phi_w}{w_{xy}^2} + \sin\phi_w\cos\phi_w\left(\dfrac{1}{w_{yy}^2} - \dfrac{1}{w_{xx}^2}\right) & \dfrac{\sin^2\phi_w}{w_{xx}^2} + \dfrac{\cos^2\phi_w}{w_{yy}^2} - \dfrac{2\sin\phi_w\cos\phi_w}{w_{xy}^2}\end{bmatrix}$$
$$(2-217)$$

虚部对角化的条件为

$$\frac{\cos^2\phi_w - \sin^2\phi_w}{w_{xy}^2} + \sin\phi_w\cos\phi_w\left(\frac{1}{w_{yy}^2} - \frac{1}{w_{xx}^2}\right) = 0 \qquad (2-218)$$

可得

$$\tan(2\phi_w) = \frac{\dfrac{2}{w_{xy}^2}}{\dfrac{1}{w_{xx}^2} - \dfrac{1}{w_{yy}^2}} \qquad (2-219)$$

$$\phi_{\mathrm{w}} = 0.5 \arctan \frac{\dfrac{2}{w_{xy}^2}}{\dfrac{1}{w_{xx}^2} - \dfrac{1}{w_{yy}^2}} \tag{2-220}$$

类似地,可得传输距离 l 后的 $\mathbb{Q}_1^{-1}$ 参数的光斑半径主方位角 $\phi_{\mathrm{w},l}$:

$$\tan(2\phi_{\mathrm{w},l}) = \frac{2\left(\dfrac{1}{R_{xy}}b' - \dfrac{\lambda}{\pi w_{xy}^2}a'\right)}{\left(\dfrac{1}{R_{yy}} - \dfrac{1}{R_{xx}}\right)b' - \left(\dfrac{\lambda}{\pi w_{yy}^2} - \dfrac{\lambda}{\pi w_{xx}^2}\right)a'} \tag{2-221}$$

$$\phi_{\mathrm{w},l} = 0.5 \arctan \frac{2\left(\dfrac{1}{R_{xy}}b' - \dfrac{\lambda}{\pi w_{xy}^2}a'\right)}{\left(\dfrac{1}{R_{yy}} - \dfrac{1}{R_{xx}}\right)b' - \left(\dfrac{\lambda}{\pi w_{yy}^2} - \dfrac{\lambda}{\pi w_{xx}^2}\right)a'} \tag{2-222}$$

也可表示为

$$\phi_{\mathrm{w},l} = 0.5 \arctan \frac{\dfrac{2}{R_{xy}}\left(\dfrac{\lambda l}{\pi w_{xx}^2} + \dfrac{\lambda l}{\pi w_{yy}^2} - bl^2\right) - \dfrac{2\lambda}{\pi w_{xy}^2}\left(1 + \dfrac{l}{R_{xx}} + \dfrac{l}{R_{yy}} + al^2\right)}{\left(\dfrac{1}{R_{yy}} - \dfrac{1}{R_{xx}}\right)\left(\dfrac{\lambda l}{\pi w_{xx}^2} + \dfrac{\lambda l}{\pi w_{yy}^2} - bl^2\right) - \dfrac{\lambda}{\pi}\left(\dfrac{1}{w_{yy}^2} - \dfrac{1}{w_{xx}^2}\right)\left(1 + \dfrac{l}{R_{xx}} + \dfrac{l}{R_{yy}} + al^2\right)} \tag{2-223}$$

6. 主方位角 $\phi_{\mathrm{R}} - \phi_{\mathrm{w}}$

由式(2-210)和式(2-219)可求得主方位角 $\phi_{\mathrm{R}} - \phi_{\mathrm{w}}$:

$$\tan[2(\phi_{\mathrm{R}} - \phi_{\mathrm{w}})] = \frac{\tan(2\phi_{\mathrm{R}}) - \tan(2\phi_{\mathrm{w}})}{1 + \tan(2\phi_{\mathrm{R}})\tan(2\phi_{\mathrm{w}})} = \frac{\dfrac{\frac{2}{R_{xy}}}{\frac{1}{R_{xx}} - \frac{1}{R_{yy}}} - \dfrac{\frac{2}{w_{xy}^2}}{\frac{1}{w_{xx}^2} - \frac{1}{w_{yy}^2}}}{1 + \dfrac{\frac{2}{R_{xy}}}{\frac{1}{R_{xx}} - \frac{1}{R_{yy}}}\dfrac{\frac{2}{w_{xy}^2}}{\frac{1}{w_{xx}^2} - \frac{1}{w_{yy}^2}}} \tag{2-224}$$

$$\phi_{\mathrm{R}} - \phi_{\mathrm{w}} = 0.5 \arctan \frac{\dfrac{\frac{2}{R_{xy}}}{\frac{1}{R_{xx}} - \frac{1}{R_{yy}}} - \dfrac{\frac{2}{w_{xy}^2}}{\frac{1}{w_{xx}^2} - \frac{1}{w_{yy}^2}}}{1 + \dfrac{\frac{2}{R_{xy}}}{\frac{1}{R_{xx}} - \frac{1}{R_{yy}}}\dfrac{\frac{2}{w_{xy}^2}}{\frac{1}{w_{xx}^2} - \frac{1}{w_{yy}^2}}} \tag{2-225}$$

类似地,可求得传输距离 l 后的 $\phi_R - \phi_w$:

$$\tan\left[2(\phi_{R,l} - \phi_{w,l})\right] = \frac{2(a'^2 + b'^2)\left[\dfrac{\lambda}{\pi w_{xy}^2}\left(\dfrac{1}{R_{yy}} - \dfrac{1}{R_{xx}}\right) - \dfrac{1}{R_{xy}}\left(\dfrac{\lambda}{\pi w_{yy}^2} - \dfrac{\lambda}{\pi w_{xx}^2}\right)\right]}{\left(\dfrac{1}{R_{yy}} - \dfrac{1}{R_{xx}}\right)^2 a'^2 - \left(\dfrac{\lambda}{\pi w_{yy}^2} - \dfrac{\lambda}{\pi w_{xx}^2}\right)^2 b'^2 + 4\left(\dfrac{1}{R_{xy}}a' + \dfrac{\lambda}{\pi w_{xy}^2}b'\right)\left(\dfrac{1}{R_{xy}}b' - \dfrac{\lambda}{\pi w_{xy}^2}a'\right)}$$

$$(2-226)$$

$$\phi_{R,l} - \phi_{w,l} = 0.5\arctan\frac{2(a'^2 + b'^2)\left[\dfrac{\lambda}{\pi w_{xy}^2}\left(\dfrac{1}{R_{yy}} - \dfrac{1}{R_{xx}}\right) - \dfrac{1}{R_{xy}}\left(\dfrac{\lambda}{\pi w_{yy}^2} - \dfrac{\lambda}{\pi w_{xx}^2}\right)\right]}{\left(\dfrac{1}{R_{yy}} - \dfrac{1}{R_{xx}}\right)^2 a'^2 - \left(\dfrac{\lambda}{\pi w_{yy}^2} - \dfrac{\lambda}{\pi w_{xx}^2}\right)^2 b'^2 + 4\left(\dfrac{1}{R_{xy}}a' + \dfrac{\lambda}{\pi w_{xy}^2}b'\right)\left(\dfrac{1}{R_{xy}}b' - \dfrac{\lambda}{\pi w_{xy}^2}a'\right)}$$

$$(2-227)$$

不难看出,光束 $\phi_{R,l} - \phi_{w,l}$ 的取值范围为 $[-\pi/4, \pi/4]$。

由于在传输过程中光束的 ϕ_R 和 ϕ_w 均会发生变化,即等相面曲率主轴方向和光斑半径主轴方向均会随着传输距离而旋转,且两个主轴方向的夹角也会随传输距离发生变化,且始终不重合。

7. 主方位角的等相面曲率

由式(2-208)可得:

$$\frac{1}{R_1} + \frac{1}{R_2} = \frac{1}{R_{xx}} + \frac{1}{R_{yy}} \qquad (2-228)$$

$$\frac{1}{R_1} - \frac{1}{R_2} = \cos(2\phi_R)\left(\frac{1}{R_{xx}} - \frac{1}{R_{yy}}\right) + \frac{2\sin(2\phi_R)}{R_{xy}} \qquad (2-229)$$

在图 2-33 所示的直角三角形中,函数 sin 和 cos 可用函数 tan 来表示。

$$\sin(2\phi_R) = \frac{\tan(2\phi_R)}{\sqrt{1 + \tan^2(2\phi_R)}} \qquad (2-230)$$

$$\cos(2\phi_R) = \frac{1}{\sqrt{1 + \tan^2(2\phi_R)}} \qquad (2-231)$$

将式(2-210)代入式(2-230)和式(2-231)可得

$$\sin(2\phi_R) = \frac{\dfrac{\dfrac{2}{R_{xy}}}{\dfrac{1}{R_{xx}} - \dfrac{1}{R_{yy}}}}{\sqrt{1 + \left(\dfrac{\dfrac{2}{R_{xy}}}{\dfrac{1}{R_{xx}} - \dfrac{1}{R_{yy}}}\right)^2}} \qquad (2-232)$$

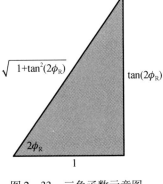

图 2-33　三角函数示意图

$$\cos(2\phi_R) = \cfrac{1}{\sqrt{1+\left(\cfrac{\dfrac{2}{R_{xy}}}{\dfrac{1}{R_{xx}}-\dfrac{1}{R_{yy}}}\right)^2}} \qquad (2-233)$$

将式(2-232)和式(2-233)代入式(2-229)可得

$$\frac{1}{R_1}-\frac{1}{R_2} = \sqrt{\left(\frac{1}{R_{xx}}-\frac{1}{R_{yy}}\right)^2+\left(\frac{2}{R_{xy}}\right)^2} \qquad (2-234)$$

由式(2-228)和式(2-234)可推得复$\mathbb{Q}^{-1}$矩阵的对角化元素为

$$\frac{1}{R_1} = \frac{1}{2R_{xx}}+\frac{1}{2R_{yy}}+\sqrt{\left(\frac{1}{2R_{xx}}-\frac{1}{2R_{yy}}\right)^2+\left(\frac{1}{R_{xy}}\right)^2} \qquad (2-235)$$

$$\frac{1}{R_2} = \frac{1}{2R_{xx}}+\frac{1}{2R_{yy}}-\sqrt{\left(\frac{1}{2R_{xx}}-\frac{1}{2R_{yy}}\right)^2+\left(\frac{1}{R_{xy}}\right)^2} \qquad (2-236)$$

复$\mathbb{Q}^{-1}$参数传输距离l后的复$\mathbb{Q}_l^{-1}$矩阵实部的对角化元素为

$$\frac{1}{R_{1,2(l)}} = \cfrac{1}{\left(1+\dfrac{l}{R_{xx}}+\dfrac{l}{R_{yy}}+al^2\right)^2+\left(\dfrac{\lambda l}{\pi w_{xx}^2}+\dfrac{\lambda l}{\pi w_{yy}^2}-bl^2\right)^2}\times\frac{1}{2}$$

$$\times\left\{\begin{array}{l}\left(\dfrac{1}{R_{xx}}+\dfrac{1}{R_{yy}}+2al\right)\left(1+\dfrac{l}{R_{xx}}+\dfrac{l}{R_{yy}}+al^2\right)+\left(\dfrac{\lambda}{\pi w_{xx}^2}+\dfrac{\lambda}{\pi w_{yy}^2}-2bl\right)\left(\dfrac{\lambda l}{\pi w_{xx}^2}+\dfrac{\lambda l}{\pi w_{yy}^2}-bl^2\right) \\ \pm\sqrt{\begin{array}{l}\left[\left(\dfrac{\lambda}{\pi w_{xx}^2}-\dfrac{\lambda}{\pi w_{yy}^2}\right)\left(\dfrac{\lambda l}{\pi w_{xx}^2}+\dfrac{\lambda l}{\pi w_{yy}^2}-bl^2\right)+\left(\dfrac{1}{R_{xx}}-\dfrac{1}{R_{yy}}\right)\left(1+\dfrac{1}{R_{xx}}+\dfrac{l}{R_{yy}}+al^2\right)\right]^2 \\ +4\left[\dfrac{1}{R_{xy}}\left(1+\dfrac{1}{R_{xx}}+\dfrac{1}{R_{yy}}+al^2\right)+\dfrac{\lambda}{\pi w_{xy}^2}\left(\dfrac{\lambda l}{\pi w_{xx}^2}+\dfrac{\lambda l}{\pi w_{yy}^2}-bl^2\right)\right]\end{array}}\end{array}\right\}$$

$$(2-237)$$

8. 主方位角的光斑半宽

对复$\mathbb{Q}^{-1}$矩阵,由式(2-217)可得

$$\frac{\lambda}{\pi w_1^2}+\frac{\lambda}{\pi w_2^2} = \frac{\lambda}{\pi w_{xx}^2}+\frac{\lambda}{\pi w_{yy}^2} \qquad (2-238)$$

$$\frac{\lambda}{\pi w_1^2}-\frac{\lambda}{\pi w_2^2} = \left(\frac{\lambda}{\pi w_{xx}^2}-\frac{\lambda}{\pi w_{yy}^2}\right)\cos(2\phi_w)+\frac{2\lambda\sin(2\phi_w)}{\pi w_{xy}^2} \qquad (2-239)$$

将式(2-219)代入式(2-230)和式(2-231)可得

$$\sin(2\phi_w) = \cfrac{\cfrac{\dfrac{2\lambda}{\pi w_{xy}^2}}{\dfrac{\lambda}{\pi w_{xx}^2}-\dfrac{\lambda}{\pi w_{yy}^2}}}{\sqrt{1+\left(\cfrac{\dfrac{2\lambda}{\pi w_{xy}^2}}{\dfrac{\lambda}{\pi w_{xx}^2}-\dfrac{\lambda}{\pi w_{yy}^2}}\right)^2}} \qquad (2-240)$$

$$\cos(2\phi_w) = \cfrac{1}{\sqrt{1 + \left(\cfrac{\cfrac{2\lambda}{\pi w_{xy}^2}}{\cfrac{\lambda}{\pi w_{xx}^2} - \cfrac{\lambda}{\pi w_{yy}^2}}\right)^2}} \tag{2-241}$$

将式（2-240）和式（2-241）代入式（2-239）可得

$$\frac{\lambda}{\pi w_1^2} - \frac{\lambda}{\pi w_2^2} = \sqrt{\left(\frac{\lambda}{\pi w_{xx}^2} - \frac{\lambda}{\pi w_{yy}^2}\right)^2 + \left(\frac{2\lambda}{\pi w_{xy}^2}\right)^2} \tag{2-242}$$

由式（2-238）和式（2-242）可推得复 Q^{-1} 矩阵虚部的对角化元素为

$$\frac{\lambda}{\pi w_1^2} = \frac{\lambda}{2\pi w_{xx}^2} + \frac{\lambda}{2\pi w_{yy}^2} + \sqrt{\left(\frac{\lambda}{2\pi w_{xx}^2} - \frac{\lambda}{2\pi w_{yy}^2}\right)^2 + \left(\frac{\lambda}{\pi w_{xy}^2}\right)^2} \tag{2-243}$$

$$\frac{\lambda}{\pi w_1^2} = \frac{\lambda}{2\pi w_{xx}^2} + \frac{\lambda}{2\pi w_{yy}^2} - \sqrt{\left(\frac{\lambda}{2\pi w_{xx}^2} - \frac{\lambda}{2\pi w_{yy}^2}\right)^2 + \left(\frac{\lambda}{\pi w_{xy}^2}\right)^2} \tag{2-244}$$

复 Q^{-1} 矩阵传输距离 l 后的复 Q_1^{-1} 矩阵的对角化元素为

$$-\frac{\lambda}{\pi w_{1,2(l)}^2} = \cfrac{1}{\left(1 + \cfrac{l}{R_{xx}} + \cfrac{l}{R_{yy}} + al^2\right)^2 + \left(\cfrac{\lambda l}{\pi w_{xx}^2} + \cfrac{\lambda l}{\pi w_{yy}^2} - bl^2\right)^2} \times \frac{1}{2}$$

$$\times \left\{ \begin{array}{l} al^2\left(\dfrac{\lambda}{\pi w_{xx}^2} + \dfrac{\lambda}{\pi w_{yy}^2}\right) + bl^2\left(\dfrac{1}{R_{xx}} + \dfrac{1}{R_{yy}}\right) + 2bl - \left(\dfrac{\lambda}{\pi w_{xx}^2} + \dfrac{\lambda}{\pi w_{yy}^2}\right) \\[2ex] \pm \sqrt{\begin{array}{l}\left[\left(\dfrac{\lambda}{\pi w_{yy}^2} - \dfrac{\lambda}{\pi w_{xx}^2}\right) + 2l\left(\dfrac{\lambda}{\pi w_{yy}^2 R_{xx}} - \dfrac{\lambda}{\pi w_{xx}^2 R_{yy}}\right) + \left(\dfrac{1}{R_{yy}} - \dfrac{1}{R_{xx}}\right)bl^2 + \left(\dfrac{\lambda}{\pi w_{yy}^2} - \dfrac{\lambda}{\pi w_{xx}^2}\right)al^2\right]^2 \\[2ex] + 4\left[\dfrac{1}{R_{xy}}\left(\dfrac{\lambda l}{\pi w_{xx}^2} + \dfrac{\lambda l}{\pi w_{yy}^2} - bl^2\right) - \dfrac{\lambda}{\pi w_{xy}^2}\left(1 + \dfrac{1}{R_{xx}} + \dfrac{1}{R_{yy}} + al^2\right)\right]^2\end{array}} \end{array} \right\}$$

$$\tag{2-245}$$

或表示为

$$w_{1,2(l)}^2 = \cfrac{2\left(1 + \dfrac{l}{R_{xx}} + \dfrac{l}{R_{yy}} + al^2\right)^2 + 2\left(\dfrac{\lambda l}{\pi w_{xx}^2} + \dfrac{\lambda l}{\pi w_{yy}^2} - bl^2\right)^2}{\left\{\begin{array}{l} -al^2\left(\dfrac{1}{w_{xx}^2} + \dfrac{1}{w_{yy}^2}\right) - \dfrac{\pi}{\lambda}bl^2\left(\dfrac{1}{R_{xx}} + \dfrac{1}{R_{yy}}\right) - \dfrac{\pi}{\lambda}2bl + \left(\dfrac{1}{w_{xx}^2} + \dfrac{1}{w_{yy}^2}\right) \\[2ex] \mp\sqrt{\begin{array}{l}\left[\left(\dfrac{1}{w_{yy}^2} - \dfrac{1}{w_{xx}^2}\right) + 2l\left(\dfrac{1}{w_{yy}^2 R_{xx}} - \dfrac{1}{w_{xx}^2 R_{yy}}\right) + \left(\dfrac{1}{R_{yy}} - \dfrac{1}{R_{xx}}\right)\dfrac{\pi bl^2}{\lambda} + \left(\dfrac{1}{w_{yy}^2} - \dfrac{1}{w_{xx}^2}\right)al^2\right]^2 \\[2ex] + 4\left[\dfrac{l}{R_{xy}}\left(\dfrac{1}{w_{xx}^2} + \dfrac{1}{w_{yy}^2} - \dfrac{\pi bl}{\lambda}\right) - \dfrac{1}{w_{xy}^2}\left(1 + \dfrac{l}{R_{xx}} + \dfrac{l}{R_{yy}} + al^2\right)\right]^2\end{array}}\end{array}\right\}}$$

$$\tag{2-246}$$

9. 远场等相面曲率

根据式（2-197），当 l 趋近于无穷远时，复 Q^{-1} 参数在 x 轴和 y 轴及交叉方

向的等相面曲率可近似表示为

$$\frac{1}{R_{xx,l}} \approx \frac{1}{R_{yy,l}} \approx \frac{1}{l} \tag{2-247}$$

$$\frac{1}{R_{xy,l}} \approx \frac{\dfrac{a}{R_{xy}} - \dfrac{\lambda b}{\pi w_{xy}^2}}{al^2 + bl^2} \tag{2-248}$$

10. 远场的光斑半径

根据式(2-197),当 l 趋近于无穷远时,复 Q^{-1} 参数在 x 方向和 y 方向及交叉方向的虚部可近似表示为

$$-\frac{\lambda}{\pi w_{xx,l}^2} \approx \frac{a\left(\dfrac{\lambda}{\pi w_{xx}^2} + \dfrac{\lambda}{\pi w_{yy}^2}\right) + b\left(\dfrac{1}{R_{xx}} + \dfrac{1}{R_{yy}}\right)}{(a^2 + b^2)l^2} \tag{2-249}$$

$$-\frac{\lambda}{\pi w_{yy,l}^2} \approx \frac{a\left(\dfrac{\lambda}{\pi w_{xx}^2} + \dfrac{\lambda}{\pi w_{yy}^2}\right) + b\left(\dfrac{1}{R_{xx}} + \dfrac{1}{R_{yy}}\right)}{(a^2 + b^2)l^2} \tag{2-250}$$

$$-\frac{\lambda}{\pi w_{xy,l}^2} = \frac{-\dfrac{b}{R_{xy}} - \dfrac{\lambda a}{\pi w_{xy}^2}}{(a^2 + b^2)l^2} \tag{2-251}$$

11. 远场主方位角的等相面曲率

根据式(2-237),当 l 趋近于无穷远时主方位角方向的等相面曲率为

$$\frac{1}{R_{1(l\to\infty)}} = \frac{a^2 + b^2}{(a^2 + b^2)l} = \frac{1}{l} \tag{2-252}$$

$$R_{1(l\to\infty)} = R_{2(l\to\infty)} = l \tag{2-253}$$

12. 远场主方位角的光斑束半宽

根据式(2-245),当 l 趋近于无穷远时,主方位角方向的半径为

$$\frac{\lambda}{\pi w_{1,2}^2} = \frac{-a\left(\dfrac{\lambda}{\pi w_{xx}^2} + \dfrac{\lambda}{\pi w_{yy}^2}\right) - b\left(\dfrac{1}{R_{xx}} + \dfrac{1}{R_{yy}}\right) \mp \sqrt{\left[b\left(\dfrac{1}{R_{yy}} - \dfrac{1}{R_{xx}}\right) + \dfrac{\lambda a}{\pi}\left(\dfrac{1}{w_{yy}^2} - \dfrac{1}{w_{xx}^2}\right)\right]^2 + 4\left[\dfrac{b}{R_{xy}} + \dfrac{\lambda a}{\pi w_{xy}^2}\right]^2}}{2(a^2 + b^2)l^2} \tag{2-254}$$

$$w_{1,2}^2 = \frac{\lambda}{\pi} \frac{2(a^2 + b^2)l^2}{\left[-a\left(\dfrac{\lambda}{\pi w_{xx}^2} + \dfrac{\lambda}{\pi w_{yy}^2}\right) - b\left(\dfrac{1}{R_{xx}} + \dfrac{1}{R_{yy}}\right)\right] \mp \sqrt{\left[b\left(\dfrac{1}{R_{yy}} - \dfrac{1}{R_{xx}}\right) + \dfrac{\lambda a}{\pi}\left(\dfrac{1}{w_{yy}^2} - \dfrac{1}{w_{xx}^2}\right)\right]^2 + 4\left[\dfrac{b}{R_{xy}} + \dfrac{\lambda a}{\pi w_{xy}^2}\right]^2}} \tag{2-255}$$

$$w_{1,2} = l \frac{\sqrt{2(a^2 + b^2)}}{\sqrt{-a\left(\dfrac{1}{w_{xx}^2} + \dfrac{1}{w_{yy}^2}\right) - \dfrac{\pi b}{\lambda}\left(\dfrac{1}{R_{xx}} + \dfrac{1}{R_{yy}}\right) \mp \sqrt{\left[\dfrac{\pi b}{\lambda}\left(\dfrac{1}{R_{yy}} - \dfrac{1}{R_{xx}}\right) + a\left(\dfrac{1}{w_{yy}^2} - \dfrac{1}{w_{xx}^2}\right)\right]^2 + 4\left[\dfrac{\pi b}{\lambda R_{xy}} + \dfrac{a}{w_{xy}^2}\right]^2}}} \tag{2-256}$$

13. 远场等相面曲率主方位角

根据式(2－216)，当 l 趋近于无穷远时，主方位角为

$$\phi_{R(l\to\infty)} = 0.5\arctan\frac{2\left(\dfrac{1}{R_{xy}}a - \dfrac{\lambda}{\pi w_{xy}^2}b\right)}{\left(\dfrac{1}{R_{yy}} - \dfrac{1}{R_{xx}}\right)a - \left(\dfrac{\lambda}{\pi w_{yy}^2} - \dfrac{\lambda}{\pi w_{xx}^2}\right)b} \qquad (2-257)$$

14. 远场光斑半径主方位角 $\phi_{w(l\to\infty)}$

根据式(2－223)，当 l 趋近于无穷远时，光斑半径主方位角 $\phi_{w(l\to\infty)}$ 为

$$\phi_{w(l\to\infty)} = 0.5\arctan\frac{2\left(\dfrac{1}{R_{xy}}b + \dfrac{\lambda}{\pi w_{xy}^2}a\right)}{\left(\dfrac{1}{R_{yy}} - \dfrac{1}{R_{xx}}\right)b + \left(\dfrac{\lambda}{\pi w_{yy}^2} - \dfrac{\lambda}{\pi w_{xx}^2}\right)a} \qquad (2-258)$$

15. 数值模拟

设复 Q^{-1} 参数为 $\begin{bmatrix} -289-796\mathrm{i} & -61 \\ -61 & -55-127\mathrm{i} \end{bmatrix}$，该矩阵的实部和虚部不能同时对角化，是扭曲光束。计算得到该扭曲光束的等相面曲率主方位角 ϕ_R 和光斑半径主方位角 ϕ_w 随传输距离变化的曲线如图 2－34 所示。图中可见，在聚焦区域的 ϕ_R 和 ϕ_w 变化较大。在远离聚焦区域处，ϕ_R 和 ϕ_w 分别趋于定值，$\phi_R - \phi_w$ 趋近于 12.68°。

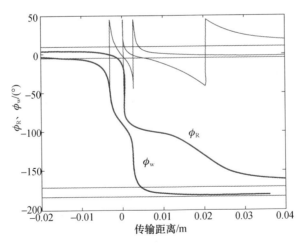

图 2－34　在 $z=0$ 处复矩阵 Q^{-1} 为 $\begin{bmatrix} -289-796\mathrm{i} & -61 \\ -61 & -55-127\mathrm{i} \end{bmatrix}$ 的扭曲光束的

等相面主方向与 x 轴的夹角 ϕ_R（红色曲线）以及光斑椭圆与 x 轴的

夹角 ϕ_w（蓝色曲线）随传输距离的变化曲线

2.7.3 扭曲 H-G$_{mn}$ 模式光束

H-G$_{mn}$ 模式光束通过扭曲光学系统后,则变为了扭曲的 H-G$_{mn}$ 模式光束。作为计算例,设基模光斑尺寸为 $w_s = 10~\mu m$ 的 H-G$_{00}$ ~ H-G$_{33}$ 模式光束,经过两个母线夹角为 45° 的焦距为 15w_s 的柱透镜,并传输距离 0.3 mm,计算得到光强分布如图 2 - 35 ~ 图 2 - 38 所示。

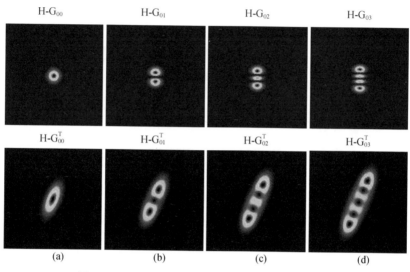

图 2 - 35　无扭曲和扭曲 H-G$_{00}$ ~ H-G$_{03}$ 模式光束的

强度分布(上标 T 表示有扭曲)

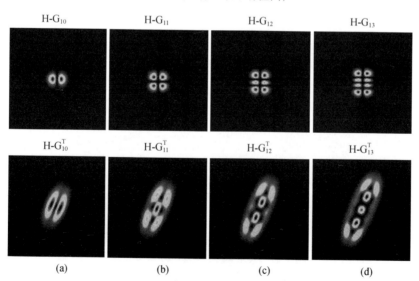

图 2 - 36　无扭曲和扭曲 H-G$_{10}$ ~ H-G$_{13}$ 模式光束的

强度分布(上标 T 表示有扭曲)

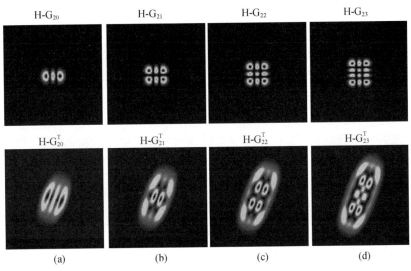

图 2 - 37　无扭曲和扭曲 H-G_{20} ~ H-G_{23} 模式光束的
强度分布（上标 T 表示有扭曲）

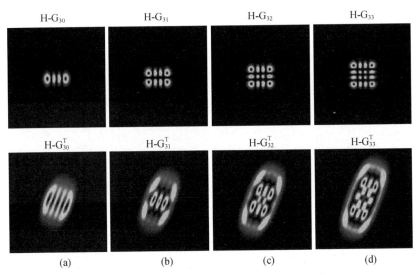

图 2 - 38　无扭曲和扭曲 H-G_{30} ~ H-G_{33} 模式光束的
强度分布（上标 T 表示有扭曲）

2.7.4 扭曲 L-G$_{pl}$ 模式光束

L-G$_{pl}$ 模式光束通过扭曲光学系统后,则变为了扭曲的 L-G$_{pl}$ 模式光束。作为计算例,设基模光斑尺寸 $w_s = 10\ \mu m$ 的 L-G$_{00}$ ~ L-G$_{33}$ 模式光束经过两个母线夹角为 $30°$ 且焦距为 $20w_s$ 的柱透镜,并传输距离 $0.3\ mm$,计算得到光强分布如图 2 – 39 ~ 图 2 – 42 所示。

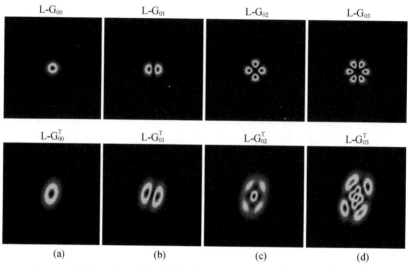

图 2 – 39　无扭曲和扭曲 L-G$_{00}$ ~ L-G$_{03}$ 模式光束的
强度分布(上标 T 表示有扭曲)

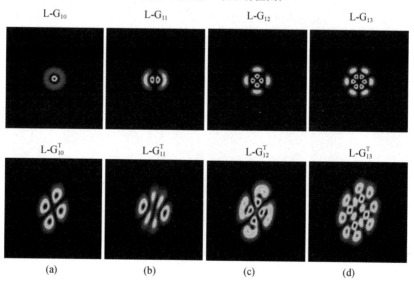

图 2 – 40　无扭曲和扭曲 L-G$_{10}$ ~ L-G$_{13}$ 模式光束的
强度分布(上标 T 表示有扭曲)

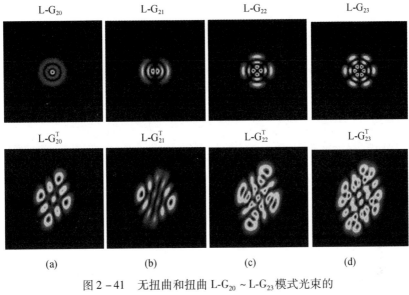

图 2 − 41　无扭曲和扭曲 L-G_{20} ~ L-G_{23} 模式光束的
强度分布(上标 T 表示有扭曲)

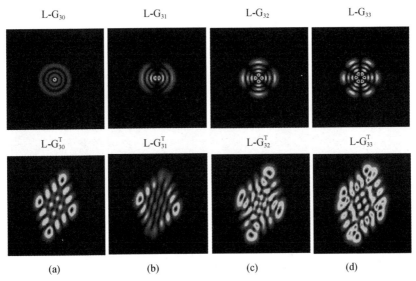

图 2 − 42　无扭曲和扭曲 L-G_{30} ~ L-G_{33} 模式光束的
强度分布(上标 T 表示有扭曲)

2.7.5　扭曲 LP_{mn} 模式光束

LP_{mn} 模式光束通过扭曲光学系统后,则变为了扭曲的 LP_{mn} 模式光束。作为计算例,设阶跃光纤纤芯半径 $a = 20$ μm,纤芯折射率 $n_1 = 1.46$,包层折射率 $n_2 =$

1.44。$LP_{01} \sim LP_{34}$ 模式光束经过两个母线夹角为 45° 且焦距为 $10a$ 的柱透镜，传输距离 0.8 mm，计算得到光强分布如图 2 - 43 ~ 图 2 - 46 所示。

LP_{01} LP_{02} LP_{03} LP_{04}

LP_{01}^{T} LP_{02}^{T} LP_{03}^{T} LP_{04}^{T}

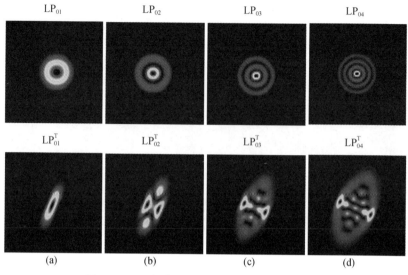

(a)   (b)   (c)   (d)

图 2 - 43 无扭曲和扭曲 $LP_{01} \sim LP_{04}$ 模式光束的
强度分布（上标 T 表示扭曲）

LP_{11} LP_{12} LP_{13} LP_{14}

LP_{11}^{T} LP_{12}^{T} LP_{13}^{T} LP_{14}^{T}

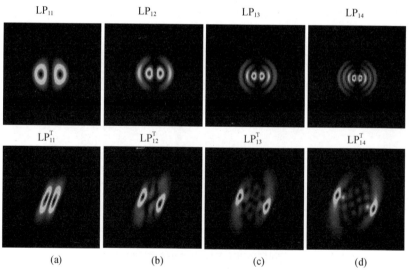

(a)   (b)   (c)   (d)

图 2 - 44 无扭曲和扭曲 $LP_{11} \sim LP_{14}$ 模式光束的
强度分布（上标 T 表示有扭曲）

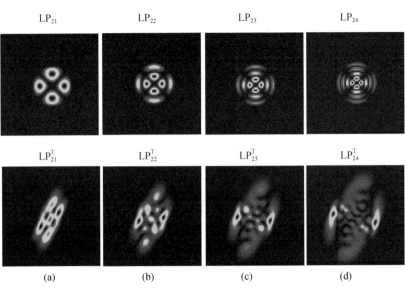

图 2 - 45　无扭曲和扭曲 $LP_{21} \sim LP_{24}$ 模式光束的
强度分布(上标 T 表示有扭曲)

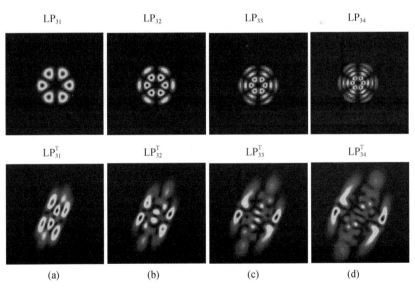

图 2 - 46　无扭曲和扭曲 $LP_{31} \sim LP_{34}$ 模式光束的
强度分布(上标 T 表示有扭曲)

2.8　光束强度分布的测量方法

激光束强度矩测量的关键在于获得光束的强度分布,强度测量一般采用有针孔扫描法、狭缝扫描法、二维阵列探测器法和复振幅传输法。

2.8.1　针孔扫描法

针孔扫描法是 ISO 标准认可的测量束半宽的方法之一。探测器密封,前表面有针孔,当针孔和探测器一起对光束横向扫描时,便可得到光束的相对强度分布。变换横向扫描方向,可得到光束在不同方位角下的相对强度分布。根据强度一阶矩可以确定光束的中心位置,根据强度二阶矩可以计算在不同方位角下光束的 x 轴方向、y 轴方向、交叉方向和 r 径向的束半宽平方。针孔半径应小于束半宽的 1/5 才不致引起较大的测量误差。若将针孔换做单模光纤或拉锥光纤,则可利用精密移动平台(如纳米平移台或压电控制平移台)带动光纤对光束进行横向扫描,探测光信号通过光纤波导传至探测器,可实现光束强度分布的精密测量。

2.8.2　狭缝扫描法

图 2-47 中,以狭缝作为光阑对光束进行横向扫描[11],探测器测出不同狭缝位置的透射激光功率(能量),根据光强一阶矩和二阶矩[17,26]计算光束在扫描方向的中心和束宽[11,27-29]。针对不同的方位角进行狭缝扫描,可得到在不同方位角的束宽。测出光束在不同传输位置处的束宽,即可得到该方位角下的 M^2 值。测得不同方位角下光束的 M^2 值即可得到光束的 M 曲线和 M 矩阵。测量中应注意的是狭缝宽度应为被测束半宽的 1/10 以下才不致引起较大的测量误差。若将狭缝换做线阵 CCD,则可直接获得在每一线阵 CCD 位置的积分强度分布,从而得到光束的中心位置和束宽。

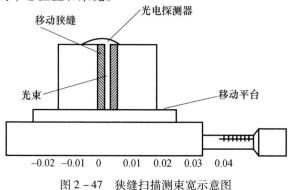

图 2-47　狭缝扫描测束宽示意图

2.8.3 二维阵列探测器法

采用面阵 CCD(或 CMOS)可直接获得光束在测量位置的二维相对强度分布[30]。也可通过移动线阵 CCD 对光束进行横向扫描,获得在不同横向扫描位置的光强分布。针对不同的方位角,可计算出光束在该方位角的束宽。根据光束在不同传输位置处的束宽,即可得到特定方位角下的 M^2 值。测得不同方位角下光束的 M^2 值即可得到光束的 M 曲线和 M 矩阵。

2.8.4 复振幅传输法

若能测得光束在某一位置的复振幅分布,则根据衍射积分理论可以得到光束传输到任意位置的光强分布,进而可得到待测激光光束相关参数,比如束半宽[31]、远场发散半角[8],以及光束质量 M^2 因子[2,5,9,13,14,32-36] 等。这一方法的关键在于精确测激光束的复振幅。

马赫 - 曾德点衍射干涉[10,37](M-Z/PDI)基本光路如图 2 - 48 所示,在其两臂上分别设置放大倍率一致且互为倒置的望远镜系统,使得待测激光进入 M-Z/PDI 系统经分光镜 1 后分为两束,其中一束经过由焦距分别为 f_3、f_4 的透镜 3 和透镜 4 组成放大倍率为

$$s = f_3/f_4 > 1 \tag{2-259}$$

的倒置的望远镜系统后,形成包含待测激光全部信息的缩小光束,作为被测光;另一光束则依次经过透镜 1(焦距为 f_1)、针孔和透镜 2(焦距为 f_1)组成的放大倍率为

$$s = f_2/f_1 > 1 \tag{2-260}$$

针孔滤波系统滤波后形成扩束光束,作为参考光。参考光和信号光经分光镜 2 会合后并在成像面 P_i 发生干涉并形成干涉图。

定义

$$S = s^2 > 1 \tag{2-261}$$

为 M - Z/PDI 的放大倍数。当 S 足够大时,经针孔滤波、扩束准直后的波前与振幅(或强度)皆可近似于一个平面形成理想的参考光;因此利用傅里叶分析法得到干涉图的复振幅调制函数即为待测激光复振幅分布。

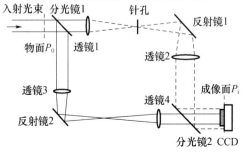

图 2 - 48 M - Z/PDI 光路原理图

图 2-48 中,设 $A(x_0, y_0)$ 和 $W(x_0, y_0)$ 分别为入射激光 $E(x_0, y_0)$ 在物面 P_0 上的振幅与波前分布,则经分光镜 1 反射的入射激光依次通过透镜 3 和透镜 4 形成的测试光在像平面 P_i 的复振幅可表示为

$$E_T(x_i, y_i) \propto E(sx_i, sy_i) = A(sx_i, sy_i)\, e^{i2\pi W(sx_i, sy_i)} \tag{2-262}$$

而分光镜 1 的透射光束则依次通过透镜 1、透镜 2 和针孔组成的针孔滤波系统后形成扩束光束作为参考光。针孔滤波系统可以等效为如图 2-49 所示光路系统,其中针孔放置于透镜 1 焦平面 P_f 处。

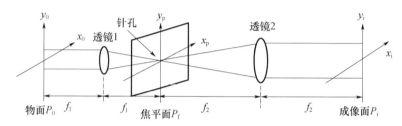

图 2-49　针孔滤波系统示意图

根据傅里叶光学理论,待测光场 $E(x_0, y_0)$ 经透镜 1 并传播至其焦平面 (x_p, y_p) 相当于对 $E(x_0, y_0)$ 作傅里叶变换,而焦平面上设置一个直径为 d_{pin} 的针孔相当于一个理想圆孔低通滤波器,并对入射光场进行调制实现了低通滤波,即针孔后面的光场可表示为

$$E_p(x_p, y_p) \propto \mathscr{F}\{E(x_0, y_0)\} \cdot \mathrm{cyl}\left[\frac{\sqrt{x_p^2 + y_p^2}}{d_{pin}}\right] \tag{2-263}$$

其中,$\mathscr{F}\{\}$ 表示傅里叶变换;$\mathrm{cyl}(\sqrt{x^2 + y^2}/d_{pin})$ 为圆函数,其具体形式为

$$\mathrm{cyl}\left(\frac{\sqrt{x^2 + y^2}}{d_{pin}}\right) = \begin{cases} 1, & \sqrt{x^2 + y^2} \leqslant d_{pin} \\ 0, & \sqrt{x^2 + y^2} > d_{pin} \end{cases} \tag{2-264}$$

而经针孔滤波后的光场 $E_p(x_p, y_p)$ 经过透镜 2 后在其成像面 P_i 上成像,在数学上相当于对针孔滤波后的光场 $E_p(x_p, y_p)$ 再次作傅里叶变换;忽略复比例常数和像的倒置关系,并考虑针孔滤波系统的放大倍率 $s = f_2/f_1$,且入射光场聚焦在针孔中心,则在成像面 P_i 上的参考光场为

$$E_R(x_i, y_i) \propto E\left(\frac{x_i}{s}, \frac{y_i}{s}\right) \bigotimes T(x_i, y_i) \tag{2-265}$$

式中:$\otimes$ 表示二维卷积;$T(x_i, y_i)$ 为针孔滤波窗函数 cyl 的傅里叶变换,也称为针孔滤波器的脉冲响应函数,其表达式为

$$T(x_i, y_i) \propto \frac{\pi d_{pin}^2}{4\lambda f_1} \cdot 2\mathrm{J}_1\left[\frac{\pi d_{pin}\sqrt{\left(\frac{x_i}{s}\right)^2 + \left(\frac{y_i}{s}\right)^2}}{\lambda f_1}\right] \Bigg/ \left[\frac{\pi d_{pin}\sqrt{\left(\frac{x_i}{s}\right)^2 + \left(\frac{y_i}{s}\right)^2}}{\lambda f_1}\right] \tag{2-266}$$

式中:J_1 为第一类贝塞尔函数。

为了便于分析,式(2 – 265)所述的参考光场可以写为更一般的形式,即

$$E_R(x_i, y_i) \propto A_R\left(\frac{x_i}{s}, \frac{y_i}{s}\right) e^{i2\pi W_R\left(\frac{x_i}{s}, \frac{y_i}{s}\right)} \tag{2 – 267}$$

式中:$A_R\left(\frac{x_i}{s}, \frac{y_i}{s}\right)$、$W_R\left(\frac{x_i}{s}, \frac{y_i}{s}\right)$ 分别为参考光的振幅和波前。

根据光的干涉原理,测试光 $E_T(x_i, y_i)$ 与参考光 $E_R(x_i, y_i)$ 在像平面 P_i 重叠区域发生干涉,其干涉图强度分布为

$$I(x_i, y_i) \propto \left| E_T(x_i, y_i) + E_R(x_i, y_i) e^{i2\pi\kappa(x_i, y_i)} \right|^2$$

$$= A_T^2(sx_i, sy_i) + A_R^2\left(\frac{x_i}{s}, \frac{y_i}{s}\right) + 2A_T(sx_i, sy_i) A_R\left(\frac{x_i}{s}, \frac{y_i}{s}\right)$$

$$\times \cos\left[2\pi W_T(sx_i, sy_i) - 2\pi W_R\left(\frac{x_i}{s}, \frac{y_i}{s}\right) - 2\pi\kappa\left(\frac{x_i}{s}, \frac{y_i}{s}\right)\right] \tag{2 – 268}$$

式中:$\kappa(x_i, y_i)$ 为参考光与测试光之间夹角 θ 而引入的线性载频,$\kappa(x_i, y_i) = \sin\theta / \lambda$。结合 M – Z/PDI 的特点,把干涉区域$(sx_i, sy_i)$定义为新的定义域$(x, y)$,因此式(2 – 268)可以写为

$$I(x, y) = A_T^2(x, y) + A_R^2\left(\frac{x}{S}, \frac{y}{S}\right) + 2A_T(x, y) A_R\left(\frac{x}{S}, \frac{y}{S}\right)$$

$$\times \cos\left[2\pi W_T(x, y) - 2\pi W_R\left(\frac{x}{S}, \frac{y}{S}\right) - 2\pi\kappa\left(\frac{x}{S}, \frac{y}{S}\right)\right] \tag{2 – 269}$$

式中:S 为 M – Z/PDI 的放大倍数,$S = s^2$。

式(2 – 269)中的第三项可以写成其等价形式:

$$2A_T(x, y) A_R\left(\frac{x}{S}, \frac{y}{S}\right) \cos\left[2\pi W_T(x, y) - 2\pi W_R\left(\frac{x}{S}, \frac{y}{S}\right) - 2\pi\kappa\left(\frac{x}{S}, \frac{y}{S}\right)\right]$$

$$= c(x, y) e^{i2\pi\kappa\left(\frac{x}{S}, \frac{y}{S}\right)} + c^*(x, y) e^{-i2\pi\kappa\left(\frac{x}{S}, \frac{y}{S}\right)} \tag{2 – 270}$$

定义 $c(x, y)$ 为干涉图的复振幅调制函数,其具体形式为

$$c(x, y) = A_R\left(\frac{x}{S}, \frac{y}{S}\right) A_T(x, y) e^{i2\pi\left[W_T(x, y) - W_R\left(\frac{x}{S}, \frac{y}{S}\right)\right]} \tag{2 – 271}$$

由前面分析可知,当针孔直径 d_{pin} 足够小时,$\dfrac{2J_1(\beta r)}{\beta r}$ 趋近于 1,即参考波前 $W_R\left(\dfrac{x}{S}, \dfrac{y}{S}\right)$ 变成原始波前的积分形式,可近似为一个平面波前;而当 M – Z/PDI 的放大倍数 S 足够大时,参考振幅 $A_R\left(\dfrac{x}{S}, \dfrac{y}{S}\right)$ 趋近于一个高度为 $A_R(0,0)$ 的平面;同时考虑到实际应用中考虑振幅的相对值,因此待测激光的复振幅可由下式确定:

$$E(x, y) \propto A_R(0,0) \cdot A_T(x, y) e^{i2\pi W_T(x, y)} \tag{2 – 272}$$

因为干涉图是由线性载频的方法得到的,因此式(2－272)很容易由傅里叶变换方法得到。

为了便于以下分析,把式(2－269)可以更一般的形式:

$$g(x,y) = a(x,y) + b\cos[2\pi(\kappa_{0x}x + \kappa_{0y}y) + \phi_T(x,y)] \qquad (2-273)$$

其中,$a(x,y)$、$b(x,y)$分别为干涉条纹的背景光强和调制度函数,且有 $a(x,y) = A_T^2(x,y) + A_R^2\left(\dfrac{x}{S},\dfrac{y}{S}\right)$ 和 $b(x,y) = 2A_T(x,y)A_R\left(\dfrac{x}{S},\dfrac{y}{S}\right)$ 其中 $S = s^2$ 表示所述马赫－曾德点衍射干涉仪[38,39]的放大倍数。$\phi_T(x,y)$表示待测激光波前相位;κ_{0x} 和 κ_{0y} 分别为 x 和 y 方向上的空间载频分量。

为了方便分析把式(2－273)改写为

$$g(x,y) = a(x,y) + c(x,y)e^{i2(\kappa_{0x}x + \kappa_{0y}y)} + c^*(x,y)e^{-i2(\kappa_{0x}x + \kappa_{0y}y)} \qquad (2-274)$$

式中:上标"$*$"表示复共轭,并且有

$$c(x,y) = \frac{1}{2}b(x,y)e^{i\phi_S(x,y)} \qquad (2-275)$$

对接收到的干涉条纹作预处理,包括干涉条纹的去噪、截取干涉条纹的有效部分和空间延拓等;对预处理后的干涉条纹作傅里叶变换,即对式(2－274)两边作傅里叶变换[40,42]可得

$$G(\kappa_x,\kappa_y) = A(\kappa_x,\kappa_y) + C(\kappa_x - \kappa_{0x},\kappa_y - \kappa_{0y}) + C^*(\kappa_x + \kappa_{0x},\kappa_y + \kappa_{0y})$$

$$(2-276)$$

式中:$G(\kappa_x,\kappa_y)$、$A(\kappa_x,\kappa_y)$、$C(\kappa_x - \kappa_{0x},\kappa_y - \kappa_{0y})$、$C^*(\kappa_x - \kappa_{0x},\kappa_y - \kappa_{0y})$分别为式(2－274)中对应各项的傅里叶变换。

得到干涉条纹的频谱分布,然后在频域中作频谱滤波,分别滤出一级频谱分量 $C(\kappa_x - \kappa_{0x},\kappa_y - \kappa_{0y})$ 和零级频谱分量 $A(\kappa_x,\kappa_y)$,可以选取的滤波窗函数的种类灵活多样,可选取矩形滤波窗函数滤出一级频谱分量 $C(\kappa_x - \kappa_{0x},\kappa_y - \kappa_{0y})$,选取矩形滤波窗函数滤出零级频谱分量 $A(\kappa_x,\kappa_y)$。

将得到的一级频谱分量 $C(\kappa_x - \kappa_{0x},\kappa_y - \kappa_{0y})$ 移至频谱零点位置后得 $C(\kappa_x,\kappa_y)$作傅里叶反变换得到干涉条纹的复振幅调制度函数为

$$c(x,y) = \mathscr{F}^{-1}\{C(\kappa_x,\kappa_y)\} \qquad (2-277)$$

其中,"$\mathscr{F}^{-1}$"表示傅里叶反变换操作;结合式(2－275)可以得干涉条纹调制度函数 $b(x,y)$ 和待测激光波前相位 $\phi_T(x,y)$,即

$$b(x,y) = 2 \cdot \mathrm{abs}\{c(x,y)\} \qquad (2-278)$$

$$\phi_S(x,y) = \mathrm{unwrap}\left\{\arctan\left\{\frac{\mathrm{Im}[c(x,y)]}{\mathrm{Re}[c(x,y)]}\right\}\right\} \qquad (2-279)$$

式中:abs{ }、unwrap{ }分别为求复数指数系数和相位展开操作。

对得到的零级频谱分量 $A(\kappa_x,\kappa_y)$ 作傅里叶反变换得到干涉条纹背景光强

分布 $a(x,y)$，即

$$a(x,y) = \mathscr{F}^{-1}\{A(\kappa_x,\kappa_y)\} \qquad (2-280)$$

利用干涉条纹调制度函数 $b(x,y)$ 和背景光强分布 $a(x,y)$ 可以求得干涉条纹分布的最大值 $g_{max}(x,y)$ 和最小值 $g_{min}(x,y)$，即

$$g_{max}(x,y) = a(x,y) + b(x,y) \qquad (2-281)$$

$$g_{min}(x,y) = a(x,y) - b(x,y) \qquad (2-282)$$

当满足 $a(x,y) \geqslant b(x,y)$ 时，待测激光的振幅分布由下式确定：

$$A_T(x,y) = \frac{\sqrt{g_{max}(x,y)} + \sqrt{g_{min}(x,y)}}{2} \qquad (2-283)$$

将激光波前相位 $\phi_T(x,y)$ 和振幅 $A_T(x,y)$ 组合就得到了待测激光的复振幅分布，即

$$E_T(x,y) \propto A_R(0,0) \cdot A_T(x,y) e^{i\phi_T(x,y)} \qquad (2-284)$$

图 2-50 为作者采用点衍射方法[43-46]利用干涉条纹得到激光器输出光场的复振幅分布。对这一实际测量光束，采用衍射积分计算光束通过一个焦距为 $f=$ 1m 的无像差透镜后的光场复振幅分布，可以计算得到光束在各个传输距离处的束宽，也可得到光斑强度分布主方向及其束宽，还可得到等相面主方向及其等相面曲率半径。根据束宽平方随着传播距离变化的曲线，用多点拟合方法求得待测激光在该方位角下的 M 参数。计算在不同方位角下的 M 参数，即可获得光束的特征参数。

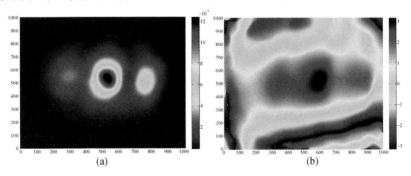

图 2-50　测量得到的激光模场的光强分布和相位分布
（a）光强分布；（b）相位分布。

参考文献

[1] 陈钰清,王静环. 激光原理[M]. 杭州:浙江大学出版社,1992.

[2] Anthony E. Siegman,Steven W. Townsend. Output beam propagation and beam quality from a multimode stable-cavity laser[J]. IEEE Journal of Quantum Electronics,1993,29(4):1212-1217.

[3] 吕百达. 固体激光器件[M]. 北京:北京邮电大学出版社,2002.

[4] Baida Lü,Xiaoling Ji,Shirong Luo. The beam quality of annular lasers and related problems[J]. Journal of Modern Optics,2001,48(7):1171 – 1178.

[5] Siegman A E. How to (maybe) measure laser beam quality[J]. OSA TOPS,1998,17(2):184 – 199.

[6] Kelly C Jorge,Rudimar Riva,Nicolau A S Rodrigues,et al. Scattered light imaging method (SLIM) for characterization of arbitrary laser beam intensity profiles[J]. Applied Optics,2014,53(20):4555 – 4564.

[7] 刘晓丽,冯国英,李玮,等. 像散椭圆高斯光束的 M^2 因子矩阵的理论与实验研究[J]. 物理学报,2014,62(19):194202.

[8] Wright D,Greve P,Fleischer J,et al. Laser beam width,divergence and beam propagation factor – an international standardization approach[J]. Optical and Quantum Electronics,1992,24(9):S993 – S1000.

[9] Gao C,Weber H. The problems with M^2[J]. Optics & Laser Technology,2000,32:221 – 224.

[10] Mark Feldman,Daniel J Mockler,R Edward English Jr,et al. Self – referencing Mach – Zehnder interferometer as a laser system diagnostic[C]. in Proc. SPIE,1991,1542:490 – 501.

[11] Jiaan Zheng,Shengzhi Zhao,Qingpu Wang,et al. Measurement of beam quality factor (M^2) by slit – scanning method[J]. Optics & Laser Technology,2001,33(4):213 – 217.

[12] Bert John Neubert,Günter Huber,Wolf – Dieter Scharfe. On the problem of M^2 analysis using Shack – Hartmann measurements[J]. Journal of Physics D:Applied Physics,2001,34:2414 – 2419.

[13] Siegman A E. Defining,measuring,and optimizing laser beam quality[J]. SPIE,1993,1868:1 – 10.

[14] Bagini V,Borghi R,Gori F,et al. Propagation of axially symmetric flattened Gaussian beams [J]. J. Opt. Soc. Am. A,1996,13:1385 – 1394.

[15] Russell L McCally. Measurement of Gaussian beam parameters[J]. Applied Optics,1984,23(14):2227 – 2227.

[16] Martínez – Herrero R,Mejías P M,Sánchez M,et al. Third – and fourth – order parametric characterization of partially coherent beams propagating throughABCD optical systems[J]. Optical and Quantum Electronics,1992,24(9):1021 – 1026.

[17] Siegman A E. New developments in laser resonators[C]. in SPIE. 1990.

[18] Weber H. Some historical and technical aspects of beam quality[J]. Optical and Quantum Electronics,1992,24(9):S861 – S864.

[19] Lü B,Luo S,Zhang B. Propagation of flattened Gaussian beams with rectangular symmetry passing through a paraxial optical ABCD system with and without aperture[J]. Optics Communications,1999,164(1 – 3):1 – 6.

[20] Oliver A Schmidt,Christian Schulze,Daniel Flamm,et al. Real – time determination of laser beam quality by modal decomposition[J]. Optics Express,2011,19(7):6741 – 6748.

[21] 周寿桓,冯国英. 大口径薄片激光器中的谐振模式及光束质量诊断[J]. 光学学报,2011,31(9):94 – 100.

[22] Du Yong – zhao,Feng Guo – ying,Li Hong – ru,et al. Real – time determination of beam propagation factor by Mach – Zehnder point diffraction interferometer[J]. Optics Communications,2013,287:1 – 5.

[23] Mann S,Böske L,Kaierle S,et al. Automated beam monitoring and diagnosis for CO_2 lasers[C]. in Proc. SPIE,2002,4629:112 – 121.

[24] Fu Yuqing,Feng Guoying,Zhang Dayong,et al. Beam quality factor of mixed modes emerging from a multimode step – index fiber[J]. Optik,2010,121(5):452 – 456.

[25] Weber H. Propagation of higher – order intensity moments in quadratic – index media[J]. Optical and Quantum Electronics,1992,24(9):1027 – 1049.

[26] Michael W Sasnett,Timothy J Johnston. Beam characterization and measurement of propagation attributes [C]. in Optics,Electro – Optics,and Laser Applications in Science and Engineering,1991:21 – 32.

[27] Arnaud J A,Hubbard W M,Mandeville G D,et al. Technique for fast measurement of Gaussian laser beam

parameters[J]. Applied Optics,1971,10(12):2775 – 2776.

[28] John M Fleischer, James M Darchuk. Standardizing the measurement of spatial characteristics of optical beams[C]. Los Angeles Symposium – – OE/LASE88,1988,60 – 64.

[29] Hans R Bilger,Taufiq Habib. Knife – edge scanning of an astigmatic Gaussian beam[J]. Applied Optics, 1985,24(5):686 – 690.

[30] Ruff J A,Siegman A E. Single – Pulse laser bema quality measurements using a CCD camera system[J]. Applied Optics,1992,31(24):4907 – 4908.

[31] Miguel A Porras,Medina Rafael. Entropy – based definition of laser beam spot size[J]. Applied Optics, 1995,34(36):8247 – 8251.

[32] Siegman A E. How to (maybe) measure laser beam quality[J]. OSA Trends in Optics and Photonics Series,1998,17(2):184 – 199.

[33] Fang T,Ye X,Niu J,et al. Definition and measurement of the beam propagation factor M^2 for chromatic laser beams[J]. Chinese Optics Letters,2006,4(10):586 – 588.

[34] 吕百达,康小平. 对激光光束质量一些问题的认识[J]. 红外与激光工程,2007,36(1):47 – 51.

[35] Th Graf,Balmer J E. Laser beam quality,entropy and the limits of beam shaping[J]. Optics Communications,1996,131(1 – 3):77 – 83.

[36] Offerhaus H L,Edwards C B,Witteman W J. Single shot beam quality (M²) measurement using a spatial Fourier transform of the near field[J]. Optics Communications,1998,151:65 – 68.

[37] 冯国英,杜永兆,周寿桓. 马赫 – 曾德点衍射干涉仪及激光复振幅重建方法[P]. 中国, ZL201110164464. 2[P]. 2012.

[38] Koliopoulos C,Shagam R O,Kwon J C. Wyant. Infrared point – diffraction interferometer[J]. Optics Letters, 1978,3(3):118 – 120.

[39] David R Kohler,Victor L. Gamiz. Interferogram reduction for radial – shear and localreference – holographic interferograms[J]. Applied Optics,1986,25(10):1650 – 1652.

[40] Bone D J,Bachor H A,John Sandeman R. Fringe – pattern analysis using a 2 – D Fourier transform[J]. Applied Optics,1986,25(10):1653 – 1660.

[41] Joseph W. Goodman,Frequency analysis of optical imaging systems[M]. Introduction to Fourier Optics,3rd ed. Roberts and Company,1985.

[42] Mitsuo Takeda,Hideki Ina,Seiji Kobayashi. Fourier transform method of fringe pattern analysis for computer – based topography and interferometry [J]. J. Opt. Soc. Am,1982,72(1):156 – 160.

[43] Du Yongzhao,Feng Guoying,Li Hongru,et al. Real – time determination of beam propagation factor by Mach – Zehnder point diffraction interferometer[J]. Optics Communications,2013,287:1 – 5.

[44] Du Yongzhao,Feng Guoying,Li Hongru,et al. Spatial carrier phase – shifting algorithm based on principal component analysis method[J]. Optics Express,2012,20(15):16471 – 16479.

[45] Du Yongzhao,Feng Guoying,Li Hongru,et al. Circular common – path point diffraction interferometer[J]. Optics Letters,2012,37(19):3927 – 3929.

[46] Feng Guoying,Du Yongzhao,Zhou Shouhuan. Circular common – path point diffraction interference wavefront sensor[P]. US8786864B2[P]. 2014.

第3章
强度矩定义及传输

利用光束的所有强度矩能完全描述任何光束,但从实验测量角度来看,高于四阶的强度矩难于精确测量[1]。零阶矩描述光束中包含的总功率,一阶矩描述光束的重心,二阶矩描述光束束宽和光束波面曲率半径,三阶矩描述光束的对称性,四阶矩描述光束的平整度[2-10]。通常只用小于或等于四阶的强度矩来描述光束及光束质量[11,12]。

1990 年,著名激光学者 A. E. Siegman 从光的统计特性出发,提出了采用光束的光强二阶矩来表征激光器光束质量的方法[13,14],这种表征方法提出后得到了国内外激光领域科研人员的广泛关注,可适用于大多数相干光束和部分相干光束的光束质量评价[15-22]。本章将给出光束的强度矩表示和 V 矩阵表示。为简单起见,本章的讨论均限制在近轴近似条件,这种近似处理对于大多数激光器输出的光束是合理的[23,24]。对于半导体激光器输出的光束,假定在激光器的快轴方向(较大发散角的方向)已使用了快轴准直透镜,也可满足近轴近似条件。

3.1 零阶强度矩

笛卡儿坐标系中,设空间域中的场分布为 $E(x,y,z)$,则光强分布为

$$I(x,y,z) = E(x,y,z)E^*(x,y,z) \qquad (3-1)$$

光束包含的总功率为光束的零阶强度矩,即

$$P = \int_{-\infty}^{\infty} \int_{-\infty}^{\infty} E(x,y,z)E^*(x,y,z)\mathrm{d}x\mathrm{d}y = \int_{-\infty}^{\infty} \int_{-\infty}^{\infty} I(x,y,z)\mathrm{d}x\mathrm{d}y \quad (3-2)$$

与 $E(x,y,z)$ 相对应的空间频率域中的场分布为

$$E_{\mathrm{F}}(f_x,f_y,z) = \mathscr{F}\{E(x,y,z)\} = \int_{-\infty}^{\infty} \int_{-\infty}^{\infty} E(x,y,z)\mathrm{e}^{\mathrm{i}2\pi(xf_x+yf_y)}\mathrm{d}x\mathrm{d}y \qquad (3-3)$$

定义

$$I_{\mathrm{F}}(f_x,f_y,z) = E_{\mathrm{F}}(f_x,f_y,z)E_{\mathrm{F}}^*(f_x,f_y,z) \qquad (3-4)$$

由能量守恒定理可得

$$P = \int_{-\infty}^{\infty} \int_{-\infty}^{\infty} I_{\mathrm{F}}(f_x, f_y, z) \mathrm{d}f_x \mathrm{d}f_y = \int_{-\infty}^{\infty} \int_{-\infty}^{\infty} I(x, y, z) \mathrm{d}x \mathrm{d}y \qquad (3-5)$$

光束的零阶强度矩决定了光束的总功率,零阶强度矩越大,光束的总功率越高。当光束相对于空间坐标系平移或旋转时,其零阶矩保持不变,即

$$P = \int_{-\infty}^{\infty} \int_{-\infty}^{\infty} I(x, y, z) \mathrm{d}x \mathrm{d}y = \int_{-\infty}^{\infty} \int_{-\infty}^{\infty} I(x - \Delta x, y - \Delta y, z - \Delta z) \mathrm{d}x \mathrm{d}y \qquad (3-6)$$

$$P = \int_{-\infty}^{\infty} \int_{-\infty}^{\infty} I(x, y, z) \mathrm{d}x \mathrm{d}y = \int_{-\infty}^{\infty} \int_{-\infty}^{\infty} I(x\cos\theta - y\sin\theta, x\sin\theta + y\cos\theta, z) \mathrm{d}x \mathrm{d}y \quad (3-7)$$

式中:Δx、Δy、Δz 为光束的空间平移量;θ 为光束绕 z 轴的旋转角。

光束在远场的光强分布为

$$I_\theta(\theta_x, \theta_y) = I_{\mathrm{F}}(\theta_x / \lambda, \theta_y / \lambda) \qquad (3-8)$$

3.2　一阶强度矩

设光束的光强分布为 $I(x, y, z)$,光束在 z 平面上沿 x 轴方向的一阶强度矩决定了光束在 x 轴方向的重心位置,光束在 z 平面上沿 y 轴方向的一阶强度矩决定了光束在 y 轴方向的重心位置。任意光束都有四个光强一阶矩,分别用〈$x(z)$〉、〈$y(z)$〉、〈θ_x〉和〈θ_y〉表示。〈$x(z)$〉和〈$y(z)$〉表示光束在空间域的重心坐标位置,〈θ_x〉和〈θ_y〉表示光束在远场的重心坐标位置。

$$\langle x(z) \rangle = \frac{\int_{-\infty}^{\infty} \int_{-\infty}^{\infty} xI(x, y, z) \mathrm{d}x \mathrm{d}y}{P} \qquad (3-9)$$

$$\langle y(z) \rangle = \frac{\int_{-\infty}^{\infty} \int_{-\infty}^{\infty} yI(x, y, z) \mathrm{d}x \mathrm{d}y}{P} \qquad (3-10)$$

光束在远场沿 x 轴和 y 轴的一阶强度矩决定了光束在远场的重心位置,即

$$\langle \theta_x(z) \rangle = \frac{\int_{-\infty}^{\infty} \int_{-\infty}^{\infty} \theta_x I_\theta(\theta_x, \theta_y) \mathrm{d}\theta_x \mathrm{d}\theta_y}{P}$$
$$= \frac{\int_{-\infty}^{\infty} \int_{-\infty}^{\infty} \theta_x I_{\mathrm{F}}(\theta_x / \lambda, \theta_y / \lambda) \mathrm{d}\theta_x \mathrm{d}\theta_y}{P} \qquad (3-11)$$

$$\langle \theta_y(z) \rangle = \frac{\int_{-\infty}^{\infty} \int_{-\infty}^{\infty} \theta_y I_\theta(\theta_x, \theta_y) \mathrm{d}\theta_x \mathrm{d}\theta_y}{P}$$
$$= \frac{\int_{-\infty}^{\infty} \int_{-\infty}^{\infty} \theta_y I_{\mathrm{F}}(\theta_x / \lambda, \theta_y / \lambda) \mathrm{d}\theta_x \mathrm{d}\theta_y}{P} \qquad (3-12)$$

也可写为

$$\langle \theta_x(z) \rangle = \frac{\lambda \int_{-\infty}^{\infty} \int_{-\infty}^{\infty} f_x I_F(f_x, f_y) \, \mathrm{d}f_x \mathrm{d}f_y}{P} = \lambda \langle f_x(z) \rangle \qquad (3-13)$$

$$\langle \theta_y(z) \rangle = \frac{\lambda \int_{-\infty}^{\infty} \int_{-\infty}^{\infty} f_y I_F(f_x, f_y) \, \mathrm{d}f_x \mathrm{d}f_y}{P} = \lambda \langle f_y(z) \rangle \qquad (3-14)$$

3.2.1　基模高斯光束的一阶强度矩

基模高斯光束的一阶强度矩为

$$\langle x(z) \rangle_{FG} = \frac{\int_{-\infty}^{\infty} \int_{-\infty}^{\infty} x \frac{A_0^2 w_0^2}{w^2(z)} e^{-\frac{2(x^2+y^2)}{w^2(z)}} \mathrm{d}x \mathrm{d}y}{\int_{-\infty}^{\infty} \int_{-\infty}^{\infty} \frac{A_0^2 w_0^2}{w^2(z)} e^{-\frac{2(x^2+y^2)}{w^2(z)}} \mathrm{d}x \mathrm{d}y} = 0 \qquad (3-15)$$

$$\langle y(z) \rangle_{FG} = \frac{\int_{-\infty}^{\infty} \int_{-\infty}^{\infty} y \frac{A_0^2 w_0^2}{w^2(z)} e^{-\frac{2(x^2+y^2)}{w^2(z)}} \mathrm{d}x \mathrm{d}y}{\int_{-\infty}^{\infty} \int_{-\infty}^{\infty} \frac{A_0^2 w_0^2}{w^2(z)} e^{-\frac{2(x^2+y^2)}{w^2(z)}} \mathrm{d}x \mathrm{d}y} = 0 \qquad (3-16)$$

由式(3-15)和式(3-16)可知

$$\langle \theta_x \rangle_{FG} = 0 \qquad (3-17)$$

$$\langle \theta_y \rangle_{FG} = 0 \qquad (3-18)$$

3.2.2　H-G$_{mn}$模式光束的一阶强度矩

H-G$_{mn}$模式光束的一阶强度矩为

$$\langle x(z) \rangle_{H-G} = \frac{\int_{-\infty}^{\infty} \int_{-\infty}^{\infty} x C_{mn}^2 H_m^2\left(\frac{\sqrt{2}}{w_{0s}}x\right) H_n^2\left(\frac{\sqrt{2}}{w_{0s}}y\right) e^{-\frac{2(x^2+y^2)}{w_{0s}^2}} \mathrm{d}x \mathrm{d}y}{\int_{-\infty}^{\infty} \int_{-\infty}^{\infty} C_{mn}^2 H_m^2\left(\frac{\sqrt{2}}{w_{0s}}x\right) H_n^2\left(\frac{\sqrt{2}}{w_{0s}}y\right) e^{-\frac{2(x^2+y^2)}{w_{0s}^2}} \mathrm{d}x \mathrm{d}y} = 0 \quad (3-19)$$

$$\langle y(z) \rangle_{H-G} = \frac{\int_{-\infty}^{\infty} \int_{-\infty}^{\infty} y C_{mn}^2 H_m^2\left(\frac{\sqrt{2}}{w_{0s}}x\right) H_n^2\left(\frac{\sqrt{2}}{w_{0s}}y\right) e^{-\frac{2(x^2+y^2)}{w_{0s}^2}} \mathrm{d}x \mathrm{d}y}{\int_{-\infty}^{\infty} \int_{-\infty}^{\infty} C_{mn}^2 H_m^2\left(\frac{\sqrt{2}}{w_{0s}}x\right) H_n^2\left(\frac{\sqrt{2}}{w_{0s}}y\right) e^{-\frac{2(x^2+y^2)}{w_{0s}^2}} \mathrm{d}x \mathrm{d}y} = 0 \quad (3-20)$$

由式(3-19)和式(3-20)可知

$$\langle \theta_x \rangle_{H-G} = 0 \qquad (3-21)$$

$$\langle \theta_y \rangle_{H-G} = 0 \qquad (3-22)$$

3.2.3　L-G$_{pl}$模式光束的一阶强度矩

L-G$_{pl}$模式光束的一阶强度矩为

$$\langle x(z)\rangle_{\text{L-G}} = \frac{\displaystyle\int_{-\infty}^{\infty}\int_{-\infty}^{\infty} x C_{pl}^2 \frac{2^l r^{2l}}{w_{0s}^{2l}} \left| \mathrm{L}_p^l\left(\frac{2r^2}{w_{0s}^2}\right) \right|^2 \mathrm{e}^{-\frac{2r^2}{w_{0s}^2}} \cos^2(l\phi)\,\mathrm{d}x\mathrm{d}y}{\displaystyle\int_{-\infty}^{\infty}\int_{-\infty}^{\infty} C_{pl}^2 \frac{2^l r^{2l}}{w_{0s}^{2l}} \left| \mathrm{L}_p^l\left(\frac{2r^2}{w_{0s}^2}\right) \right|^2 \mathrm{e}^{-\frac{2r^2}{w_{0s}^2}} \cos^2(l\phi)\,\mathrm{d}x\mathrm{d}y} = 0 \quad (3-23)$$

$$\langle y(z)\rangle_{\text{L-G}} = \frac{\displaystyle\int_{-\infty}^{\infty}\int_{-\infty}^{\infty} y C_{pl}^2 \frac{2^l r^{2l}}{w_{0s}^{2l}} \left| \mathrm{L}_p^l\left(\frac{2r^2}{w_{0s}^2}\right) \right|^2 \mathrm{e}^{-\frac{2r^2}{w_{0s}^2}} \cos^2(l\phi)\,\mathrm{d}x\mathrm{d}y}{\displaystyle\int_{-\infty}^{\infty}\int_{-\infty}^{\infty} C_{pl}^2 \frac{2^l r^{2l}}{w_{0s}^{2l}} \left| \mathrm{L}_p^l\left(\frac{2r^2}{w_{0s}^2}\right) \right|^2 \mathrm{e}^{-\frac{2r^2}{w_{0s}^2}} \cos^2(l\phi)\,\mathrm{d}x\mathrm{d}y} = 0 \quad (3-24)$$

由式(3-23)和式(3-24)可知

$$\langle \theta_x \rangle_{\text{L-G}} = 0 \qquad\qquad (3-25)$$

$$\langle \theta_y \rangle_{\text{L-G}} = 0 \qquad\qquad (3-26)$$

3.2.4　LP$_{mn}$模式光束的一阶强度矩

LP$_{mn}$模式光束的一阶强度矩为

$$\langle x(z)\rangle_{\text{LP}} = \frac{\displaystyle\int_{-\infty}^{\infty}\int_{-\infty}^{\infty} xA^2\cos^2(m\theta) \begin{cases} \dfrac{\mathrm{J}_m^2\left(\dfrac{U_{mn}}{a}r\right)}{\mathrm{J}_m^2(U_{mn})}\mathrm{d}x\mathrm{d}y, & 0\leqslant r\leqslant a \\[4mm] \dfrac{\mathrm{K}_m^2\left(\dfrac{W_{mn}}{a}r\right)}{\mathrm{K}_m^2(W_{mn})}\mathrm{d}x\mathrm{d}y, & r\geqslant a \end{cases}}{\displaystyle\int_{-\infty}^{\infty}\int_{-\infty}^{\infty} A^2\cos^2(m\theta) \begin{cases} \dfrac{\mathrm{J}_m^2\left(\dfrac{U_{mn}}{a}r\right)}{\mathrm{J}_m^2(U_{mn})}\mathrm{d}x\mathrm{d}y, & 0\leqslant r\leqslant a \\[4mm] \dfrac{\mathrm{K}_m^2\left(\dfrac{W_{mn}}{a}r\right)}{\mathrm{K}_m^2(W_{mn})}\mathrm{d}x\mathrm{d}y, & r\geqslant a \end{cases}} = 0 \quad (3-27)$$

$$\langle y(z)\rangle_{\text{LP}} = \frac{\displaystyle\int_{-\infty}^{\infty}\int_{-\infty}^{\infty} yA^2\cos^2(m\theta) \begin{cases} \dfrac{\mathrm{J}_m^2\left(\dfrac{U_{mn}}{a}r\right)}{\mathrm{J}_m^2(U_{mn})}\mathrm{d}x\mathrm{d}y, & 0\leqslant r\leqslant a \\[4mm] \dfrac{\mathrm{K}_m^2\left(\dfrac{W_{mn}}{a}r\right)}{\mathrm{K}_m^2(W_{mn})}\mathrm{d}x\mathrm{d}y, & r\geqslant a \end{cases}}{\displaystyle\int_{-\infty}^{\infty}\int_{-\infty}^{\infty} A^2\cos^2(m\theta) \begin{cases} \dfrac{\mathrm{J}_m^2\left(\dfrac{U_{mn}}{a}r\right)}{\mathrm{J}_m^2(U_{mn})}\mathrm{d}x\mathrm{d}y, & 0\leqslant r\leqslant a \\[4mm] \dfrac{\mathrm{K}_m^2\left(\dfrac{W_{mn}}{a}r\right)}{\mathrm{K}_m^2(W_{mn})}\mathrm{d}x\mathrm{d}y, & r\geqslant a \end{cases}} = 0 \quad (3-28)$$

由式(3 – 27)和式(3 – 28)可知

$$\langle \theta_x \rangle_{\mathrm{LP}} = 0 \tag{3 – 29}$$

$$\langle \theta_y \rangle_{\mathrm{LP}} = 0 \tag{3 – 30}$$

3.3 二阶强度矩

3.3.1 二阶强度矩参量的定义

在 z 处光束的 10 个二阶强度矩参量为[7]

$$\langle x^2(z) \rangle = \frac{\int_{-\infty}^{\infty} \int_{-\infty}^{\infty} (x - \langle x \rangle)^2 I(x,y,z) \, \mathrm{d}x \mathrm{d}y}{P} \tag{3 – 31}$$

$$\langle y^2(z) \rangle = \frac{\int_{-\infty}^{\infty} \int_{-\infty}^{\infty} (y - \langle y \rangle)^2 I(x,y,z) \, \mathrm{d}x \mathrm{d}y}{P} \tag{3 – 32}$$

$$
\begin{aligned}
\langle r^2(z) \rangle &= \frac{\int_{-\infty}^{\infty} \int_{-\infty}^{\infty} r^2 I(x,y,z) \, \mathrm{d}x \mathrm{d}y}{P} \\
&= \frac{\int_{-\infty}^{\infty} \int_{-\infty}^{\infty} [(x - \langle x \rangle)^2 + (y - \langle y \rangle)^2] I(x,y,z) \, \mathrm{d}x \mathrm{d}y}{P} \\
&= \langle x^2(z) \rangle + \langle y^2(z) \rangle
\end{aligned}
\tag{3 – 33}
$$

$$\langle xy(z) \rangle = \frac{\int_{-\infty}^{\infty} \int_{-\infty}^{\infty} (x - \langle x \rangle)(y - \langle y \rangle) I(x,y,z) \, \mathrm{d}x \mathrm{d}y}{P} \tag{3 – 34}$$

$$
\begin{aligned}
\langle \theta_{xx}^2(z) \rangle &= \frac{\int_{-\infty}^{\infty} \int_{-\infty}^{\infty} (\theta_x - \langle \theta_x \rangle)^2 I_{\mathrm{F}}(\theta_x/\lambda, \theta_y/\lambda, z) \, \mathrm{d}\theta_x \mathrm{d}\theta_y}{P} \\
&= \frac{\lambda^2 \int_{-\infty}^{\infty} \int_{-\infty}^{\infty} (f_x - \langle f_x \rangle)^2 I_{\mathrm{F}}(f_x, f_y, z) \, \mathrm{d}f_x \mathrm{d}f_y}{P}
\end{aligned}
\tag{3 – 35}
$$

$$
\begin{aligned}
\langle \theta_{yy}^2(z) \rangle &= \frac{\int_{-\infty}^{\infty} \int_{-\infty}^{\infty} (\theta_y - \langle \theta_y \rangle)^2 I_{\mathrm{F}}(\theta_x/\lambda, \theta_y/\lambda) \, \mathrm{d}\theta_x \mathrm{d}\theta_y}{P} \\
&= \frac{\lambda^2 \int_{-\infty}^{\infty} \int_{-\infty}^{\infty} (f_y - \langle f_y \rangle)^2 I_{\mathrm{F}}(f_x, f_y, z) \, \mathrm{d}f_x \mathrm{d}f_y}{P}
\end{aligned}
\tag{3 – 36}
$$

$$\langle \theta_r^2(z) \rangle = \frac{\displaystyle\int_{-\infty}^{\infty} \int_{-\infty}^{\infty} \left[(\theta_x - \langle \theta_x \rangle)^2 + (\theta_y - \langle \theta_y \rangle)^2 \right] I_F(\theta_x/\lambda, \theta_y/\lambda) \, \mathrm{d}\theta_x \mathrm{d}\theta_y}{P}$$

$$= \frac{\lambda^2 \displaystyle\int_{-\infty}^{\infty} \int_{-\infty}^{\infty} \left[(f_x - \langle f_x \rangle)^2 + (f_y - \langle f_y \rangle)^2 \right] I_F(f_x, f_y, z) \, \mathrm{d}f_x \mathrm{d}f_y}{P} \tag{3-37}$$

$$\langle \theta_{xy}^2(z) \rangle = \frac{\displaystyle\int_{-\infty}^{\infty} \int_{-\infty}^{\infty} (\theta_x - \langle \theta_x \rangle)(\theta_y - \langle \theta_y \rangle) I_F(\theta_x/\lambda, \theta_y/\lambda) \, \mathrm{d}\theta_x \mathrm{d}\theta_y}{P}$$

$$= \frac{\lambda^2 \displaystyle\int_{-\infty}^{\infty} \int_{-\infty}^{\infty} (f_x - \langle f_x \rangle)(f_y - \langle f_y \rangle) I_F(f_x, f_y, z) \, \mathrm{d}f_x \mathrm{d}f_y}{P} \tag{3-38}$$

且有

$$\langle xy(z) \rangle = \langle yx(z) \rangle \tag{3-39}$$

$$\langle \theta_{xy}^2(z) \rangle = \langle \theta_{yx}^2(z) \rangle \tag{3-40}$$

根据国际标准化组织(ISO)的"4 σ"准则[25]，w_{xx}、w_{yy} 和 w_{xy} 分别为光束在 x 轴方向、y 轴方向和交叉方向的束半宽，θ_{xx}、θ_{yy} 和 θ_{xy} 分别为光束在 x 轴方向、y 轴方向和交叉方向的远场发散半角，它们具有如下关系：

$$w_{xx}^2(z) = 4\langle x^2(z) \rangle \tag{3-41}$$

$$w_{yy}^2(z) = 4\langle y^2(z) \rangle \tag{3-42}$$

$$w_{xy}^2(z) = 4\langle xy(z) \rangle \tag{3-43}$$

$$\theta_{xx}^2(z) = 4\langle \theta_{xx}^2(z) \rangle \tag{3-44}$$

$$\theta_{yy}^2(z) = 4\langle \theta_{yy}^2(z) \rangle \tag{3-45}$$

$$\theta_{xy}^2(z) = 4\langle \theta_{xy}^2(z) \rangle \tag{3-46}$$

光束在 x 方向和 y 方向的等相面曲率半径为

$$R_{xx}(z) = \frac{\langle x^2(z) \rangle}{\langle x\theta_x(z) \rangle} \tag{3-47}$$

$$R_{yy}(z) = \frac{\langle y^2(z) \rangle}{\langle y\theta_y(z) \rangle} \tag{3-48}$$

3.3.2　H-G$_{mn}$模式光束

国际标准化组织和我国的国家标准[26]都推荐使用光强二阶矩定义光斑大小(或光斑尺寸)。根据二阶矩定义，H-G$_{mn}$ 模式光束在 x 轴方向的束半宽平方为

$$w_{xx}^2(z) = \frac{4\int_{-\infty}^{\infty}\int_{-\infty}^{+\infty} x^2 \frac{A_0^2 w_0^2}{w_s^2(z)} H_m^2\left[\frac{\sqrt{2}x}{w_s(z)}\right] H_n^2\left[\frac{\sqrt{2}y}{w_s(z)}\right] e^{-\frac{2(x^2+y^2)}{w_s^2(z)}} dxdy}{\int_{-\infty}^{\infty}\int_{-\infty}^{+\infty} \frac{A_0^2 w_0^2}{w_s^2(z)} H_m^2\left[\frac{\sqrt{2}x}{w_s(z)}\right] H_n^2\left[\frac{\sqrt{2}y}{w_s(z)}\right] e^{-\frac{2(x^2+y^2)}{w_s^2(z)}} dxdy}$$

$$= \frac{4\int_{-\infty}^{+\infty} x^2 H_m^2\left[\frac{\sqrt{2}x}{w_s(z)}\right] e^{-\frac{2x^2}{w_s^2(z)}} dx}{\int_{-\infty}^{+\infty} H_m^2\left[\frac{\sqrt{2}x}{w_s(z)}\right] e^{-\frac{2x^2}{w_s^2(z)}} dx}$$

(3 – 49)

利用厄米多项式的正交归一化性质

$$\int_{-\infty}^{+\infty} H_m(t) H_n(t) e^{-t^2} dt = 2^m \sqrt{\pi} m! \delta_{ml}$$

(3 – 50)

可得

$$\int_{-\infty}^{+\infty} H_m^2\left[\frac{\sqrt{2}x}{w(z)}\right] e^{-\frac{2x^2}{w^2(z)}} dx = \frac{w(z)}{\sqrt{2}} 2^m \sqrt{\pi} m! \delta_{ml}$$

(3 – 51)

利用厄米多项式的递推公式

$$t H_m(t) = \frac{1}{2} H_{m+1}(t) + m H_{m-1}(t)$$

(3 – 52)

可得

$$\int_{-\infty}^{+\infty} x^2 H_m^2\left[\frac{\sqrt{2}x}{w(z)}\right] e^{-\frac{2x^2}{w^2(z)}} dx = \left[\frac{w(z)}{\sqrt{2}}\right]^3 (2m+1) 2^m \sqrt{\pi} m!$$

(3 – 53)

将式(3 – 53)和式(3 – 51)代入式(3 – 49),可得

$$w_{xx}^2(z) = (2m+1) w_s^2(z)$$

(3 – 54)

类似地,可以得到 y 轴方向、交叉方向和 r 径向的束半宽平方分别为

$$w_{yy}^2(z) = \frac{4\int_{-\infty}^{\infty}\int_{-\infty}^{+\infty} y^2 \frac{A_0^2 w_0^2}{w_s^2(z)} H_m^2\left[\frac{\sqrt{2}x}{w_s(z)}\right] H_n^2\left[\frac{\sqrt{2}y}{w_s(z)}\right] e^{-\frac{2(x^2+y^2)}{w_s^2(z)}} dxdy}{\int_{-\infty}^{\infty}\int_{-\infty}^{+\infty} \frac{A_0^2 w_0^2}{w_s^2(z)} H_m^2\left[\frac{\sqrt{2}x}{w_s(z)}\right] H_n^2\left[\frac{\sqrt{2}y}{w_s(z)}\right] e^{-\frac{2(x^2+y^2)}{w_s^2(z)}} dxdy}$$

(3 – 55)

$$= (2n+1) w_s^2(z)$$

$$w_{xy}^2(z) = \frac{4\int_{-\infty}^{\infty}\int_{-\infty}^{+\infty} xy \frac{A_0^2 w_0^2}{w_s^2(z)} H_m^2\left[\frac{\sqrt{2}x}{w_s(z)}\right] H_n^2\left[\frac{\sqrt{2}y}{w_s(z)}\right] e^{-\frac{2(x^2+y^2)}{w_s^2(z)}} dxdy}{\int_{-\infty}^{\infty}\int_{-\infty}^{+\infty} \frac{A_0^2 w_0^2}{w_s^2(z)} H_m^2\left[\frac{\sqrt{2}x}{w_s(z)}\right] H_n^2\left[\frac{\sqrt{2}y}{w_s(z)}\right] e^{-\frac{2(x^2+y^2)}{w_s^2(z)}} dxdy} = 0$$

(3 – 56)

$$w_r^2(z) = \frac{4\int_{-\infty}^{\infty}\int_{-\infty}^{+\infty}(x^2+y^2)\frac{A_0^2 w_0^2}{w_s^2(z)}H_m^2\left[\frac{\sqrt{2}x}{w_s(z)}\right]H_n^2\left[\frac{\sqrt{2}y}{w_s(z)}\right]e^{-\frac{2(x^2+y^2)}{w_s^2(z)}}dxdy}{\int_{-\infty}^{\infty}\int_{-\infty}^{+\infty}\frac{A_0^2 w_0^2}{w_s^2(z)}H_m^2\left[\frac{\sqrt{2}x}{w_s(z)}\right]H_n^2\left[\frac{\sqrt{2}y}{w_s(z)}\right]e^{-\frac{2(x^2+y^2)}{w_s^2(z)}}dxdy}$$

$$= \frac{4\int_{-\infty}^{+\infty}x^2 H_m^2\left(\frac{\sqrt{2}x}{w_s}\right)e^{-\frac{2x^2}{w_s^2}}dx}{\int_{-\infty}^{+\infty}H_m^2\left(\frac{\sqrt{2}x}{w_s}\right)e^{-\frac{2x^2}{w_s^2}}dx} + \frac{4\int_{-\infty}^{+\infty}y^2 H_n^2\left(\frac{\sqrt{2}y}{w_s}\right)e^{-\frac{2y^2}{w_s^2}}dy}{\int_{-\infty}^{+\infty}H_n^2\left(\frac{\sqrt{2}y}{w_s}\right)e^{-\frac{2y^2}{w_s^2}}dy}$$

$$= 2(m+n+1)w_s^2 \tag{3-57}$$

设基模高斯光束的束腰半宽为 w_{0s}，远场发散半角为 θ，且

$$w_{0s}\theta = \frac{\lambda}{\pi} \tag{3-58}$$

H-G$_{mn}$ 模式光束在 x 轴方向、y 轴方向、交叉方向和 r 径向上的束腰半宽平方分别为

$$w_{0xx}^2(z) = (2m+1)w_{0s}^2(z) \tag{3-59}$$

$$w_{0yy}^2(z) = (2n+1)w_{0s}^2(z) \tag{3-60}$$

$$w_{0xy}^2(z) = 0 \tag{3-61}$$

$$w_{0r}^2(z) = 2(m+n+1)w_{0s}^2(z) \tag{3-62}$$

在 x 轴方向、y 轴方向、交叉方向和 r 径向的远场发散角半角平方分别为

$$\theta_{xx}^2 = \lim_{z\to\infty}\frac{w_{xx}^2(z)}{z^2} = (2m+1)\lim_{z\to\infty}\frac{w_s^2(z)}{z^2} = (2m+1)\theta^2 \tag{3-63}$$

$$\theta_{yy}^2 = \lim_{z\to\infty}\frac{w_{yy}^2(z)}{z^2} = (2n+1)\lim_{z\to\infty}\frac{w_s^2(z)}{z^2} = (2n+1)\theta^2 \tag{3-64}$$

$$\theta_{xy}^2 = \lim_{z\to\infty}\frac{w_{xy}^2(z)}{z^2} = 0 \tag{3-65}$$

$$\theta_r^2 = \lim_{z\to\infty}\frac{w_r^2(z)}{z^2} = 2(m+n+1)\lim_{z\to\infty}\frac{w_s^2(z)}{z^2} = 2(m+n+1)\theta \tag{3-66}$$

作为计算例，H-G$_{mn}$ 模式光束的二阶矩束宽平方随传输距离变化曲线如图 3-1~图 3-3 所示。由图可见，各个模式的传输轮廓线都是双曲线，模式的束宽是"阶跃"的。阶数 m 相同的模式在 x 轴方向的束宽是相同的，阶数 n 相同的模式在 y 轴方向的束宽是相同的，阶数之和 $(m+n)$ 相同的模式在 r 径向的束宽是相同的。

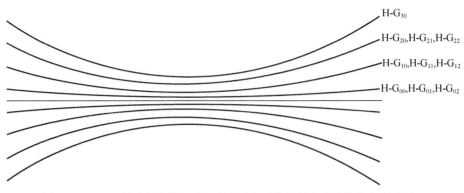

图 3 – 1　H-G$_{mn}$ 模式光束的二阶矩束宽平方随传输距离变化曲线（x 轴方向）

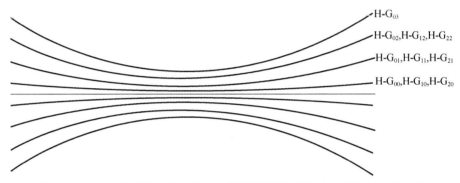

图 3 – 2　H-G$_{mn}$ 模式光束的二阶矩束宽平方随传输距离变化曲线（y 轴方向）

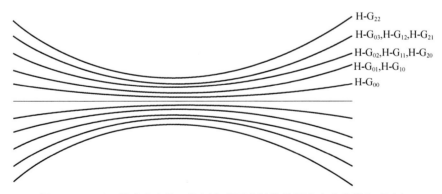

图 3 – 3　H-G$_{mn}$ 模式光束的二阶矩束宽平方随传输距离变化曲线（r 径向）

3.3.3　L-G$_{pl}$ 模式光束

根据二阶矩定义，L-G$_{pl}$ 模式光束在 x 轴方向、y 轴方向、交叉方向上和 r 径向的束半宽分别为

$$w_{xx,pl}^2(z) = \frac{4\int_0^{2\pi}\int_0^{+\infty}\left(\dfrac{\sqrt{2}r}{w_{0s}(z)}\right)^{2l}\left[L_p^l\left(\dfrac{2r^2}{w_{0s}^2(z)}\right)\right]^2 e^{-\frac{2r^2}{w_{0s}^2(z)}}\cos^2(l\phi)r^3\cos^2\phi drd\phi}{\int_0^{2\pi}\int_0^{+\infty}\left(\dfrac{\sqrt{2}r}{w_{0s}(z)}\right)^{2l}\left[L_p^l\left(\dfrac{2r^2}{w_{0s}^2(z)}\right)\right]^2 e^{-\frac{2r^2}{w_{0s}^2(z)}}\cos^2(l\phi)rdrd\phi}$$

$$= \begin{cases} 3(p+1)w_{0s}^2(z) & ,l=1 \\ (2p+l+1)w_{0s}^2(z) & ,l\neq 1 \end{cases} \tag{3-67}$$

$$w_{yy,pl}^2(z) = \frac{4\int_0^{2\pi}\int_0^{+\infty}\left(\dfrac{\sqrt{2}r}{w_{0s}(z)}\right)^{2l}\left[L_p^l\left(\dfrac{2r^2}{w_{0s}^2(z)}\right)\right]^2 e^{-\frac{2r^2}{w_{0s}^2(z)}}\cos^2(l\phi)r^3\sin^2\phi drd\phi}{\int_0^{2\pi}\int_0^{+\infty}\left(\dfrac{\sqrt{2}r}{w_{0s}(z)}\right)^{2l}\left[L_p^l\left(\dfrac{2r^2}{w_{0s}^2(z)}\right)\right]^2 e^{-\frac{2r^2}{w_{0s}^2(z)}}\cos^2(l\phi)rdrd\phi}$$

$$= \begin{cases} (p+1)w_{0s}^2(z) & (l=1) \\ (2p+l+1)w_{0s}^2(z) & (l\neq 1) \end{cases} \tag{3-68}$$

$$w_{xy,pl}^2(z) = \frac{4\int_0^{2\pi}\int_0^{+\infty}\left(\dfrac{\sqrt{2}r}{w_{0s}(z)}\right)^{2l}\left[L_p^l\left(\dfrac{2r^2}{w_{0s}^2(z)}\right)\right]^2 e^{-\frac{2r^2}{w_{0s}^2(z)}}\cos^2(l\phi)r^3\sin\phi\cos\phi drd\phi}{\int_0^{2\pi}\int_0^{+\infty}\left(\dfrac{\sqrt{2}r}{w_{0s}(z)}\right)^{2l}\left[L_p^l\left(\dfrac{2r^2}{w_{0s}^2(z)}\right)\right]^2 e^{-\frac{2r^2}{w_{0s}^2(z)}}\cos^2(l\phi)rdrd\phi}$$

$$= 0 \tag{3-69}$$

$$w_{r,pl}^2(z) = \frac{4\int_0^{2\pi}\int_0^{+\infty}\left(\dfrac{\sqrt{2}r}{w_{0s}(z)}\right)^{2l}\left[L_p^l\left(\dfrac{2r^2}{w_{0s}^2(z)}\right)\right]^2 e^{-\frac{2r^2}{w_{0s}^2(z)}}\cos^2(l\phi)r^3 drd\phi}{\int_0^{2\pi}\int_0^{+\infty}\left(\dfrac{\sqrt{2}r}{w_{0s}(z)}\right)^{2l}\left[L_p^l\left(\dfrac{2r^2}{w_{0s}^2(z)}\right)\right]^2 e^{-\frac{2r^2}{w_{0s}^2(z)}}\cos^2(l\phi)rdrd\phi}$$

$$= (2p+l+1)w_{0s}^2(z) \tag{3-70}$$

设基模高斯光束的束腰半宽为 w_0，远场发散半角为 θ_0，且有

$$w_0\theta_0 = \frac{\lambda}{\pi} \tag{3-71}$$

于是，L-G$_{pl}$ 模式光束在 x 轴方向、y 轴方向、交叉方向和 r 径向的束腰半宽平方分别为

$$w_{0x,pl}^2 = \begin{cases} 3(p+1)w_{0s}^2, & l=1 \\ (2p+l+1)w_{0s}^2, & l\neq 1 \end{cases} \tag{3-72}$$

$$w_{0y,pl}^2 = \begin{cases} (p+1)w_{0s}^2, & l=1 \\ (2p+l+1)w_{0s}^2, & l\neq 1 \end{cases} \tag{3-73}$$

$$w_{0xy,pl}^2 = 0 \tag{3-74}$$

$$w_{0r,pl}^2 = (2p + l + 1) w_{0s}^2 \tag{3-75}$$

相应地，L-G$_{pl}$模式光束在 x 轴方向、y 轴方向、交叉方向和 r 径向的远场发散半角平方分别为

$$\theta_{xx,pl}^2 = \lim_{z \to \infty} \frac{w_{xx,pl}^2(z)}{z^2} = \lim_{z \to \infty} \frac{w_{0s}^2(z)}{z^2} \begin{cases} 3(p+1), & l = 1 \\ 2p + l + 1, & l \neq 1 \end{cases}$$
$$= \theta^2 \begin{cases} 3(p+1), & l = 1 \\ 2p + l + 1, & l \neq 1 \end{cases} \tag{3-76}$$

$$\theta_{yy,pl}^2 = \lim_{z \to \infty} \frac{w_{yy,pl}^2(z)}{z^2} = \lim_{z \to \infty} \frac{w_{0s}^2(z)}{z^2} \begin{cases} p+1, & l = 1 \\ 2p + l + 1, & l \neq 1 \end{cases}$$
$$= \theta^2 \begin{cases} p+1, & l = 1 \\ 2p + l + 1, & l \neq 1 \end{cases} \tag{3-77}$$

$$\theta_{xy,pl}^2 = \lim_{z \to \infty} \frac{w_{xy,pl}^2(z)}{z^2} = 0 \tag{3-78}$$

$$\theta_{r,pl}^2 = \lim_{z \to \infty} \frac{w_{r,pl}^2(z)}{z^2} = (2p + l + 1) \lim_{z \to \infty} \frac{w_{0s}(z)}{z} = (2p + l + 1) \theta^2 \tag{3-79}$$

L-G$_{pl}$模式光束在 x 轴方向、y 轴方向、交叉方向和 r 径向的 M^2 因子分别为

$$M_{xx,pl}^2 = \frac{\pi}{\lambda} w_{0x,pl} \theta_{x,pl} = \begin{cases} 3(p+1), & l = 1 \\ 2p + l + 1, & l \neq 1 \end{cases} \tag{3-80}$$

$$M_{yy,pl}^2 = \frac{\pi}{\lambda} w_{0yy,pl} \theta_{yy,pl} = \begin{cases} p+1, & l = 1 \\ 2p + l + 1, & l \neq 1 \end{cases} \tag{3-81}$$

$$M_{xy,pl}^2 = \frac{\pi}{\lambda} w_{0xy,pl} \theta_{xy,pl} = 0 \tag{3-82}$$

$$M_{r,pl}^2 = \frac{\pi}{\lambda} w_{0r,pl} \theta_{r,pl} = 2(2p + l + 1) \tag{3-83}$$

L-G$_{pl}$模式光束的二阶矩束宽随旋传输距离变化曲线如图 3-4 ~ 图 3-6 所示。由 L-G$_{00}$ ~ LG$_{33}$模式光束在 x 轴方向、y 轴方向和 r 径向的束宽平方随传输距离变化的曲线可见，各个模式的传输轮廓线都是双曲线，模式的束宽是"阶跃"的。下面分两种情况来讨论：①当 $l \neq 1$ 时，光束在 x 轴方向和 y 轴方向的传输轮廓完全相同，光束在 r 径向的束宽平方是 x 轴方向和 y 轴方向的 2 倍。②当 $l = 1$ 时，光束在 x 轴方向的束宽平方是 y 轴方向的束宽平方的 3 倍。光束在 r 径向的束宽平方是 y 方向的 4 倍。这是由于在设定的坐标系下由于光场的左、右部分（x 轴方向）相对有相位 π 的整体跃变。

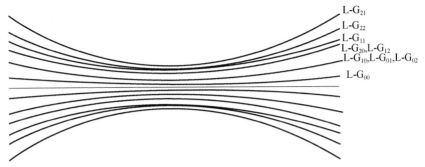

图 3 - 4　L-G$_{pl}$ 模式光束的二阶矩束宽平方随旋传输距离变化曲线(x 方向)

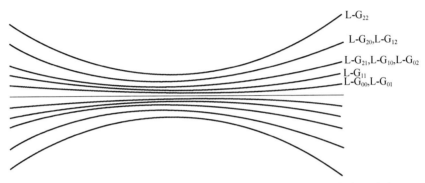

图 3 - 5　L-G$_{pl}$ 模式光束的二阶矩束宽平方随旋传输距离变化曲线(y 方向)

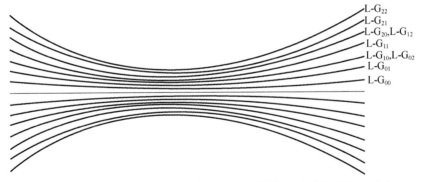

图 3 - 6　L-G$_{pl}$ 模式光束的二阶矩束宽平方随旋传输距离变化曲线(r 径向)

3.3.4　LP$_{mn}$ 模式光束

作为计算例,LP$_{01}$ ~ LP$_{23}$ 模式光束在 r 径向的束宽平方随传输距离变化曲线如图 3 - 7 所示,可见,各个模式的传输轮廓线都是双曲线,模式的束宽是"阶跃"的。

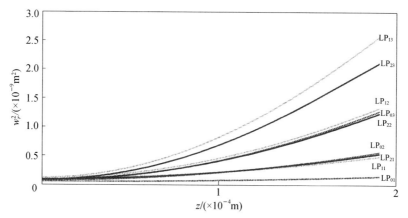

图 3-7　LP_{mn} 模式光束的二阶矩束宽平方随传输距离变化的曲线(r 径向)

3.3.5　束半宽平方矩阵的旋转变换

定义光束的束半宽矩阵为

$$\mathbb{W} = \begin{bmatrix} w_{xx}^2 & w_{xy}^2 \\ w_{xy}^2 & w_{yy}^2 \end{bmatrix} \tag{3-84}$$

它的矩阵元可直接由光束的远场光强二阶矩得到。设光场绕 z 轴旋转了角度 ϕ,则坐标变换为

$$\begin{cases} x' = x\cos\phi - y\sin\phi \\ y' = x\sin\phi + y\cos\phi \end{cases} \tag{3-85}$$

于是有

$$w_{xx,\phi}^2 = \frac{4\int_{-\infty}^{\infty}\int_{-\infty}^{\infty} f(x,y)x'^2 \mathrm{d}x\mathrm{d}y}{\int_{-\infty}^{\infty}\int_{-\infty}^{\infty} f(x,y)\mathrm{d}x\mathrm{d}y} = \frac{4\int_{-\infty}^{\infty}\int_{-\infty}^{\infty} f(x,y)(x\cos\phi - y\sin\phi)^2 \mathrm{d}x\mathrm{d}y}{\int_{-\infty}^{\infty}\int_{-\infty}^{\infty} f(x,y)\mathrm{d}x\mathrm{d}y}$$

$$= \frac{4\cos^2\phi\int_{-\infty}^{\infty}\int_{-\infty}^{\infty} f(x,y)x^2 \mathrm{d}x\mathrm{d}y}{\int_{-\infty}^{\infty}\int_{-\infty}^{\infty} f(x,y)\mathrm{d}x\mathrm{d}y} + \frac{4\sin^2\phi\int_{-\infty}^{\infty}\int_{-\infty}^{\infty} f(x,y)y^2 \mathrm{d}x\mathrm{d}y}{\int_{-\infty}^{\infty}\int_{-\infty}^{\infty} f(x,y)\mathrm{d}x\mathrm{d}y}$$

$$- \frac{8\sin\phi\cos\phi\int_{-\infty}^{\infty}\int_{-\infty}^{\infty} f(x,y)xy\mathrm{d}x\mathrm{d}y}{\int_{-\infty}^{\infty}\int_{-\infty}^{\infty} f(x,y)\mathrm{d}x\mathrm{d}y}$$

$$= w_{xx}^2\cos^2\phi + w_{yy}^2\sin^2\phi - 2w_{xy}^2\sin\phi\cos\phi \tag{3-86}$$

$$w_{yy,\phi}^2 = \frac{4\int_{-\infty}^{\infty}\int_{-\infty}^{\infty}f(x,y)y'^2\mathrm{d}x\mathrm{d}y}{\int_{-\infty}^{\infty}\int_{-\infty}^{\infty}f(x,y)\mathrm{d}x\mathrm{d}y} = \frac{4\int_{-\infty}^{\infty}\int_{-\infty}^{\infty}f(x,y)(x\sin\phi + y\cos\phi)^2\mathrm{d}x\mathrm{d}y}{\int_{-\infty}^{\infty}\int_{-\infty}^{\infty}f(x,y)\mathrm{d}x\mathrm{d}y}$$

$$= \frac{4\cos^2\phi\int_{-\infty}^{\infty}\int_{-\infty}^{\infty}f(x,y)y^2\mathrm{d}x\mathrm{d}y}{\int_{-\infty}^{\infty}\int_{-\infty}^{\infty}f(x,y)\mathrm{d}x\mathrm{d}y} + \frac{4\sin^2\phi\int_{-\infty}^{\infty}\int_{-\infty}^{\infty}f(x,y)x^2\mathrm{d}x\mathrm{d}y}{\int_{-\infty}^{\infty}\int_{-\infty}^{\infty}f(x,y)\mathrm{d}x\mathrm{d}y}$$

$$+ \frac{8\sin\phi\cos\phi\int_{-\infty}^{\infty}\int_{-\infty}^{\infty}f(x,y)xy\mathrm{d}x\mathrm{d}y}{\int_{-\infty}^{\infty}\int_{-\infty}^{\infty}f(x,y)\mathrm{d}x\mathrm{d}y}$$

$$= w_{yy}^2\cos^2\phi + w_{xx}^2\sin^2\phi + 2w_{xy}^2\cos\phi\sin\phi \qquad (3-87)$$

$$w_{xy,\phi}^2 = \frac{4\int_{-\infty}^{\infty}\int_{-\infty}^{\infty}f(x,y)x'y'\mathrm{d}x\mathrm{d}y}{\int_{-\infty}^{\infty}\int_{-\infty}^{\infty}f(x,y)\mathrm{d}x\mathrm{d}y} = \frac{4\int_{-\infty}^{\infty}\int_{-\infty}^{\infty}f(x,y)(x\cos\phi - y\sin\phi)(x\sin\phi + y\cos\phi)\mathrm{d}x\mathrm{d}y}{\int_{-\infty}^{\infty}\int_{-\infty}^{\infty}f(x,y)\mathrm{d}x\mathrm{d}y}$$

$$= \frac{4\cos\phi\sin\phi\int_{-\infty}^{\infty}\int_{-\infty}^{\infty}f(x,y)x^2\mathrm{d}x\mathrm{d}y}{\int_{-\infty}^{\infty}\int_{-\infty}^{\infty}f(x,y)\mathrm{d}x\mathrm{d}y} - \frac{4\cos\phi\sin\phi\int_{-\infty}^{\infty}\int_{-\infty}^{\infty}f(x,y)y^2\mathrm{d}x\mathrm{d}y}{\int_{-\infty}^{\infty}\int_{-\infty}^{\infty}f(x,y)\mathrm{d}x\mathrm{d}y}$$

$$+ \frac{4(\cos^2\phi - \sin^2\phi)\int_{-\infty}^{\infty}\int_{-\infty}^{\infty}f(x,y)xy\mathrm{d}x\mathrm{d}y}{\int_{-\infty}^{\infty}\int_{-\infty}^{\infty}f(x,y)\mathrm{d}x\mathrm{d}y}$$

$$= w_{xy}^2(\cos^2\phi - \sin^2\phi) + (w_{xx}^2 - w_{yy}^2)\cos\phi\sin\phi \qquad (3-88)$$

由式(3-86)和式(3-87)可得

$$w_{xx,\phi}^2 + w_{yy,\phi}^2 \equiv w_{xx}^2 + w_{yy}^2 \equiv w_r^2 \qquad (3-89)$$

$$\begin{bmatrix} w_{xx,\phi}^2 & w_{xy,\phi}^2 \\ w_{xy,\phi}^2 & w_{yy,\phi}^2 \end{bmatrix} = \begin{bmatrix} \cos\phi & -\sin\phi \\ \sin\phi & \cos\phi \end{bmatrix}\begin{bmatrix} w_{xx}^2 & w_{xy}^2 \\ w_{xy}^2 & w_{yy}^2 \end{bmatrix}\begin{bmatrix} \cos\phi & \sin\phi \\ -\sin\phi & \cos\phi \end{bmatrix} \qquad (3-90)$$

1. H-G$_{mn}$ 模式旋转的强度二阶矩

设 H-G$_{mn}$ 模式绕 z 轴旋转角度 ϕ，根据式（3-54）~式（3-56）和式(3-90)，光束旋转后的二阶矩束宽为

$$\begin{bmatrix} w_{xx,\phi}^2 & w_{xy,\phi}^2 \\ w_{xy,\phi}^2 & w_{yy,\phi}^2 \end{bmatrix} = w_s^2\begin{bmatrix} \cos\phi & -\sin\phi \\ \sin\phi & \cos\phi \end{bmatrix}\begin{bmatrix} 2m+1 & 0 \\ 0 & 2n+1 \end{bmatrix}\begin{bmatrix} \cos\phi & \sin\phi \\ -\sin\phi & \cos\phi \end{bmatrix}$$

$$= w_s^2\begin{bmatrix} (2m+1)\cos^2\phi + (2n+1)\sin^2\phi & 2(m-n)\cos\phi\sin\phi \\ 2(m-n)\cos\phi\sin\phi & (2n+1)\cos^2\phi + (2m+1)\sin^2\phi \end{bmatrix}$$

$$(3-91)$$

由于 H-G_{mn} 模式与基模高斯光束具有相同的束腰位置和等相面曲率半径，则二阶矩束腰和二阶矩远场发散半角分别为

$$\begin{bmatrix} w_{0xx,\phi}^2 & w_{0xy,\phi}^2 \\ w_{0xy,\phi}^2 & w_{0yy,\phi}^2 \end{bmatrix} = w_{0s}^2 \begin{bmatrix} \cos\phi & -\sin\phi \\ \sin\phi & \cos\phi \end{bmatrix} \begin{bmatrix} 2m+1 & 0 \\ 0 & 2n+1 \end{bmatrix} \begin{bmatrix} \cos\phi & \sin\phi \\ -\sin\phi & \cos\phi \end{bmatrix}$$

$$= w_{0s}^2 \begin{bmatrix} (2m+1)\cos^2\phi + (2n+1)\sin^2\phi & 2(m-n)\cos\phi\sin\phi \\ 2(m-n)\cos\phi\sin\phi & (2n+1)\cos^2\phi + (2m+1)\sin^2\phi \end{bmatrix}$$

$$(3-92)$$

$$\begin{bmatrix} \theta_{xx,\phi}^2 & \theta_{xy,\phi}^2 \\ \theta_{xy,\phi}^2 & \theta_{yy,\phi}^2 \end{bmatrix} = \theta_s^2 \begin{bmatrix} \cos\phi & -\sin\phi \\ \sin\phi & \cos\phi \end{bmatrix} \begin{bmatrix} 2m+1 & 0 \\ 0 & 2n+1 \end{bmatrix} \begin{bmatrix} \cos\phi & \sin\phi \\ -\sin\phi & \cos\phi \end{bmatrix}$$

$$= \theta_s^2 \begin{bmatrix} (2m+1)\cos^2\phi + (2n+1)\sin^2\phi & 2(m-n)\cos\phi\sin\phi \\ 2(m-n)\cos\phi\sin\phi & (2n+1)\cos^2\phi + (2m+1)\sin^2\phi \end{bmatrix}$$

$$(3-93)$$

2. L-G_{pl} 模式旋转的强度二阶矩

对 L-G_{pl} 模式($l \neq 1$)，光束的二阶矩束半宽是旋转对称的，始终为 $\sqrt{2p+l+1}\, w_s(z)$，其二阶矩束腰半宽为 $\sqrt{2p+l+1}\, w_{0s}$，其二阶矩远场发散半角为 $\sqrt{2p+l+1}\, \theta_s$。

对 L-G_{pl} 模式($l=1$)，根据式(3-67)~式(3-69)和式(3-90)，该光束旋转角度 ϕ 后的二阶矩束宽为

$$\begin{bmatrix} w_{xx,\phi}^2 & w_{xy,\phi}^2 \\ w_{xy,\phi}^2 & w_{yy,\phi}^2 \end{bmatrix} = w_s^2 \begin{bmatrix} \cos\phi & -\sin\phi \\ \sin\phi & \cos\phi \end{bmatrix} \begin{bmatrix} 3(p+1) & 0 \\ 0 & (p+1) \end{bmatrix} \begin{bmatrix} \cos\phi & \sin\phi \\ -\sin\phi & \cos\phi \end{bmatrix}$$

$$= w_s^2 \begin{bmatrix} (p+1)(2\cos^2\phi+1) & (p+1)\sin(2\phi) \\ (p+1)\sin(2\phi) & (p+1)(2\sin^2\phi+1) \end{bmatrix} \quad (3-94)$$

由于 L-G_{mn} 模式与基模高斯光束具有相同的束腰位置和等相面曲率半径，则二阶矩束腰和二阶矩远场发散半角分别为

$$\begin{bmatrix} w_{0xx,\phi}^2 & w_{0xy,\phi}^2 \\ w_{0xy,\phi}^2 & w_{0yy,\phi}^2 \end{bmatrix} = w_{0s}^2 \begin{bmatrix} \cos\phi & -\sin\phi \\ \sin\phi & \cos\phi \end{bmatrix} \begin{bmatrix} 3(p+1) & 0 \\ 0 & (p+1) \end{bmatrix} \begin{bmatrix} \cos\phi & \sin\phi \\ -\sin\phi & \cos\phi \end{bmatrix}$$

$$= w_{0s}^2 \begin{bmatrix} (p+1)(2\cos^2\phi+1) & (p+1)\sin(2\phi) \\ (p+1)\sin(2\phi) & (p+1)(2\sin^2\phi+1) \end{bmatrix}$$

$$(3-95)$$

$$\begin{bmatrix} \theta_{xx,\phi}^2 & \theta_{xy,\phi}^2 \\ \theta_{xy,\phi}^2 & \theta_{yy,\phi}^2 \end{bmatrix} = \theta_s^2 \begin{bmatrix} \cos\phi & -\sin\phi \\ \sin\phi & \cos\phi \end{bmatrix} \begin{bmatrix} 3(p+1) & 0 \\ 0 & (p+1) \end{bmatrix} \begin{bmatrix} \cos\phi & \sin\phi \\ -\sin\phi & \cos\phi \end{bmatrix}$$

$$= \theta_s^2 \begin{bmatrix} (p+1)(2\cos^2\phi+1) & (p+1)\sin(2\phi) \\ (p+1)\sin(2\phi) & (p+1)(2\sin^2\phi+1) \end{bmatrix} \quad (3-96)$$

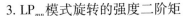

3. LP$_{mn}$ 模式旋转的强度二阶矩

对 LP$_{mn}$ 模式($m \neq 1$),光束的二阶矩是旋转对称的。LP$_{mn}$ 模式($m = 1$),根据式(3-90),该光束的二阶矩束宽随旋转角度 ϕ 而变化。

3.3.6 V 矩阵的定义

为了在表征光束时的方便,10 个二阶强度矩参量可表示为 4×4 对称矩阵形式[27,28],称为光束的二阶强度矩参数矩阵或光束参数矩阵。

$$V = \begin{bmatrix} w_{xx}^2 & w_{xy}^2 & \langle w_x \theta_x \rangle & \langle w_x \theta_y \rangle \\ w_{xy}^2 & w_{yy}^2 & \langle w_y \theta_x \rangle & \langle w_y \theta_y \rangle \\ \langle w_x \theta_x \rangle & \langle w_y \theta_x \rangle & \theta_{xx}^2 & \theta_{xy}^2 \\ \langle w_x \theta_y \rangle & \langle w_y \theta_y \rangle & \theta_{xy}^2 & \theta_{yy}^2 \end{bmatrix} \quad (3-97)$$

V 矩阵又可写为

$$V = \begin{bmatrix} \mathbb{W} & X \\ X^{\mathrm{T}} & U \end{bmatrix} \quad (3-98)$$

式中:上标"T"表示转置;$\mathbb{W}$、X、U 均为 2×2 矩阵,且有

$$\mathbb{W} = \begin{bmatrix} w_{xx}^2 & w_{xy}^2 \\ w_{xy}^2 & w_{yy}^2 \end{bmatrix} \quad (3-99)$$

$$U = \begin{bmatrix} \theta_{xx}^2 & \theta_{xy}^2 \\ \theta_{xy}^2 & \theta_{yy}^2 \end{bmatrix} \quad (3-100)$$

$$X = \begin{bmatrix} \langle w_x \theta_x \rangle & \langle w_x \theta_y \rangle \\ \langle w_y \theta_x \rangle & \langle w_y \theta_y \rangle \end{bmatrix} \quad (3-101)$$

U 为远场发散半角矩阵,可直接由光束的远场光强二阶矩得到。

3.3.7 V 矩阵的 $ABCD$ 定律

设入射光束经过线性光学系统时,其输入、输出光束的 V 矩阵分别为

$$V_{\mathrm{in}} = \begin{bmatrix} \mathbb{W} & X \\ X^{\mathrm{T}} & U \end{bmatrix} \quad (3-102)$$

$$V_{\mathrm{out}} = \begin{bmatrix} \mathbb{W}_{\mathrm{out}} & X_{\mathrm{out}} \\ X_{\mathrm{out}}^{\mathrm{T}} & U_{\mathrm{out}} \end{bmatrix} \quad (3-103)$$

式中:$\mathbb{W}_{\mathrm{out}}$、$X_{\mathrm{out}}$、$U$ 矩阵均为 2×2 矩阵。

当光束通过变换矩阵为 $ABCD$ 的光学系统时,有如下关系:

$$V_{\mathrm{out}} = \begin{bmatrix} A & B \\ C & D \end{bmatrix} V_{\mathrm{in}} \begin{bmatrix} A & B \\ C & D \end{bmatrix}^{\mathrm{T}} \quad (3-104)$$

3.3.8 V 矩阵的旋转变换

若光场相对于坐标系旋转角度 ϕ，光场的二阶矩参数矩阵 $\begin{bmatrix} W & X \\ X^{\mathrm{T}} & U \end{bmatrix}$ 变为

$$
V_\phi = \begin{bmatrix} W_\phi & X_\phi \\ X_\phi^{\mathrm{T}} & U_\phi \end{bmatrix} = \begin{bmatrix} w_{xx,\phi}^2 & w_{xy,\phi}^2 & \langle w_{x,\phi}\theta_{x,\phi}\rangle & \langle w_{x,\phi}\theta_{y,\phi}\rangle \\ w_{xy,\phi}^2 & w_{yy,\phi}^2 & \langle w_{y,\phi}\theta_{x,\phi}\rangle & \langle w_{y,\phi}\theta_{y,\phi}\rangle \\ \langle w_{x,\phi}\theta_{x,\phi}\rangle & \langle w_{y,\phi}\theta_{x,\phi}\rangle & \theta_{xx,\phi}^2 & \theta_{xy,\phi}^2 \\ \langle w_{x,\phi}\theta_{y,\phi}\rangle & \langle w_{y,\phi}\theta_{y,\phi}\rangle & \theta_{xy,\phi}^2 & \theta_{yy,\phi}^2 \end{bmatrix}
$$

$$
= \begin{bmatrix} R(-\phi) & O \\ O & R(-\phi) \end{bmatrix}\begin{bmatrix} W & X \\ X^{\mathrm{T}} & U \end{bmatrix}\begin{bmatrix} R(\phi) & 0 \\ 0 & R(\phi) \end{bmatrix}
$$

$$
= \begin{bmatrix} R(-\phi)WR(\phi) & R(-\phi)XR(\phi) \\ R(-\phi)X^{\mathrm{T}}R(\phi) & R(-\phi)UR(\phi) \end{bmatrix} \tag{3-105}
$$

式中:旋转矩阵为

$$
\begin{bmatrix} R(\phi) & O \\ O & R(\phi) \end{bmatrix} = \begin{bmatrix} \cos\phi & -\sin\phi & 0 & 0 \\ \sin\phi & \cos\phi & 0 & 0 \\ 0 & 0 & \cos\phi & -\sin\phi \\ 0 & 0 & \sin\phi & \cos\phi \end{bmatrix} \tag{3-106}
$$

$$
\begin{bmatrix} R(-\phi) & O \\ O & R(-\phi) \end{bmatrix} = \begin{bmatrix} \cos\phi & \sin\phi & 0 & 0 \\ -\sin\phi & \cos\phi & 0 & 0 \\ 0 & 0 & \cos\phi & \sin\phi \\ 0 & 0 & -\sin\phi & \cos\phi \end{bmatrix} \tag{3-107}
$$

经过整理可得

$$
W_\phi = R(-\phi)WR(\phi) = \begin{bmatrix} w_{xx}^2\cos^2\phi + w_{xy}^2\sin2\phi + w_{yy}^2\sin^2\phi & \frac{1}{2}(w_{yy}^2 - w_{xx}^2)\sin2\phi + w_{xy}^2\cos2\phi \\ \frac{1}{2}(w_{yy}^2 - w_{xx}^2)\sin2\phi + w_{xy}^2\cos2\phi & w_{xx}^2\sin^2\phi - w_{xy}^2\sin2\phi + w_{yy}^2\cos^2\phi \end{bmatrix}
$$

$$\tag{3-108}$$

$$
U_\phi = R(-\phi)UR(\phi) = \begin{bmatrix} \theta_{xx}^2\cos^2\phi + \theta_{xy}^2\sin2\phi + \theta_{yy}^2\sin^2\phi & \frac{1}{2}(\theta_{yy}^2 - \theta_{xx}^2)\sin2\phi + \theta_{xy}^2\cos2\phi \\ \frac{1}{2}(\theta_{yy}^2 - \theta_{xx}^2)\sin2\phi + \theta_{xy}^2\cos2\phi & \theta_{xx}^2\sin^2\phi - \theta_{xy}^2\sin2\phi + \theta_{yy}^2\cos^2\phi \end{bmatrix}
$$

$$\tag{3-109}$$

$$
T_\phi = R(-\phi)TR(\phi) = \begin{bmatrix} \langle w_x\theta_x\rangle\cos^2\phi + (\langle w_x\theta_y\rangle + \langle w_y\theta_x\rangle)\sin\phi\cos\phi + \langle w_y\theta_y\rangle\sin^2\phi & \langle w_y\theta_x\rangle\cos^2\phi - \langle xv\rangle\sin^2\phi + (\langle w_y\theta_y\rangle - \langle w_x\theta_x\rangle)\sin\phi\cos\phi \\ \langle w_x\theta_y\rangle\cos^2\phi - \langle w_y\theta_x\rangle\sin^2\phi + (\langle w_y\theta_y\rangle - \langle w_x\theta_x\rangle)\sin\phi\cos\phi & \langle w_x\theta_x\rangle\sin^2\phi - (\langle w_x\theta_y\rangle + \langle w_y\theta_x\rangle)\sin\phi\cos\phi + \langle w_y\theta_y\rangle\cos^2\phi \end{bmatrix}
$$

$$\tag{3-110}$$

3.3.9　V 矩阵的自由空间传输变换

设入射光束的 V 矩阵为

$$V_{\text{in}} = \begin{bmatrix} \mathbb{W}_{\text{in}} & X_{\text{in}} \\ X_{\text{in}}^{\mathrm{T}} & U_{\text{in}} \end{bmatrix} \qquad (3-111)$$

在自由空间传输距离 l 的 $ABCD$ 矩阵为

$$S = \begin{bmatrix} \mathbb{I} & L \\ \mathbb{O} & \mathbb{I} \end{bmatrix} \qquad (3-112)$$

式中：L 为距离矩阵，且有

$$L = \begin{bmatrix} l & 0 \\ 0 & l \end{bmatrix} \qquad (3-113)$$

将式（3-112）和式（3-113）代入式（3-104），可得光束在自由空间传输距离 l 后的 V 矩阵为

$$V_{\text{out}} = \begin{bmatrix} \mathbb{W}_{\text{in}} + l(X_{\text{in}} + X_{\text{in}}^{\mathrm{T}}) + l^2 U_{\text{in}} & X_{\text{in}} + l U_{\text{in}} \\ X_{\text{in}}^{\mathrm{T}} + l U_{\text{in}} & U_{\text{in}} \end{bmatrix} \qquad (3-114)$$

可见，光束在自由空间传输时远场发散半角矩阵保持不变，而光斑半宽矩阵随传输距离而变。

3.3.10　V 矩阵的薄透镜变换

设入射光束的 V 矩阵为

$$V_{\text{in}} = \begin{bmatrix} \mathbb{W}_{\text{in}} & X_{\text{in}} \\ X_{\text{in}}^{\mathrm{T}} & U_{\text{in}} \end{bmatrix} \qquad (3-115)$$

薄透镜的 $ABCD$ 矩阵为

$$F_{\text{lens}} = \begin{bmatrix} \mathbb{I} & \mathbb{O} \\ F & \mathbb{I} \end{bmatrix} \qquad (3-116)$$

式中：F 为薄透镜矩阵，且有

$$F = \begin{bmatrix} f_x & 0 \\ 0 & f_y \end{bmatrix} \qquad (3-117)$$

式中：f_x 为 x 轴方向的焦距；f_y 为 y 轴方向的焦距。

将式（3-116）和式（3-117）代入式（3-104），可得光束经过薄透镜后的 V 矩阵为

$$V_{\text{out}} = \begin{bmatrix} \mathbb{I} & \mathbb{O} \\ F & \mathbb{I} \end{bmatrix} \begin{bmatrix} \mathbb{W}_{\text{in}} & X_{\text{in}} \\ X_{\text{in}}^{\mathrm{T}} & U_{\text{in}} \end{bmatrix} \begin{bmatrix} \mathbb{I} & \mathbb{O} \\ F & \mathbb{I} \end{bmatrix}^{\mathrm{T}} = \begin{bmatrix} \mathbb{I} & \mathbb{O} \\ F & \mathbb{I} \end{bmatrix} \begin{bmatrix} \mathbb{W}_{\text{in}} & X_{\text{in}} \\ X_{\text{in}}^{\mathrm{T}} & U_{\text{in}} \end{bmatrix} \begin{bmatrix} \mathbb{I} & F \\ \mathbb{O} & \mathbb{I} \end{bmatrix}$$

$$= \begin{bmatrix} \mathbb{W}_{in} & \mathbb{X}_{in} \\ F\,\mathbb{W}_{in} + \mathbb{X}_{in}^T & F\,\mathbb{X}_{in} + U_{in} \end{bmatrix} \begin{bmatrix} I & F \\ 0 & I \end{bmatrix}$$

$$= \begin{bmatrix} \mathbb{W}_{in} & \mathbb{W}_{in}F + \mathbb{X}_{in} \\ F\,\mathbb{W}_{in} + \mathbb{X}_{in}^T & F\,\mathbb{W}_{in}F + \mathbb{X}_{in}^T F + F\,\mathbb{X}_{in} + U_{in} \end{bmatrix} \qquad (3-118)$$

可见,光束经过薄透镜时,光斑尺寸保持不变,而远场发散半角矩阵发生了变化。

3.4 任意阶强度矩

二维光束的任意阶强度矩[1,29]为

$$\langle x^m y^n \rangle = \frac{4}{P} \int_{-\infty}^{\infty} \int_{-\infty}^{\infty} (x - \langle x \rangle)^m (y - \langle y \rangle)^n I(x,y,z) \mathrm{d}x \mathrm{d}y \qquad (3-119)$$

$$\langle \theta_x^m \theta_y^n \rangle = \frac{4}{P} \int_{-\infty}^{\infty} \int_{-\infty}^{\infty} (\theta_x - \langle \theta_x \rangle)^m (\theta_y - \langle \theta_y \rangle)^n I_F(\theta_x,\theta_y,z) \mathrm{d}\theta_x \mathrm{d}\theta_y$$

$$= \frac{4\lambda^{m+n}}{P} \int_{-\infty}^{\infty} \int_{-\infty}^{\infty} (f_x - \langle f_x \rangle)^m (f_y - \langle f_y \rangle)^n I_F(\lambda f_x, \lambda f_y, z) \mathrm{d}f_x \mathrm{d}f_y \qquad (3-120)$$

式中:m、n 为非负整数。当 $m+n=2$ 时,从式(3-119)~式(3-120)可获得光束的二阶矩[10]。

3.5 强度矩传输的 *ABCD* 定理

利用广义衍射积分公式[30],$z=0$ 处的光场 $E(x_1,y_1,0)$ 经过传输矩阵为 $\begin{pmatrix} A & B \\ C & D \end{pmatrix}$ 的光学系统后变为

$$E(x_2,z) = \sqrt{\frac{\mathrm{i}}{\lambda B}} \mathrm{e}^{-\frac{\mathrm{i}k D x_2^2}{2B}} \int E(x_1,0) \mathrm{e}^{-\frac{\mathrm{i}k}{2B}(A x_1^2 - 2x_1 x_2)} \mathrm{d}x_1 \qquad (3-121)$$

根据傅里叶变换

$$\begin{cases} E_F(\theta) = \dfrac{k}{2\pi} \int E(x) \mathrm{e}^{\mathrm{i}k x \theta} \mathrm{d}x \\ E(x) = \int E_F(\theta) \mathrm{e}^{-\mathrm{i}k x \theta} \mathrm{d}\theta \end{cases} \qquad (3-122)$$

对应的共轭频域广义衍射积分为

$$E_2^*(\theta_2,z) = \sqrt{\frac{\mathrm{i}}{\lambda C}} \mathrm{e}^{\frac{\mathrm{i}k A \theta_2^2}{2C}} \int E_{1F}(\theta_1,0) \mathrm{e}^{-\frac{\mathrm{i}k}{2C}(D\theta_1^2 - 2\theta_1 \theta_2)} \mathrm{d}\theta_1 \qquad (3-123)$$

比较式(3-121)和式(3-123)可得对应关系 $x_i \to \theta_i, \theta_i \to x_i, A \to D, B \to C$, $C \to B, D \to A$。这样对一个确定的 $g(x_i, \theta_i)$，其共轭 $g(\theta_i, x_i)$ 可由上述对应关系得到。

利用傅里叶变换改写强度矩：

$$\langle x^m \theta^n \rangle = \frac{1}{2P(ik)^n} \int x^m E(x,z) \frac{\partial^n}{\partial x^n} E^*(x,z) dx + c.c.$$

$$\langle x^m \theta^n \rangle = \frac{1}{2P(ik)^m} \int \theta^n E_F^*(\theta,z) \frac{\partial^m}{\partial \theta^m} E_F(\theta,z) d\theta + c.c. \qquad (3-124)$$

式中：$P = \int_{-\infty}^{\infty} EE^* dx$。

由广义衍射积分式(3-121)可得

$$\frac{\partial^n E_2^*}{\partial x_2^n} = \sqrt{\frac{i}{\lambda B}} \int E_1^*(x_1,z) e^{\frac{ik}{2B}\left(Ax_1^2 - \frac{x_1}{D}\right)} \frac{\partial^n}{\partial x_2^n} e^{\frac{ik}{2BD}(x_1 - Dx_2)^2} dx_1 \qquad (3-125)$$

根据 Rodrigues 公式，厄米多项式可以表示为

$$H_n(x) = (-1)^n e^{x^2} \frac{d^n}{dx^n} e^{-x^2} \qquad (3-126)$$

由式(3-121)、(3-124)~式(3-126)，可得传输后的强度矩为

$$\langle x_2^m \theta_2^n \rangle = \frac{1}{2P(ik)^n} \frac{k}{2\pi B} \int x_2^m E_1(x_1) E_1^*(x'_1)$$

$$\times e^{-\frac{ik}{2B}[A(x_1^2 - x_1'^2) - 2x_2(x_1 - x'_1)]} (-1)^n$$

$$\times \left(\frac{ik}{2B}\right)^{n/2} H_n(y) dx_1 dx'_1 dx_2 + c.c. \qquad (3-127)$$

式中：$y = \left(\frac{ik}{2BD}\right)^{1/2} (x'_1 - Dx_2)$。

这是一个光学系统中在光场传输前后的一般关系。据此可以解出传输前后 $m+n$ 阶强度矩的关系。

以 $\langle x_2^m \theta_2^0 \rangle$ 为例，在 $n=0$ 时，利用 δ 函数的性质

$$\int x_2^m e^{i(x_1 - x'_1)x_2\beta} dx = \frac{2\pi}{i^m \beta^{m+1}} \frac{\partial^m}{\partial x_1'^m} \delta(x_1 - x'_1)$$

$$\int f(x_1) \frac{\partial^m}{\partial x_1'^m} \delta(x_1 - x'_1) = (-1)^m \frac{\partial^m}{\partial x_1'^m} f(x_1) \Big|_{x_1 = x'_1} \qquad (3-128)$$

可得

$$\langle x_2^m \rangle = \frac{1}{2P} \left(\frac{B}{ik}\right)^m \int E_1(x_1) \frac{\partial^m}{\partial x_1'^m} \{ E_1^*(x'_1) e^{-i\Psi} \} \Big|_{x'_1 = x_1} dx_1 + c.c. \qquad (3-129)$$

式中：$\Psi = (kA/2B^2)(x_1'^2 - x_1^2)$。

再次利用 Rodrigues 公式(3-126)可得

$$\langle x_2^m \rangle = \frac{1}{2P} \left(\frac{B}{jk} \right)^m \int E_1(x_1) \sum_{v=0}^{m} C_m^v \left(\frac{\partial^v E_1^{*}(x_1)}{\partial x_1^v} \right) \left(\frac{ikA}{B} \right)^{(m-v)/2} (-1)^{m-v} H_{m-v}(Z) dx_1 + \text{c. c.}$$

$$(3-130)$$

式中:$Z = (ikA/B)^{1/2} - x_1$。

插入厄米多项式

$$\langle x_2^m \rangle = \frac{1}{2P} \sum_{v=0}^{m} \frac{A^v B^{m-v}}{(ik)^{m-v}} \int \Big\{ C_m^{m-v} x_1^v E_1 E_1^{*(m-v)} + \frac{1}{2^v} K_{v+1}^{(v-1)} C_m^{m-v-1} E_1 E_1^{*(m-v-1)} $$
$$+ \frac{1}{2^v} K_{v+2}^{(v-2)} C_m^{m-v-2} E_1 E_1^{*(m-v-2)} + \cdots + \frac{1}{2^v} K_{2v}^{(0)} C_m^{m-2v} E_1 E_1^{*(m-2v)} \Big\} dx_1 + \text{c. c.}$$

$$(3-131)$$

式中:$K_q^{(p)}$ 为厄米多项式系数的绝对值,当 $q > m, p < 0$ 时为 0。

$$K_q^{(p)} = \frac{2^p q!}{(q - p/2)! \ p!}, E_1^{*(p)} = \frac{\partial^p}{\partial x^p} F_1^{*}(x)$$

利用强度矩定义,第一项可以表示为

$$\frac{1}{2P} \sum_{v=0}^{m} \frac{A^v B^{m-v}}{(jk)^{m-v}} C_m^{m-v} \int x_1^v E_1 E_1^{*(m-v)} dx_1 = \sum_{v=0}^{m} A^v B^{m-v} C_m^{m-v} \langle x_1^m \theta_1^n \rangle$$
$$= \langle (Ax_1 + B\theta_1)^m \rangle$$

$$(3-132)$$

这样

$$\langle x_2^m \rangle = \langle (Ax_1 + B\theta_1)^m \rangle + F_m(\theta_1, x_1, A, B, k)$$

$$(3-133)$$

式中

$$F_m = \frac{1}{2P} \sum_{v=1}^{m-1} \frac{A^v B^{m-v}}{2^v (ik)^{m-v}} \cdot \int \sum_{\mu=1}^{v} K_{v+\mu}^{(v-\mu)} C_m^{m-v-\mu} x_1^{v-\mu} E_1 E_1^{*(m-v-\mu)} dx_1 + \text{c. c.}$$

$$(3-134)$$

F_m 的前 8 项列于表 3-1。

表 3-1 F_m 的前 8 项

M	$F_m(x_1, \theta_1, A, B, k)$
1	0
2	0
3	0
4	$3A^2 B^2 / k^2$
5	$15A^2 B^2 \langle (Ax_1 + B\theta_1) \rangle / k^2$
6	$45A^2 B^2 \langle (Ax_1 + B\theta_1)^2 \rangle / k^2$
7	$105A^2 B^2 \langle (Ax_1 + B\theta_1)^3 \rangle / k^2$
8	$210A^2 B^2 \{ \langle (Ax_1 + B\theta_1)^4 \rangle + 5A^2 B^2 / 2k^2 \} / k^2$

根据共轭对应关系

$$\langle \theta_2^m \rangle = \langle (Cx_1 + D\theta_1)^m \rangle + F_m(x_1, \theta_1, D, C, k)$$

$$(3-135)$$

可得各阶强度矩在 $ABCD$ 光学系统中的传输规律如下:

1. 一阶矩传输。光强一阶矩通过近轴 $ABCD$ 光学系统的传输和变换遵循 $ABCD$ 定律:

$$\begin{bmatrix} \langle x \rangle_2 \\ \langle \theta \rangle_2 \end{bmatrix} = \begin{bmatrix} A & B \\ C & D \end{bmatrix} \begin{bmatrix} \langle x \rangle_1 \\ \langle \theta \rangle_1 \end{bmatrix} \qquad (3-136)$$

光强一阶矩通过近轴 $ABCD$ 光学系统中的传输和变换遵循 $ABCD$ 定律:

$$\begin{bmatrix} \langle x_2 \rangle \\ \langle y_2 \rangle \\ \langle \theta_{xx2} \rangle \\ \langle \theta_{yy2} \rangle \end{bmatrix} = \begin{bmatrix} A & B \\ C & D \end{bmatrix} \begin{bmatrix} \langle x_1 \rangle \\ \langle y_1 \rangle \\ \langle \theta_{xx1} \rangle \\ \langle \theta_{yy1} \rangle \end{bmatrix} \qquad (3-137)$$

式中:$\begin{bmatrix} A & B \\ C & D \end{bmatrix} = \begin{bmatrix} A_{11} & A_{12} & B_{11} & B_{12} \\ A_{21} & A_{22} & B_{21} & B_{22} \\ C_{11} & C_{12} & D_{11} & D_{12} \\ C_{21} & C_{22} & D_{21} & D_{22} \end{bmatrix}$ 为光学系统的 $ABCD$ 矩阵。

或写为

$$\begin{cases} \langle x_2 \rangle = A_{11} \langle x_1 \rangle + A_{12} \langle y_1 \rangle + B_{11} \langle \theta_{xx1} \rangle + B_{12} \langle \theta_{yy1} \rangle \\ \langle y_2 \rangle = A_{21} \langle x_1 \rangle + A_{22} \langle y_1 \rangle + B_{21} \langle \theta_{xx1} \rangle + B_{22} \langle \theta_{yy1} \rangle \\ \langle \theta_{xx2} \rangle = C_{11} \langle x_1 \rangle + C_{12} \langle y_1 \rangle + D_{11} \langle \theta_{xx1} \rangle + D_{12} \langle \theta_{yy1} \rangle \\ \langle \theta_{yy2} \rangle = C_{21} \langle x_1 \rangle + C_{22} \langle y_1 \rangle + D_{21} \langle \theta_{xx1} \rangle + D_{22} \langle \theta_{yy1} \rangle \end{cases} \qquad (3-138)$$

由式(3-136)和式(3-137)可以看出,在近轴光学系统中传输时,光场的一阶矩具有和几何光学中光线相同的传输规律。

在实际应用中,只要光学系统是准直的光学系统,就可以通过合理选择坐标系使一阶强度矩为 0,进而略去。因此以下的讨论中一阶强度矩都假定为 0。

2. 二阶矩传输。由上述推导,二阶矩的传输变换可为

$$\langle x^2 \rangle_2 = A^2 \langle x^2 \rangle_1 + 2AB \langle x\theta_x \rangle_1 + B^2 \langle \theta_x^2 \rangle_1 \qquad (3-139)$$

$$\langle \theta_x^2 \rangle_2 = C^2 \langle x^2 \rangle_1 + 2CD \langle x\theta_x \rangle_1 + D^2 \langle \theta_x^2 \rangle_1 \qquad (3-140)$$

$$\langle x\theta_x \rangle_2 = AC \langle x^2 \rangle_1 + (AD + BC) \langle x\theta_x \rangle_1 + BD \langle \theta_x^2 \rangle_1 \qquad (3-141)$$

对高斯光束,当初始位置对应束腰时,有 $\langle w_x\theta_x \rangle_1 = 0$,在自由空间中 $ABCD$ 矩阵为 $\begin{bmatrix} 1 & z \\ 0 & 1 \end{bmatrix}$。这样二阶矩在自由空间的传输简化为

$$w_{xx2}^2 = w_{xx1}^2 + z^2 \theta_{xx1}^2 \qquad (3-142)$$

$$\theta_{xx2}^2 = \theta_{xx1}^2 \qquad (3-143)$$

$$\langle w_x\theta_x \rangle_2 = z\theta_{xx1}^2 \qquad (3-144)$$

3. 三阶矩传输：

$$\langle x^3 \rangle_2 = \langle (Ax + B\theta_x)^3 \rangle_1 \tag{3-145}$$

$$\langle \theta_x^3 \rangle_2 = \langle (Cx + D\theta_x)^3 \rangle_1 \tag{3-146}$$

$$\langle x^2\theta_x \rangle_2 = \langle (Ax + B\theta_x)^2 (Cx + D\theta_x) \rangle_1 \tag{3-147}$$

$$\langle x\theta_x^2 \rangle_2 = \langle (Ax + B\theta_x)(Cx + D\theta_x)^2 \rangle_1 \tag{3-148}$$

4. 四阶矩传输：

$$\langle x^4 \rangle_2 = \langle (Ax + B\theta_x)^4 \rangle_1 + 3A^2B^2/k^2 \tag{3-149}$$

$$\langle \theta_x^4 \rangle_2 = \langle (Cx + D\theta_x)^4 \rangle_1 + 3C^2D^2/k^2 \tag{3-150}$$

$$\langle x^3\theta_x \rangle_2 = \langle (Ax + B\theta_x)^3 (Cx + D\theta_x) \rangle_1 + 3AB(AD + BC)/2k^2 \tag{3-151}$$

$$\langle x^2\theta_x^2 \rangle_2 = \langle (Ax + B\theta_x)^2 (Cx + DB\theta_x)^2 \rangle_1 + 3ABCD/k^2 \tag{3-152}$$

$$\langle x\theta_x^3 \rangle_2 = \langle (Ax + B\theta_x)(Cx + D\theta_x)^3 \rangle_1 + 3DC(AD + BC)/2k^2 \tag{3-153}$$

3.6 强度矩描述的光束特征参数

3.6.1 束半宽平方矩阵

根据光场在某一位置的强度分布，可以得到该位置处光场在 x 轴方向、y 轴方向、交叉方向和 r 径向的束半宽分别为

$$w_{xx}^2(z) = \frac{4\int_{-\infty}^{\infty}\int_{-\infty}^{+\infty} x^2 I(x,y,z)\,\mathrm{d}x\mathrm{d}y}{\int_{-\infty}^{\infty}\int_{-\infty}^{+\infty} I(x,y,z)\,\mathrm{d}x\mathrm{d}y} \tag{3-154}$$

$$w_{yy}^2(z) = \frac{4\int_{-\infty}^{\infty}\int_{-\infty}^{+\infty} y^2 I(x,y,z)\,\mathrm{d}x\mathrm{d}y}{\int_{-\infty}^{\infty}\int_{-\infty}^{+\infty} I(x,y,z)\,\mathrm{d}x\mathrm{d}y} \tag{3-155}$$

$$w_{xy}^2(z) = \frac{4\int_{-\infty}^{\infty}\int_{-\infty}^{+\infty} xy I(x,y,z)\,\mathrm{d}x\mathrm{d}y}{\int_{-\infty}^{\infty}\int_{-\infty}^{+\infty} I(x,y,z)\,\mathrm{d}x\mathrm{d}y} \tag{3-156}$$

$$w_{rr}^2(z) = w_{xx}^2(z) + w_{yy}^2(z) = \frac{4\int_{-\infty}^{\infty}\int_{-\infty}^{+\infty} (x^2 + y^2) I(x,y,z)\,\mathrm{d}x\mathrm{d}y}{\int_{-\infty}^{\infty}\int_{-\infty}^{+\infty} I(x,y,z)\,\mathrm{d}x\mathrm{d}y} \tag{3-157}$$

由式(3-154)~式(3-156)可得束半宽平方矩阵为

$$\mathbb{W} = \begin{bmatrix} w_{xx}^2(z) & w_{xy}^2(z) \\ w_{xy}^2(z) & w_{yy}^2(z) \end{bmatrix} \tag{3-158}$$

采用二阶强度矩定义束半宽的一个重要优点是 *ABCD* 定律的适用性,即二阶强度矩定义的束半宽在一阶光学系统中的传输满足 *ABCD* 定律。或者说,当光束在一阶光学系统中传输时,其传输到任意位置处的束半宽都可以根据 *ABCD* 定律求出。

3.6.2　远场发散半角平方矩阵

原则上,精确测出光束在三个以上位置的束半宽,即可获得光束的远场发散半角。根据国际标准化组织的有关标准,为了保证测量精度,至少测 10 次,必须有至少 5 次处于光束瑞利长度内。在各个方位角 ϕ 下,束宽的双曲线拟合公式如下:

$$w_{xx,\phi}{}^2 = A_{xx,\phi}z^2 + B_{xx,\phi}z + C_{xx,\phi} \tag{3-159}$$

$$w_{yy,\phi}{}^2 = A_{yy,\phi}z^2 + B_{yy,\phi}z + C_{yy,\phi} \tag{3-160}$$

$$w_{xy,\phi}{}^2 = A_{xy,\phi}z^2 + B_{xy,\phi}z + C_{xy,\phi} \tag{3-161}$$

$$w_{r,\phi}{}^2 = A_{r,\phi}z^2 + B_{r,\phi}z + C_{r,\phi} \tag{3-162}$$

用数理统计的知识求出双曲线的系数 $A_{xx,yy,xy,r,\phi}$、$B_{xx,yy,xy,r,\phi}$ 和 $C_{xx,yy,xy,r,\phi}$ 后,束腰半宽平方 $w^2_{0xx,0yy,0xy,0r,\phi}$、位置 $z_{0xx,0yy,0xy,0r,\phi}$、远场发散角 $\theta^2_{xx,yy,xy,r,\phi}$ 及 $M^4_{xx,yy,xy,r,\phi}$ 因子如下:

$$w^2_{0xx,0yy,0xy,0r,\phi} = C_{xx,yy,xy,r,\phi} - \frac{B_{xx,yy,xy,r,\phi}{}^2}{4A_{xx,yy,xy,r,\phi}} \tag{3-163}$$

$$z_{0xx,0yy,0xy,0r,\phi} = -\frac{B_{xx,yy,xy,r,\phi}}{2A_{xx,yy,xy,r,\phi}} \tag{3-164}$$

$$\theta^2_{xx,yy,xy,r,\phi} = A_{xx,yy,xy,r,\phi} \tag{3-165}$$

由式(3-165)可得束发散半角平方矩阵为

$$U = \begin{bmatrix} \theta^2_{xx} & \theta^2_{xy} \\ \theta^2_{xy} & \theta^2_{yy} \end{bmatrix} \tag{3-166}$$

在自由空间传输时激光束的 U 矩阵保持不变。

3.6.3　束宽和远场发散半角的主方位角

在二阶强度矩参数矩阵中,有

$$V(z) = \begin{bmatrix} \mathbb{W}(z) & \mathbb{X}^{\mathrm{T}}(z) \\ \mathbb{X}(z) & \mathbb{U}(z) \end{bmatrix} = \begin{bmatrix} w^2_{xx}(z) & w^2_{xy}(z) & \langle w_x\theta_x\rangle(z) & \langle w_x\theta_y\rangle(z) \\ w^2_{xy}(z) & w^2_{yy}(z) & \langle w_y\theta_x\rangle(z) & \langle w_y\theta_y\rangle(z) \\ \langle w_x\theta_x\rangle(z) & \langle w_y\theta_x\rangle(z) & \theta^2_{xx} & \theta^2_{xy} \\ \langle w_x\theta_y\rangle(z) & \langle w_y\theta_y\rangle(z) & \theta^2_{xy} & \theta^2_{yy} \end{bmatrix}$$

$$\tag{3-167}$$

主对角线上的四个二阶强度矩矩阵元描述光束在束宽和远场发散角的特性。将坐标系旋转矩阵

$$R = \begin{bmatrix} \cos\phi & \sin\phi & 0 & 0 \\ -\sin\phi & \cos\phi & 0 & 0 \\ 0 & 0 & \cos\phi & \sin\phi \\ 0 & 0 & -\sin\phi & \cos\phi \end{bmatrix} \qquad (3-168)$$

代入二阶强度矩矩阵 V，可得在坐标系旋转后的系统中的二阶强度矩矩阵

$$V_\theta = RVR^{\mathrm{T}} \qquad (3-169)$$

以及二阶强度矩交叉项，即

$$w_{xy,\phi}^2 = \cos(2\phi) \cdot 2w_{xy}^2 - \sin(2\phi) \cdot (w_{xx}^2 - w_{yy}^2) \qquad (3-170)$$

式中：w_{xx}^2、w_{yy}^2 和 w_{xy}^2 为旋转前的二阶光强矩。

令 $w_{xy,\phi}^2 = 0$，可得实现光斑对角化坐应旋转的角度为

$$\tan(2\phi_w) = \frac{2w_{xy}^2}{w_{xx}^2 - w_{yy}^2} \qquad (3-171)$$

式中：ϕ_w 为光束束宽的方位角，且有

$$\phi_w = (1/2)\arctan\frac{2w_{xy}^2}{w_{xx}^2 - w_{yy}^2} \qquad (3-172)$$

3.6.4 束腰位置和束腰半径

像散光束的束腰位置、束腰半径可由光束的 V 矩阵元素求出：

$$w_{0x}^2 = w_{xx}^2 - \frac{\langle w_x\theta_x \rangle^2}{\theta_{xx}^2} \qquad (3-173)$$

$$w_{0y}^2 = w_{yy}^2 - \frac{\langle w_y\theta_y \rangle^2}{\theta_{yy}^2} \qquad (3-174)$$

$$w_{0xy}^2 = w_{xy}^2 - \frac{(\langle w_x\theta_y \rangle + \langle w_y\theta_x \rangle)^2}{4\theta_{xy}^2} \qquad (3-175)$$

$$w_{0r}^2 = w_r^2 - \frac{\langle w_r\theta_r \rangle^2}{\theta_r^2} \qquad (3-176)$$

$$l_{0x} = -\frac{\langle w_x\theta_x \rangle}{\theta_{xx}^2} \qquad (3-177)$$

$$l_{0y} = -\frac{\langle w_y\theta_y \rangle}{\theta_{yy}^2} \qquad (3-178)$$

$$l_{0xy} = -\frac{\langle w_x\theta_y \rangle + \langle w_y\theta_x \rangle}{2\theta_{xy}^2} \qquad (3-179)$$

$$l_{0r} = -\frac{\langle w_r\theta_r \rangle}{\theta_r^2} \qquad (3-180)$$

在多点拟合法测量光束的 M 曲线时,只需测出光束在不同位置处的 $\mathbb{W}$ 矩阵元素,利用式(3–173)和式(3–174)就可得到光束的束腰宽度,利用式(3–177)和式(3–178)就可得到束腰位置。

3.6.5 瑞利长度

光束的瑞利长度的定义为光束束半宽平方是束腰处束半宽平方的 2 倍时光束传输的距离。若 $z=0$ 处为光束的束腰位置,则有

$$w_{xx}^2(z) = w_{0xx}^2 + z^2\theta_{xx}^2 \tag{3–181}$$

若令瑞利距离为 Z_{0xx},则有

$$w_{xx}^2(z = Z_{0xx}) = 2w_{0xx}^2 \tag{3–182}$$

由式(3–181)和式(3–182)可得光束的瑞利长度为

$$Z_{0xx}^2 = \frac{w_{0xx}^2}{\theta_{xx}^2} \tag{3–183}$$

同理可得

$$Z_{0yy}^2 = \frac{w_{0yy}^2}{\theta_{yy}^2} \tag{3–184}$$

$$Z_{0r}^2 = \frac{w_{0r}^2}{\theta_r^2} \tag{3–185}$$

也可用任意截面处的二阶矩表示瑞利长度,即

$$Z_{0xx}{}^2 = \frac{w_{xx}^2}{\theta_{xx}^2} - \frac{\langle w_x\theta_x\rangle^2}{(\theta_{xx}^2)^2} \tag{3–186}$$

同理,可得

$$Z_{0yy}{}^2 = \frac{w_{yy}^2}{\theta_{yy}^2} - \frac{\langle w_y\theta_y\rangle^2}{(\theta_{yy}^2)^2} \tag{3–187}$$

$$Z_{0r}{}^2 = \frac{w_r^2}{\theta_r^2} - \frac{\langle w_r\theta_r\rangle^2}{(\theta_r^2)^2} \tag{3–188}$$

实际测量中,在多点拟合法测量光束的 M 曲线时,只需测出光束在不同位置处的 $\mathbb{W}$ 矩阵元素,从而得到 V 矩阵的各个元素,利用式(3–186)~式(3–188)可得到光束的在 x 轴方向、y 轴方向和 r 径向的瑞利长度。

3.6.6 等效曲率半径

光束的等效曲率半径也可由二阶矩表示。根据 A. E. Siegman 的定义,任意光束的等效曲率半径应具有如下特性[11]:

(1)在自由空间传输时,它遵循高斯光束曲率半径的传输定律,即

$$R(z) = (z - z_0) + z_R^2/(z - z_0) \tag{3–189}$$

式中:z_0 为束腰位置。

（2）在光束的束腰位置有效曲率半径的倒数即有效曲率应该为 0。

（3）如果一个焦距为有效曲率半径的薄透镜作用于光束,输出光束的远场发散角应具有最小值。

下面推导满足以上特性的有效曲率半径。

焦距为 f 的球面薄透镜的矩阵:

$$S_{sph} = \begin{pmatrix} \mathbb{I} & \mathbb{O} \\ \mathbb{F} & \mathbb{I} \end{pmatrix} = \begin{bmatrix} 1 & 0 & 0 & 0 \\ 0 & 1 & 0 & 0 \\ -1/f & 0 & 1 & 0 \\ 0 & -1/f & 0 & 1 \end{bmatrix} \tag{3-190}$$

式中:$\mathbb{F}$ 为透镜的焦距矩阵。

设入射光束的二阶强度矩参数矩阵为

$$V(z) = \begin{bmatrix} \mathbb{W}(z) & \mathbb{X}^T(z) \\ \mathbb{X}(z) & \mathbb{U}(z) \end{bmatrix} = \begin{bmatrix} w_{xx}^2 & w_{xy}^2 & \langle w_x\theta_x \rangle & \langle w_x\theta_y \rangle \\ w_{xy}^2 & w_{yy}^2 & \langle w_y\theta_x \rangle & \langle w_y\theta_y \rangle \\ \langle w_x\theta_x \rangle & \langle w_y\theta_x \rangle & \theta_{xx}^2 & \theta_{xy}^2 \\ \langle w_x\theta_y \rangle & \langle w_y\theta_y \rangle & \theta_{xy}^2 & \theta_{yy}^2 \end{bmatrix} \tag{3-191}$$

式中,主对角线上的四个二阶强度矩矩阵元描述光束在束宽和远场发散角的特性。光束通过薄透镜后,其矩阵变为

$$V_f = S_{sph} V S_{sph}^{\ T} \tag{3-192}$$

输出光束的矩阵可进一步表示为

$$V_f = \begin{bmatrix} w_{xx}^2 & w_{xy}^2 & \langle w_x\theta_x \rangle - \dfrac{w_{xx}^2}{f} & \langle w_x\theta_y \rangle - \dfrac{w_{xy}^2}{f} \\ w_{xy}^2 & w_{yy}^2 & \langle w_y\theta_x \rangle - \dfrac{w_{xy}^2}{f} & \langle w_y\theta_y \rangle - \dfrac{w_{yy}^2}{f} \\ \langle w_x\theta_x \rangle - \dfrac{w_{xx}^2}{f} & \langle w_y\theta_x \rangle - \dfrac{w_{xy}^2}{f} & \dfrac{w_{xx}^2}{f^2} - \dfrac{2\langle w_x\theta_x \rangle}{f} + \theta_{xx}^2 & \theta_{xy}^2 - \dfrac{\langle w_x\theta_y \rangle + \langle w_y\theta_x \rangle}{f} + \dfrac{w_{xy}^2}{f^2} \\ \langle w_x\theta_y \rangle - \dfrac{w_{xy}^2}{f} & \langle w_y\theta_y \rangle - \dfrac{w_{yy}^2}{f} & \theta_{xy}^2 - \dfrac{\langle w_x\theta_y \rangle + \langle w_y\theta_x \rangle}{f} + \dfrac{w_{xy}^2}{f^2} & \dfrac{w_{yy}^2}{f^2} - \dfrac{2\langle w_y\theta_y \rangle}{f} + \theta_{yy}^2 \end{bmatrix} \tag{3-193}$$

可见,光束经过薄透镜时,光斑束宽矩阵不变,发散角矩阵元变为

$$\theta_{xx,f}^2 = \frac{w_{xx}^2}{f^2} - \frac{2\langle w_x\theta_x \rangle}{f} + \theta_{xx}^2 \tag{3-194}$$

$$\theta_{yy,f}^2 = \frac{w_{yy}^2}{f^2} - \frac{2\langle w_y\theta_y \rangle}{f} + \theta_{yy}^2 \tag{3-195}$$

为求得式（3-194）和式（3-195）的极值,两边对 $1/f$ 的求导,可得

$$\frac{\mathrm{d}\theta_{xx,f}^2}{\mathrm{d}(1/f)} = 2(1/f) \cdot w_{xx}^2 - 2\langle w_x\theta_x\rangle = 0 \tag{3-196}$$

$$\frac{\mathrm{d}\theta_{yy,f}^2}{\mathrm{d}(1/f)} = 2(1/f) \cdot w_{yy}^2 - 2\langle w_y\theta_y\rangle = 0 \tag{3-197}$$

求解得到满足式(3-196)和式(3-197)的焦距:

$$f_x = w_{xx}^2/\langle w_x\theta_x\rangle \tag{3-198}$$

$$f_y = w_{yy}^2/\langle w_y\theta_y\rangle \tag{3-199}$$

使光束的发散角不变的焦距对应了光束的有效曲率半径:

$$R_x = w_{xx}^2/\langle w_x\theta_x\rangle \tag{3-200}$$

$$R_y = w_{yy}^2/\langle w_y\theta_y\rangle \tag{3-201}$$

由式(3-193)可得

$$\langle w_{x,f}\theta_{x,f}\rangle = \langle w_x\theta_x\rangle - \frac{1}{f} \cdot w_{xx}^2 \tag{3-202}$$

$$\langle w_{y,f}\theta_{y,f}\rangle = \langle w_y\theta_y\rangle - \frac{1}{f} \cdot w_{yy}^2 \tag{3-203}$$

由于光束的强度分布在经过薄透镜后不变,即束宽不变,式(3-202)和式(3-203)可写为

$$\frac{\langle w_x\theta_x\rangle}{w_{xx}^2} - \frac{\langle w_{x,f}\theta_{x,f}\rangle}{w_{xx,f}^2} = \frac{1}{f} \tag{3-204}$$

$$\frac{\langle w_y\theta_y\rangle}{w_{yy}^2} - \frac{\langle w_{y,f}\theta_{y,f}\rangle}{w_{yy,f}^2} = \frac{1}{f} \tag{3-205}$$

式(3-204)和式(3-205)类似于几何光学中的成像公式

$$\frac{1}{R} - \frac{1}{R_f} = \frac{1}{f} \tag{3-206}$$

所以,$\dfrac{w_{xx}^2}{\langle w_x\theta_x\rangle}$、$\dfrac{w_{yy}^2}{\langle w_y\theta_y\rangle}$与几何光学中的曲率半径具有相同的作用,表示了光束在 x 轴方向和 y 轴方向的等效曲率半径。

在 r 径向上,定义

$$\theta_r^2 = \theta_{xx}^2 + \theta_{yy}^2 \tag{3-207}$$

将式(3-194)和式(3-195)代入式(3-207)可得

$$\theta_{r,f}^2 = \frac{w_{xx}^2 + w_{yy}^2}{f^2} - \frac{2(\langle w_x\theta_x\rangle + \langle w_y\theta_y\rangle)}{f} + \theta_{xx}^2 + \theta_{yy}^2 \tag{3-208}$$

为求得式(3-208)的极值,两边对 $1/f$ 求导,可得

$$\frac{\mathrm{d}\theta_{r,f}^2}{\mathrm{d}(1/f)} = 2(1/f) \cdot (w_{xx}^2 + w_{yy}^2) - 2(\langle w_x\theta_x\rangle + \langle w_y\theta_y\rangle) = 0 \tag{3-209}$$

求解得到满足式(3-209)的焦距:

$$f_r = \frac{\langle w_x \theta_x \rangle + \langle w_y \theta_y \rangle}{w_{xx}^2 + w_{yy}^2} \tag{3-210}$$

使光束的发散角不变的焦距对应了光束的有效曲率半径:

$$R_r = \frac{w_r^2}{\langle w_x \theta_x \rangle + \langle w_y \theta_y \rangle} \tag{3-211}$$

实际测量中,在多点拟合法测量光束的 M 曲线时,只需测出光束在不同位置处的 W 矩阵元素,利用式(3-200)、式(3-201)和(3-211)就可得到光束的在 x 轴方向、y 轴方向和 r 径向的等效曲率半径。

3.6.7 平整度参数

用光强的二阶矩和四阶矩可以定义平整度参数(K 参数)[31]:

$$K = \frac{\langle x^4 \rangle}{\langle x^2 \rangle^2} \tag{3-212}$$

K 参数可用来描述光强分布的平整度。对高斯光束, $K=3$。当 $K>3$ 时,光强剖面比高斯光束陡峭;当 $K<3$ 时,光强剖面比高斯光束平坦。值得注意的是,除少数光束(如高斯光束)外,K 参数一般随传输距离 z 变化,不是常数。

参考文献

[1] Weber H. Propagation of higher-order intensity moments in quadratic-index media[J]. Optical and Quantum Electronics,1992,24(9):1027-1049.

[2] Bastiaans M J. Wigner distribution function and its application to first-order optics[J]. JOSA,1979,69(12):1710-1716.

[3] Bastiaans M J. Application of the Wigner distribution function to partially coherent light[J]. JOSA A,1986,3(8):1227-1238.

[4] Lavi S,Prochaska R,Keren E. Generalized beam parameters and transformation laws for partially coherent light[J]. Applied Optics,1988,27(17):3696-3703.

[5] Sanchez M A,Delgado J,et al. Free propagation of high-order moments of laser beam intensity distribution. in 8th Intl Symp on Gas Flow and Chemical Lasers. 1991. International Society for Optics and Photonics.

[6] Herrero R M,Mejías P M. On the fourth-order spatial characterization of laser beams:new invariant parameter through ABCD systems[J]. Optics Communications,1997,140(1):57-60.

[7] Nemes G,Siegman A E. Measurement of all ten second-order moments of an astigmatic beam by the use of rotating simple astigmatic (anamorphic) optics[J]. JOSA A,1994,11(8):2257-2264.

[8] Turunen J,Friberg A T. Matrix representation of Gaussian Schell-model beams in optical systems[J]. Optics & Laser Technology,1986,18(5):259-267.

[9] Bastiaans M J. Second-order moments of the Wigner distribution function in first-order optical systems[J]. Optik,1991,88(4):163-168.

[10] Daniela Dragoman. Higher – order moments of the Wigner distribution function in first – order optical systems[J]. J. Opt. Soc. Am. A,1994,11(10):2643 – 2646.

[11] Martinez – Herrero R,Mejias P M,Weber H. On the different definitions of laser beam moments[J]. Optical and Quantum Electronics,1993,25(6):423 – 428.

[12] Martínez – Herrero R,Piquero G,Mejías P M. On the propagation of the kurtosis parameter of general beams [J]. Optics Communications,1995,115(3):225 – 232.

[13] Siegman A E. New developments in laser resonators[C]. in Proc. SPIE,1990,1224:2 – 14.

[14] Anthony E Siegman. Defining, measuring, and optimizing laser beam quality[C]. in Proc. SPIE, 1993, 1868:2 – 12.

[15] Jun Dong,Akira Shirakawa,Ken – ichi Ueda,et al. Near – diffraction – limited passively Q – switched Yb: $Y_3Al_5O_{12}$ ceramic lasers with peak power > 150 kW[J]. Applied Physics Letters,2007,90:131105.

[16] Sheldakova J V,Kudryashov A V,Zavalova V Yu,et al. Beam quality measurements with Shack – Hartmann wavefront sensor and M^2 – sensor:comparison of two methods[C]. in Proc. SPIE,2007,6452:645207.

[17] Hongru Yang, Lei Wu, Xuexin Wang, et al. Evaluation of beam quality for high – power lasers[C]. in Proc. of SPIE,2007,6823:682316.

[18] Li W,Feng G,Huang Y,et al. Matrix formulation of the beam quality of the Hermite – Gaussian beam[J]. Laser Physics,2009,19(3):455 – 460.

[19] Thomas F Johnston. Beam propagation (M^2) measurement made as easy as it gets:the four – cuts method [J]. Applied Optics,1998,37(21):4840 – 4850.

[20] Philip B Chapple. Beam waist and M^2 measurement using a finite slit[J]. Optical Engineering,1994,33 (7):2461 – 2466.

[21] Jeffrey W Nicholson,Andrew D Yablon,John M Fini,et al. Measuring the modal content of large – mode – area fibers[J]. IEEE journal of selected topics in quantum electronics,2009,15(1):61 – 70.

[22] MH Mahdieh. Numerical approach to laser beam propagation through turbulent atmosphere and evaluation of beam quality factor[J]. Optics Communications,2008,281(13):3395 – 3402.

[23] Agrawal G P,Pattanayak D N. Gaussian beam propagation beyond the paraxial approximation[J]. JOSA, 1979,69(4):575 – 578.

[24] Gori F,Santarsiero M,Sona A. The change of width for a partially coherent beam on paraxial propagation [J]. Optics Communications,1991,82(3):197 – 203.

[25] Siegman A E. New developments in laser resonators[C]. in Proc. SPIE,1990,1224:2 – 14.

[26] GB/T 32831—2016[S]. 高能激光光束质量评价与测试方法

[27] Serna J,Martinez – Herrero R,Mejias P M. Parametric characterization of general partially coherent beams propagating through ABCD optical systems[J]. J. Opt. Soc. Am. A,1991,8:1094 – 1098.

[28] Belanger P. Beam propagation and the ABCD ray matrices[J]. Optics Letters,1991,16(21):196 – 198.

[29] Simon R,Sudarshan E C G,Mukunda N. Generalized rays in first – order optics:Transformation properties of Gaussian Schell – model fields[J]. Phys. Rev. A,1984,29(6):3273 – 3279.

[30] Collins S A. Lens – system diffraction integral written in terms of matrix optics[J]. J. Opt. Soc. Am,1970,60 (9):1168 – 1177.

[31] Martinez – Herrero R,Mejias P M,Sanchez M,et al. Third – and fourth – order parametric characterization of partially coherent beams propagating throughABCD optical systems[J]. Optical and quantum electronics, 1992,24(9):S1021 – S1026.

第4章

光束的像散和扭曲

4.1 光束的像散

在实际的激光器设计和应用中,当光束在传输过程中出现了非旋转对称的特点,如光斑是非旋转对称的光强分布,认为光束可能有像散。如何定量表示光束的像散是本节的主要内容。

对于非旋转对称光束,即像散光束[1],人们用 M_x^2 和 M_y^2 来评价激光束在 x 轴和 y 轴的光束质量。然而,当光束相对于考察坐标系旋转或测量坐标相对于光束发生旋转时,M_x^2 和 M_y^2 将会发生变化,这对光束质量评价带来了不确定性[2]。为了解决这一问题,文献[2-4]提出采用 M^2 矩阵来描述厄米-高斯光束、拉盖尔-高斯光束[5]的光束质量,当光束相对于坐标系旋转一定角度时,仅需要将 M^2 矩阵通过矩阵旋转操作就可得到在新的方位角下的光束质量 M^2 参数。在进一步的研究中发现,实际激光器中采用的谐振腔通常为非旋转对称腔,尤其是高功率板条激光器,输出口径是条形的,且谐振腔参数在板条宽度方向和厚度方向也是不同的,导致了谐振腔中的振荡模式在这两个方向上按不同束宽基模展开,致使 M^2 矩阵不再满足矩阵旋转操作。对实际激光束来说,其光束质量不能孤立地采用一个 M^2 或 M_x^2 和 M_y^2 来描述,应从光束整体上考虑。本书提出了采用 M^4 参数及曲线来描述光束传输特性,采用像散系数 a_{ZF} 表征光束的像散特性,为实际的激光器设计[6,7]、激光光束质量测量[1,8-11]及提高提供更为切实的指导。

4.1.1 像散基模高斯光束的像散系数 a_{ZF}

设像散基模高斯光束在主方向上的束腰半宽的平方为 w_{01}^2 和 w_{02}^2,束腰位置相差距离 d,则有

$$w_1^2(z) = w_{01}^2 + \frac{\lambda^2 z^2}{\pi^2 w_{01}^2} \tag{4-1}$$

$$w_2^2(z) = w_{02}^2 + \frac{\lambda^2 (z-d)^2}{\pi^2 w_{02}^2} \tag{4-2}$$

在光束绕 z 轴旋转角度 ϕ 时,束宽矩阵变为

$$\begin{bmatrix} w^2_{xx,\phi}(z) & w^2_{xy,\phi}(z) \\ w^2_{xy,\phi}(z) & w^2_{yy,\phi}(z) \end{bmatrix} = \begin{bmatrix} \cos\phi & -\sin\phi \\ \sin\phi & \cos\phi \end{bmatrix} \begin{bmatrix} w^2_1(z) & 0 \\ 0 & w^2_2(z) \end{bmatrix} \begin{bmatrix} \cos\phi & \sin\phi \\ -\sin\phi & \cos\phi \end{bmatrix}$$

$$= \begin{bmatrix} w^2_1(z)\cos^2\phi + w^2_2(z)\sin^2\phi & \cos\phi\sin\phi[w^2_1(z) - w^2_2(z)] \\ \cos\phi\sin\phi[w^2_1(z) - w^2_2(z)] & w^2_1(z)\sin^2\phi + w^2_2(z)\cos^2\phi \end{bmatrix}$$

$$(4-3)$$

于是有

$$w^2_{xx,\phi}(z) = \left(w^2_{01} + \frac{\lambda^2 z^2}{\pi^2 w^2_{01}}\right)\cos^2\phi + \left[w^2_{02} + \frac{\lambda^2(z-d)^2}{\pi^2 w^2_{02}}\right]\sin^2\phi \qquad (4-4)$$

$$w^2_{yy,\phi}(z) = \left(w^2_{01} + \frac{\lambda^2 z^2}{\pi^2 w^2_{01}}\right)\sin^2\phi + \left[w^2_{02} + \frac{\lambda^2(z-d)^2}{\pi^2 w^2_{02}}\right]\cos^2\phi \qquad (4-5)$$

$$w^2_{xy,\phi}(z) = \sin\phi\cos\phi\left[w^2_{02} - w^2_{01} + \frac{\lambda^2}{\pi^2} \times \frac{w^2_{01}(z-d)^2 - w^2_{02}z^2}{w^2_{01}w^2_{02}}\right] \qquad (4-6)$$

在 x 轴方向,由式(4-4)可得

$$w^2_{xx,\phi}(z) = \frac{\lambda^2}{\pi^2} \times \frac{w^2_{02}\cos^2\phi + w^2_{01}\sin^2\phi}{w^2_{01}w^2_{02}}\left[z - \frac{dw^2_{01}\sin^2\phi}{w^2_{02}\cos^2\phi + w^2_{01}\sin^2\phi}\right]^2$$

$$+ w^2_{01}\cos^2\phi + w^2_{02}\sin^2\phi + \frac{\lambda^2}{\pi^2} \times \frac{d^2\sin^2\phi\cos^2\phi}{w^2_{02}\cos^2\phi + w^2_{01}\sin^2\phi} \qquad (4-7)$$

$$\theta^2_{xx,\phi} = \frac{\lambda^2}{\pi^2} \times \frac{w^2_{02}\cos^2\phi + w^2_{01}\sin^2\phi}{w^2_{01}w^2_{02}} \qquad (4-8)$$

$$w^2_{0xx,\phi} = w^2_{01}\cos^2\phi + w^2_{02}\sin^2\phi + \frac{\lambda^2}{\pi^2} \times \frac{d^2\sin^2\phi\cos^2\phi}{w^2_{02}\cos^2\phi + w^2_{01}\sin^2\phi} \qquad (4-9)$$

$$M^4_{xx,\phi} = 1 + \frac{\sin^2(2\phi)}{4}\left(\frac{w^2_{01}}{w^2_{02}} + \frac{w^2_{02}}{w^2_{01}} - 2 + \frac{\lambda^2 d^2}{\pi^2 w^2_{01}w^2_{02}}\right) \qquad (4-10)$$

在 y 轴方向,由式(4-5)可得

$$w^2_{yy,\phi}(z) = \frac{\lambda^2}{\pi^2} \times \frac{w^2_{01}\cos^2\phi + w^2_{02}\sin^2\phi}{w^2_{01}w^2_{02}}\left[z - \frac{dw^2_{01}\cos^2\phi}{(w^2_{01}\cos^2\phi + w^2_{02}\sin^2\phi)}\right]^2$$

$$+ w^2_{02}\cos^2\phi + w^2_{01}\sin^2\phi + \frac{\lambda^2}{\pi^2} \times \frac{d^2\cos^2\phi\sin^2\phi}{w^2_{01}\cos^2\phi + w^2_{02}\sin^2\phi} \qquad (4-11)$$

$$\theta^2_{yy,\phi} = \frac{\lambda^2}{\pi^2} \times \frac{w^2_{01}\cos^2\phi + w^2_{02}\sin^2\phi}{w^2_{01}w^2_{02}} \qquad (4-12)$$

$$w^2_{0yy,\phi} = w^2_{02}\cos^2\phi + w^2_{01}\sin^2\phi + \frac{\lambda^2}{\pi^2} \times \frac{d^2\cos^2\phi\sin^2\phi}{w^2_{01}\cos^2\phi + w^2_{02}\sin^2\phi} \qquad (4-13)$$

对交叉项,由式(4-6)可得

$$w_{xy,\phi}^2(z) = \sin\phi\cos\phi \Big[-\frac{\lambda^2}{\pi^2} \times \frac{w_{02}^2 - w_{01}^2}{w_{01}^2 w_{02}^2} \Big(z + d\frac{w_{01}^2}{w_{02}^2 - w_{01}^2} \Big)^2 + \frac{\lambda^2 d^2}{\pi^2(w_{02}^2 - w_{01}^2)} + w_{02}^2 - w_{01}^2 \Big]$$
$$(4-14)$$

$$w_{0xy,\phi}^2 = \sin\phi\cos\phi \Big[\frac{\lambda^2 d^2}{\pi^2(w_{02}^2 - w_{01}^2)} + w_{02}^2 - w_{01}^2 \Big] \quad (4-15)$$

$$\theta_{xy,\phi}^2 = -\sin\phi\cos\phi \frac{\lambda^2}{\pi^2} \times \frac{w_{02}^2 - w_{01}^2}{w_{01}^2 w_{02}^2} \quad (4-16)$$

在 r 径向方向,有

$$w_r^2(z) = w_1^2(z) + w_2^2(z) = w_{xx,\phi}^2(z) + w_{yy,\phi}^2(z) \quad (4-17)$$

$$w_r^2(z) = \frac{\lambda^2}{\pi^2} \times \frac{w_{01}^2 + w_{02}^2}{w_{01}^2 w_{02}^2} \Big(z - \frac{w_{01}^2 d}{w_{01}^2 + w_{02}^2} \Big)^2 + w_{01}^2 + w_{02}^2 + \frac{\lambda^2}{\pi^2} \times \frac{d^2}{(w_{01}^2 + w_{02}^2)}$$
$$(4-18)$$

$$w_{0r}^2 = w_{01}^2 + w_{02}^2 + \frac{\lambda^2 d^2}{\pi^2(w_{01}^2 + w_{02}^2)} \quad (4-19)$$

$$\theta_r^2 = \frac{\lambda^2}{\pi^2} \times \frac{w_{01}^2 + w_{02}^2}{w_{01}^2 w_{02}^2} \quad (4-20)$$

定义像散系数

$$a_{ZF} = \Big(\frac{w_{01}}{w_{02}} - \frac{w_{02}}{w_{01}} \Big)^2 + \frac{\lambda^2 d^2}{\pi^2 w_{01}^2 w_{02}^2} \quad (4-21)$$

则有:

$$M_{xx,\phi}^4 = \frac{\pi^2}{\lambda^2} w_{xx,\phi}^2 \theta_{xx,\phi}^2 = 1 + \frac{\sin^2(2\phi)}{4} a_{ZF} \quad (4-22)$$

$$M_{yy,\phi}^4 = 1 + \frac{\sin^2(2\phi)}{4} a_{ZF} \quad (4-23)$$

$$M_{xy,\phi}^4 = -\frac{\sin^2(2\phi)}{4} a_{ZF} \quad (4-24)$$

$$M_r^4 = 4 + a_{ZF} \quad (4-25)$$

对像散基模高斯光束,只要测量得到 M_r^4,根据式(4-25)就可以得到像散系数:

$$a_{ZF} = M_r^4 - 4 \quad (4-26)$$

让基模高斯光束通过柱透镜,即可获得像散基模高斯光束。为简单起见,我们设光束在两个主方向上的束腰分别为 $w_{01} = 0.1\text{mm}$,$w_{02} = 0.2\text{mm}$,两主方向束腰间距为 $d = 5\text{mm}$,光束在两个主方向上光束质量均为 1。基于二阶强度矩得到像散基模高斯光束的束宽如图 4-1 所示。图 4-1(a)给出了光束的三维束宽轮廓图,图中还标出了在各个方位角上的束腰位置,可见,光束在两个正交方向上不能同时聚焦,这在实际点聚焦应用中是需要校正的。图 4-1(b)给出了在不同传输位置处的束宽曲线图。像散基模高斯光束的等相面曲率如图 4-2 所示。图 4-2(a)给出了光束的三维等相面曲率轮廓图,图 4-2(b)给出了在不同传输位置处的束宽曲率曲线图。图4－3给出了像散基模高斯光束的M^4曲线图。图4－3(a)给出了当$w_{01}/w_{02}=0.4$、0.5、0.6、0.7、0.8、0.9和1.0时M_{xx}^4随方位角变化的曲线,图4－3(b)给出了当$\lambda d/w_{01}w_{02}=0$、2、4和6时M_{xx}^4随方位角变化的曲线。不难看出,由于像散因素的引入,光束在两个方向上的基模光斑尺寸出现差异,即使两个主方向光束质量控制得很好,也会引起激光在非主方向上的光束质量下降(即M^4增大)。像散系数$a_{ZF}=\left(\dfrac{w_{01}}{w_{02}}-\dfrac{w_{02}}{w_{01}}\right)^2+\dfrac{\lambda^2 d^2}{\pi^2 w_{01}^2 w_{02}^2}$是一个无量纲量,非负。$a_{ZF}$越小,表明像散越小,光束的可聚焦性能越好,其传输特性也越好。a_{ZF}越大,M^4曲线包含的面积越大。当$a_{ZF}=0$时,M^4曲线为一个半径为1的圆形。

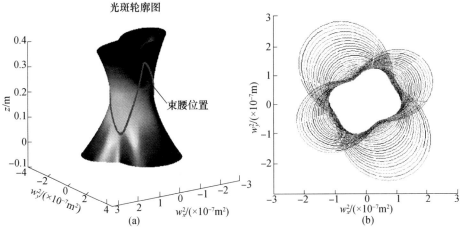

图4－1　基于强度二阶矩得到的(a)像散基模高斯光束的束宽轮廓图和
(b)在不同传输位置处的束宽曲线图

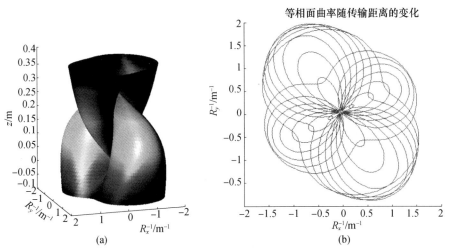

图4－2　像散基模高斯光束的(a)等相面曲率轮廓图和
(b)在不同传输位置处的等相面曲率曲线图

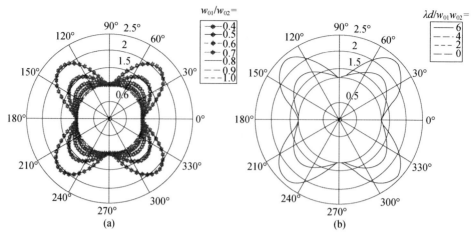

图 4-3 像散基模高斯光束的 M^4 曲线图

（a）$w_{01}:w_{02} = 0.4, 0.5, 0.6, 0.7, 0.8, 0.9, 1.0 (d = 0, \lambda = 1.064\mu m)$；

（b）M^4 曲线图，$\lambda d/w_{01} w_{02} = 0, 2, 4, 6 (w_{01} = w_{02}, \lambda = 1.064\mu m)$。

4.1.2 像散 H-G$_{mn}$ 模式光束的像散系数 a_{ZF}

设光束在 x 轴方向和 y 轴方向上可分离，分别为 m 阶和 n 阶 H-G 光束。

$$w_1^2(z) = (2m + 1)\left(w_{01}^2 + \frac{\lambda^2 z^2}{\pi^2 w_{01}^2}\right) \tag{4-27}$$

$$w_2^2(z) = (2n + 1)\left[w_{02}^2 + \frac{\lambda^2 (z - d)^2}{\pi^2 w_{02}^2}\right] \tag{4-28}$$

式中：w_{01} 为光束在 x 轴方向的束腰宽度；w_{02} 为光束在 y 方向的束腰宽度。

当光束旋转角度 ϕ 时，x 方向的束宽变为

$$w_{xx,\phi}^2(z) = \left(w_{01}^2 + \frac{\lambda^2 z^2}{\pi^2 w_{01}^2}\right)(2m + 1)\cos^2\phi + \left[w_{02}^2 + \frac{\lambda^2 (z - d)^2}{\pi^2 w_{02}^2}\right](2n + 1)\sin^2\phi$$
$$\tag{4-29}$$

整理后可得

$$w_{xx,\phi}^2(z) = \frac{\lambda^2}{\pi^2} \times \frac{(2m + 1)w_{02}^2\cos^2\phi + (2n + 1)w_{01}^2\sin^2\phi}{w_{01}^2 w_{02}^2}z^2 - \frac{2\lambda^2 d(2n + 1)\sin^2\phi}{\pi^2 w_{02}^2}z$$

$$+ (2n + 1)\left(w_{02}^2 + \frac{\lambda^2 d^2}{\pi^2 w_{02}^2}\right)\sin^2\phi + w_{01}^2(2m + 1)\cos^2\phi \tag{4-30}$$

$$w_{xx,\phi}^2(z) = \frac{\lambda^2}{\pi^2} \times \frac{(2m + 1)w_{02}^2\cos^2\phi + (2n + 1)w_{01}^2\sin^2\phi}{w_{01}^2 w_{02}^2}$$

$$\left(z - \frac{dw_{01}^2(2n + 1)\sin^2\phi}{(2m + 1)w_{02}^2\cos^2\phi + (2n + 1)w_{01}^2\sin^2\phi}\right)^2$$

$$+ w_{01}^2 (2m+1) \cos^2\phi + (2n+1) w_{02}^2 \sin^2\phi$$

$$+ \frac{\lambda^2 d^2}{\pi^2 w_{02}^2} \times \frac{(2m+1)(2n+1) \sin^2\phi \cos^2\phi}{w_{02}^2 (2m+1) \cos^2\phi + w_{01}^2 (2n+1) \sin^2\phi} \qquad (4-31)$$

由式(4-31)可求得旋转后的光束在 x 方向的远场发散角平方和束腰宽度平方分别为

$$\theta_{xx,\phi}^2 = \frac{\lambda^2}{\pi^2} \times \frac{(2m+1) w_{02}^2 \cos^2\phi + (2n+1) w_{01}^2 \sin^2\phi}{w_{01}^2 w_{02}^2} \qquad (4-32)$$

$$w_{0xx,\phi}^2 = w_{01}^2 (2m+1) \cos^2\phi + (2n+1) w_{02}^2 \sin^2\phi$$

$$+ \frac{\lambda^2 d^2}{\pi^2 w_{02}^2} \times \frac{(2m+1)(2n+1) \sin^2\phi \cos^2\phi}{w_{02}^2 (2m+1) \cos^2\phi + w_{01}^2 (2n+1) \sin^2\phi} \qquad (4-33)$$

由 M^4 的定义式可得

$$M_{xx,\phi}^4 = \frac{\pi^2}{\lambda^2} w_{xx,\phi}^2 \theta_{xx,\phi}^2$$

$$= \left[(2m+1) \cos^2\phi + (2n+1) \sin^2\phi \right]^2$$

$$+ \frac{\sin^2(2\phi)}{4} (2m+1)(2n+1) \left[\left(\frac{w_{01}}{w_{02}} - \frac{w_{02}}{w_{01}} \right)^2 + \frac{\lambda^2 d^2}{\pi^2 w_{01}^2 w_{02}^2} \right] \qquad (4-34)$$

光束在 y 轴方向的束宽为

$$w_{yy,\phi}^2(z) = \left(w_{01}^2 + \frac{\lambda^2 z^2}{\pi^2 w_{01}^2} \right) (2m+1) \sin^2\phi + \left[w_{02}^2 + \frac{\lambda^2 (z-d)^2}{\pi^2 w_{02}^2} \right] (2n+1) \cos^2\phi \qquad (4-35)$$

$$w_{yy,\phi}^2(z) = \frac{\lambda^2}{\pi^2} \times \frac{(2m+1) w_{02}^2 \sin^2\phi + (2n+1) w_{01}^2 \cos^2\phi}{w_{01}^2 w_{02}^2} z^2 - \frac{2\lambda^2 d(2n+1) \cos^2\phi}{\pi^2} \frac{z}{w_{02}^2}$$

$$+ (2n+1) \left(w_{02}^2 + \frac{\lambda^2 d^2}{\pi^2 w_{02}^2} \right) \cos^2\phi + w_{01}^2 (2m+1) \sin^2\phi \qquad (4-36)$$

$$w_{yy,\phi}^2(z) = \frac{\lambda^2}{\pi^2} \times \frac{(2m+1) w_{02}^2 \sin^2\phi + (2n+1) w_{01}^2 \cos^2\phi}{w_{01}^2 w_{02}^2}$$

$$\left(z - \frac{d w_{01}^2 (2n+1) \cos^2\phi}{(2m+1) w_{02}^2 \sin^2\phi + (2n+1) w_{01}^2 \cos^2\phi} \right)^2$$

$$+ w_{01}^2 (2m+1) \sin^2\phi + (2n+1) w_{02}^2 \cos^2\phi$$

$$+ \frac{\lambda^2 d^2}{\pi^2 w_{02}^2} \times \frac{(2m+1)(2n+1) \sin^2\phi \cos^2\phi}{w_{02}^2 (2m+1) \sin^2\phi + w_{01}^2 (2n+1) \cos^2\phi} \qquad (4-37)$$

$$\theta_{yy,\phi}^2 = \frac{\lambda^2}{\pi^2} \times \frac{(2m+1) w_{02}^2 \sin^2\phi + (2n+1) w_{01}^2 \cos^2\phi}{w_{01}^2 w_{02}^2} \qquad (4-38)$$

$$w_{0yy,\phi}^2 = w_{01}^2 (2m+1) \sin^2\phi + (2n+1) w_{02}^2 \cos^2\phi$$

$$+ \frac{\lambda^2 d^2}{\pi^2 w_{02}^2} \times \frac{(2m+1)(2n+1) \sin^2\phi \cos^2\phi}{w_{02}^2 (2m+1) \sin^2\phi + w_{01}^2 (2n+1) \cos^2\phi} \qquad (4-39)$$

由 M^4 的定义式有：

$$M^4_{yy,\phi} = \frac{\pi^2}{\lambda^2} w^2_{yy,\phi} \theta^2_{yy,\phi}$$

$$= \left[(2m+1)\sin^2\phi + (2n+1)\cos^2\phi \right]^2$$

$$+ \frac{\sin^2(2\phi)}{4}(2m+1)(2n+1)\left[\left(\frac{w_{01}}{w_{02}} - \frac{w_{02}}{w_{01}} \right)^2 + \frac{\lambda^2 d^2}{\pi^2 w^2_{01} w^2_{02}} \right] \qquad (4-40)$$

在交叉方向上，有

$$w^2_{xy,\phi}(z) = \sin\phi\cos\phi\left[(2n+1)w^2_{02} - (2m+1)w^2_{01} + \right.$$

$$\left. \frac{\lambda^2}{\pi^2} \times \frac{(2n+1)w^2_{01}(z-d)^2 - (2m+1)w^2_{02}z^2}{w^2_{01}w^2_{02}} \right]$$

$$w^2_{xy,\phi}(z) = \sin\phi\cos\phi\left[\begin{array}{l} \dfrac{\lambda^2}{\pi^2} \times \dfrac{(2n+1)w^2_{01} - (2m+1)w^2_{02}}{w^2_{01}w^2_{02}}\left(z - d\,\dfrac{(2n+1)w^2_{01}}{(2n+1)w^2_{01} - (2m+1)w^2_{02}} \right)^2 \\[3mm] + (2n+1)w^2_{02} - (2m+1)w^2_{01} + \\[3mm] d^2\,\dfrac{(2n+1)\lambda^2}{\pi^2 w^2_{02}} - \dfrac{\lambda^2 d^2}{\pi^2 w^2_{02}} \times \dfrac{w^2_{01}(2n+1)^2}{(2n+1)w^2_{01} - (2m+1)w^2_{02}} \end{array} \right]$$

$$(4-41)$$

$$w^2_{0xy,\phi} = \sin\phi\cos\phi\left[(2n+1)w^2_{02} - (2m+1)w^2_{01} + \frac{\lambda^2 d^2}{\pi^2} \times \frac{(2m+1)(2n+1)}{(2m+1)w^2_{02} - (2n+1)w^2_{01}} \right]$$

$$(4-42)$$

$$\theta^2_{xy,\phi} = -\sin\phi\cos\phi\,\frac{\lambda^2}{\pi^2} \times \frac{(2m+1)w^2_{02} - (2n+1)w^2_{01}}{w^2_{01}w^2_{02}} \qquad (4-43)$$

由 M^4 的定义式可得

$$M^4_{xy,\phi} = \frac{\pi^2}{\lambda^2} w^2_{0xy,\phi} \theta^2_{xy,\phi}$$

$$= (m-n)^2\sin^2(2\phi) - \frac{\sin^2(2\phi)}{4}(2m+1)(2n+1)\left[\left(\frac{w_{01}}{w_{02}} - \frac{w_{02}}{w_{01}} \right)^2 + \frac{\lambda^2 d^2}{\pi^2 w^2_{01} w^2_{02}} \right]$$

$$= \sin^2(2\phi)\left\{ (m-n)^2 - \frac{(2m+1)(2n+1)}{4}\left[\left(\frac{w_{01}}{w_{02}} - \frac{w_{02}}{w_{01}} \right)^2 + \frac{\lambda^2 d^2}{\pi^2 w^2_{01} w^2_{02}} \right] \right\}$$

$$(4-44)$$

在光束的 r 径向上，光斑主轴方向的束半宽平方和与 x 轴和 y 轴方向的束宽平方和相等，即

$$w^2_r(z) = w^2_1(z) + w^2_2(z) = w^2_{xx,\phi}(z) + w^2_{yy,\phi}(z) \qquad (4-45)$$

$$w^2_r(z) = \frac{\lambda^2}{\pi^2} \times \frac{(2n+1)w^2_{01} + (2m+1)w^2_{02}}{w^2_{01}w^2_{02}}z^2 - \frac{2d(2n+1)\lambda^2}{\pi^2 w^2_{02}}z$$

$$+ (2m + 1) w_{01}^2 + (2n + 1) w_{02}^2 + \frac{(2n + 1) \lambda^2 d^2}{\pi^2 w_{02}^2} \qquad (4 - 46)$$

$$w_r^2(z) = \frac{\lambda^2}{\pi^2} \times \frac{(2n + 1) w_{01}^2 + (2m + 1) w_{02}^2}{w_{01}^2 w_{02}^2} \left(z - d \frac{(2n + 1) w_{01}^2}{(2n + 1) w_{01}^2 + (2m + 1) w_{02}^2} \right)^2$$

$$+ (2m + 1) w_{01}^2 + (2n + 1) w_{02}^2 + \frac{\lambda^2 d^2}{\pi^2} \times \frac{(2m + 1)(2n + 1)}{(2n + 1) w_{01}^2 + (2m + 1) w_{02}^2}$$

$$(4 - 47)$$

$$w_{0r}^2 = \left[(2m + 1) w_{01}^2 + (2n + 1) w_{02}^2 + \frac{\lambda^2 d^2}{\pi^2} \times \frac{(2m + 1)(2n + 1)}{(2n + 1) w_{01}^2 + (2m + 1) w_{02}^2} \right]$$

$$(4 - 48)$$

$$\theta_r^2 = \frac{\lambda^2}{\pi^2} \times \frac{(2n + 1) w_{01}^2 + (2m + 1) w_{02}^2}{w_{01}^2 w_{02}^2} \qquad (4 - 49)$$

由 M^4 的定义式可得

$$M_r^4 = \frac{\pi^2}{\lambda^2} w_{0r}^2 \theta_r^2$$

$$= 4 (m + n + 1)^2 + (2m + 1)(2n + 1) \left[\left(\frac{w_{01}}{w_{02}} - \frac{w_{02}}{w_{01}} \right)^2 + \frac{\lambda^2 d^2}{\pi^2 w_{01}^2 w_{02}^2} \right] \quad (4 - 50)$$

定义

$$a_{ZF} = \left[\left(\frac{w_{01}}{w_{02}} - \frac{w_{02}}{w_{01}} \right)^2 + \frac{\lambda^2 d^2}{\pi^2 w_{01}^2 w_{02}^2} \right] \qquad (4 - 51)$$

将式 $(4 - 51)$ 代入式 $(4 - 34)$、式 $(4 - 40)$、式 $(4 - 44)$ 和式 $(4 - 50)$ 可得

$$M_{xx,\phi}^4 = \left[(2m + 1) \cos^2\phi + (2n + 1) \sin^2\phi \right]^2 + \frac{\sin^2(2\phi)}{4} (2m + 1)(2n + 1) a_{ZF}$$

$$(4 - 52)$$

$$M_{yy,\phi}^4 = \left[(2m + 1) \sin^2\phi + (2n + 1) \cos^2\phi \right]^2 + \frac{\sin^2(2\phi)}{4} (2m + 1)(2n + 1) a_{ZF}$$

$$(4 - 53)$$

$$M_{xy,\phi}^4 = \frac{\pi^2}{\lambda^2} w_{xy,\phi}^2 \theta_{xy,\phi}^2 = (m - n)^2 \sin^2(2\phi) - \frac{\sin^2(2\phi)}{4} (2m + 1)(2n + 1) a_{ZF}$$

$$(4 - 54)$$

$$M_r^4 = \left[(2m + 1) + (2n + 1) \right]^2 + (2m + 1)(2n + 1) a_{ZF}$$

$$= 4 (m + n + 1)^2 + (2m + 1)(2n + 1) a_{ZF} \geqslant 4 \qquad (4 - 55)$$

由式 $(4 - 52) \sim$ 式 $(4 - 54)$ 可推得

$$J_{ZF1} \equiv M_{xx,\phi}^4 + M_{yy,\phi}^4 + 2M_{xy,\phi}^4 = (2m + 1)^2 + (2n + 1)^2 \qquad (4 - 56)$$

$$M_{xx,\phi}^4 - M_{yy,\phi}^4 = \left[(2m + 1)^2 - (2n + 1)^2 \right] \cos(2\phi) \qquad (4 - 57)$$

$$J_{ZF2} = \max(M_{xx,\phi}^4 - M_{yy,\phi}^4) = \left| (2m + 1)^2 - (2n + 1)^2 \right| \qquad (4 - 58)$$

$$M_{xx,\phi}^2 - M_{yy,\phi}^2 = \sqrt{\left[\left(2m+1\right)\cos^2\phi + \left(2n+1\right)\sin^2\phi\right]^2 + \frac{\sin^2\left(2\phi\right)}{4}\left(2m+1\right)\left(2n+1\right)a_{ZF}}$$
$$- \sqrt{\left[\left(2m+1\right)\sin^2\phi + \left(2n+1\right)\cos^2\phi\right]^2 + \frac{\sin^2\left(2\phi\right)}{4}\left(2m+1\right)\left(2n+1\right)a_{ZF}}$$

$$(4-59)$$

当 $\phi = j\pi$(j 为整数)时,式(4-59)取得最大值,即

$$M_{xx,j\pi}^2 - M_{yy,j\pi}^2 = \left(2m+1\right) - \left(2n+1\right) \tag{4-60}$$

定义

$$J_{ZF3} = \max\left(\left|M_{xx,\phi}^2 - M_{yy,\phi}^2\right|\right) = \left(2m+1\right) - \left(2n+1\right) \tag{4-61}$$

若 $J_{ZF3} \neq 0$,则可利用参数 J_{ZF2} 和 J_{ZF3} 求得光束的对角化 M^2 参数:

$$\left(2m+1\right) + \left(2n+1\right) = \frac{J_{ZF2}}{J_{ZF3}}, \quad J_{ZF3} \neq 0 \tag{4-62}$$

$$\left(2m+1\right) = \frac{J_{ZF2} + J_{ZF3}^2}{2J_{ZF3}}, \quad J_{ZF3} \neq 0 \tag{4-63}$$

$$\left(2n+1\right) = \frac{J_{ZF2} - J_{ZF3}^2}{2J_{ZF3}}, \quad J_{ZF3} \neq 0 \tag{4-64}$$

若 $J_{ZF3} = 0$,可利用参数 J_{ZF1} 求得光束的对角化 M^2 参数:

$$2m+1 = 2n+1 = \sqrt{\frac{J_{ZF1}}{2}}, \quad J_{ZF3} = 0 \tag{4-65}$$

根据式(4-55)~式(4-58),可求得该光束的像散系数 a_{ZF}

$$a_{ZF} = \frac{M_r^4 - 4\left(m+n+1\right)^2}{\left(2m+1\right)\left(2n+1\right)} \tag{4-66}$$

$$a_{ZF} = 2\left(\frac{M_r^4 - J_{ZF1}}{\sqrt{J_{ZF1}^2 - J_{ZF2}^2}} - 1\right) \tag{4-67}$$

式(4-67)说明只要测得像散厄米高斯光束的 J_{ZF1}、J_{ZF2} 和 M_r^4,就可以知道光束的像散系数了。当 $m=1$ 和 $n=1$ 时,J_{ZF1} 和 J_{ZF2} 的值分别为 2 和 0,式(4-67)退化到式(4-26)。

进一步的,在主方向上的厄米高斯阶数可表示为

$$m = \sqrt{\left(J_{ZF1} + J_{ZF2}\right)/8} - 0.5 \tag{4-68}$$

$$n = \sqrt{\left(J_{ZF1} - J_{ZF2}\right)/8} - 0.5 \tag{4-69}$$

H-G$_{12}$ 模式光束在光强分布图如图4-4所示。图4-4(a)~(c)为像散 H-G$_{12}$ 模式光束的光斑强度分布,作为对比,图4-4(d)给出了无像散的 H-G$_{12}$ 模式光束的光斑强度分布。

图4-5给出了 H-G$_{12}$ 模式光束的 M^4 曲线图。由图可见,随着像散的加大,M^4 曲线包含的面积增大。

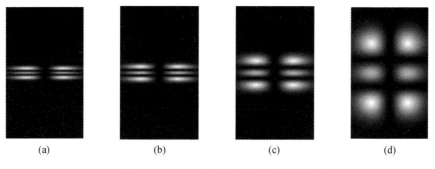

图 4 - 4   H-G$_{12}$模式光束的光斑强度分布

（a）$w_1/w_2 = 0.15$；（b）$w_1/w_2 = 0.2$；（c）$w_1/w_2 = 0.4$；（d）$w_1/w_2 = 1$。

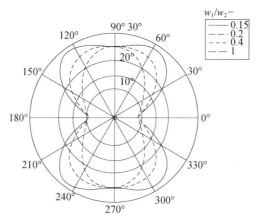

图 4 - 5   H-G$_{12}$模式光束的 M^4 曲线

4.1.3   像散 L-G$_{pl}$ 模式光束的像散系数 a_{ZF}

L-G$_{pl}$模式光束通过像散光学系统后，则变为像散 L-G$_{pl}$ 光束。作为计算例，设基模光斑尺寸为 $w_s = 10\mu m$ 的 L-G$_{30}$ 模式光束，经过母线在 x 轴方向且焦距为 $20w_s$ 的柱透镜，并传输距离 0.3mm，计算得到输出光束的光斑图样、不同传输位置的光斑轮廓图和 M^4 曲线如图 4 - 6 所示。由图 4 - 6（a）可见，由于引入了像散，L-G$_{30}$ 模式光束的光强分布不再是旋转对称的，出现周期性的强度分布。从图 4 - 6（b）可见，光束在传输过程中，主方向在 x 轴方向和 y 轴方向。从图 4 - 6（c）可见，光束的 M_x^4 与 M_y^4 曲线重合，光束的 J_{ZF1} 是个恒定不变量。当柱透镜的母线绕 z 轴旋转30°时，相应的曲线如图 4 - 7 所示。当柱透镜的母线绕 z 轴继续旋转到60°时，相应的曲线如图 4 - 8 所示。

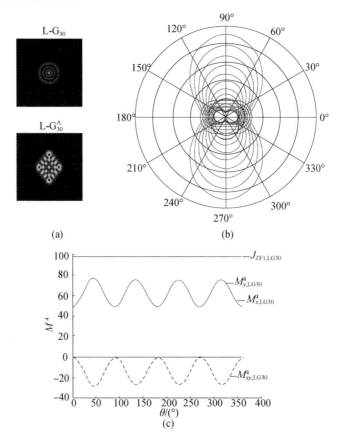

图4-6　当柱透镜母线在 x 轴方向上，像散 L-G$_{30}$ 模式光束的
光斑图样不同传输位置的光斑轮廓图和 M^4 曲线图
（a）光斑图样；（b）光斑轮廓图；（c）M^4 曲线图。

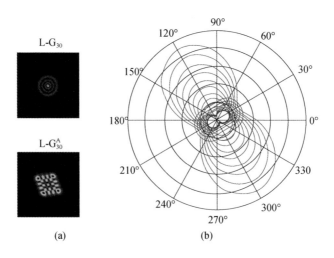

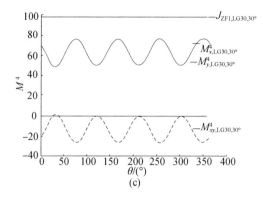

图 4 - 7　当柱透镜的母线绕 z 轴旋转 $30°$ 时,像散 L-G$_{30}$ 模式光束的
光斑图样不同传输位置的光斑轮廓图和 M^4 曲线图
（a）光斑图样;（b）光斑轮廓图;（c）M^4 曲线图。

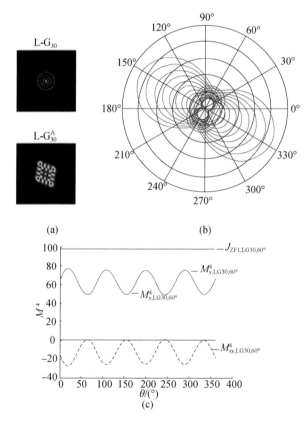

图 4 - 8　当柱透镜的母线绕 z 轴旋转 $60°$ 时,像散 L-G$_{30}$ 模式光束的
光斑图样不同传输位置的光斑轮廓图和 M^4 曲线图
（a）光斑图样;（b）光斑轮廓图;（c）M^4 曲线图。

4.1.4　像散 LP$_{mn}$ 模式光束的像散系数 a_{ZF}

LP$_{mn}$ 模式光束[12-16]通过像散光学系统后,则变为像散 LP$_{mn}$ 光束。作为计算例,设纤芯尺寸 $a = 4\mu m$,纤芯折射率为 1.48,包层折射率为 1.46。光纤输出的 LP$_{31}$ 模式光束,经过母线在 x 轴方向且焦距为 10mm 的柱透镜,并传输距离 25mm,计算得到输出光束的光斑图样、不同传输位置的光斑轮廓图和 M^4 曲线如图 4 – 9 所示。由图 4 – 9(a)可见,由于引入了像散,像散 LP$_{31}$ 模式光束的光强分布不再是旋转对称的 6 个花瓣了。从图 4 – 9(b)可见,光束在传输过程中,主方向在 x 轴方向和 y 轴方向。从图 4 – 9(c)可见,光束的 $M_x^{\ 4}$ 与 $M_y^{\ 4}$ 曲线重合,光束的 J_{ZF1} 是个恒定不变量。当柱透镜的母线绕 z 轴旋转 30° 时,相应的曲线如图 4 – 10 所示。当柱透镜的母线绕 z 轴继续旋转到 60° 时,相应的曲线如图 4 – 11 所示。

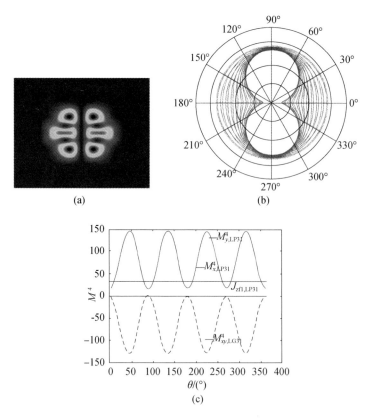

图 4 – 9　当柱透镜母线在 x 方向时,像散 LP$_{31}$ 模式光束的

光斑图样不同传输位置的光斑轮廓图和 M^4 曲线图

(a)光斑图样;(b)光斑轮廓;(c)M^4 曲线图。

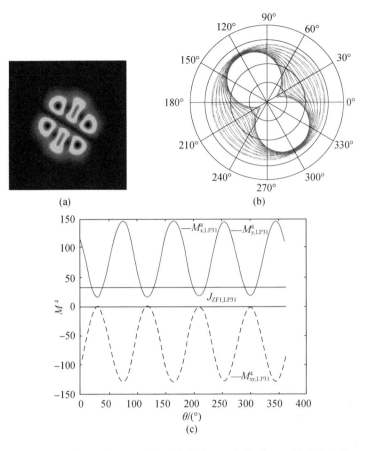

图 4-10 当柱透镜的母线绕 z 轴旋转 30°时, 像散 LP_{31} 模式光束的

光斑图样不同传输位置的光斑轮廓图和 M^4 曲线图

(a)光斑图样;(b)光斑轮廓;(c) M^4 曲线图。

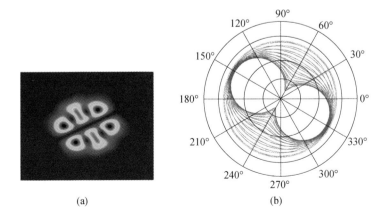

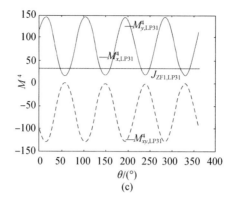

图 4 - 11　当柱透镜的母线绕 z 轴旋转 $60°$ 时,像散 LP_{31} 模式光束的

光斑图样不同传输位置的光斑轮廓图和 M^4 曲线图

(a)光斑图样;(b)光斑轮廓;(c)M^4 曲线图。

4.1.5　像散光束的像散系数 a_{ZF}

设光束在 x 轴方向和 y 轴方向上可分离,光束质量因子分别为 M_1^2 和 M_2^2,束腰宽度分别为 w_{01} 和 w_{02},两个方向的束腰位置相差距离 d,

$$w_1^2(z) = M_1^2\left(w_{01}^2 + \frac{\lambda^2 z^2}{\pi^2 w_{01}^2}\right) \tag{4-70}$$

$$w_2^2(z) = M_2^2\left[w_{02}^2 + \frac{\lambda^2 (z-d)^2}{\pi^2 w_{02}^2}\right] \tag{4-71}$$

在光束旋转角度 ϕ 时,光束在 x 轴方向的束宽为

$$w_{xx,\phi}^2(z) = \left(w_{01}^2 + \frac{\lambda^2 z^2}{\pi^2 w_{01}^2}\right)M_1^2\cos^2\phi + \left[w_{02}^2 + \frac{\lambda^2 (z-d)^2}{\pi^2 w_{02}^2}\right]M_2^2\sin^2\phi \tag{4-72}$$

$$w_{xx,\phi}^2(z) = \frac{\lambda^2}{\pi^2} \times \frac{M_1^2 w_{02}^2\cos^2\phi + M_2^2 w_{01}^2\sin^2\phi}{w_{01}^2 w_{02}^2}z^2 - \frac{2\lambda^2 d M_2^2 \sin^2\phi}{\pi^2}\frac{}{w_{02}^2}z$$
$$+ M_2^2\left(w_{02}^2 + \frac{\lambda^2 d^2}{\pi^2 w_{02}^2}\right)\sin^2\phi + w_{01}^2 M_1^2\cos^2\phi \tag{4-73}$$

$$w_{xx,\phi}^2(z) = \frac{\lambda^2}{\pi^2} \times \frac{M_1^2 w_{02}^2\cos^2\phi + M_2^2 w_{01}^2\sin^2\phi}{w_{01}^2 w_{02}^2}\left(z - \frac{2dw_{01}^2 M_2^2 \sin^2\phi}{M_1^2 w_{02}^2\cos^2\phi + M_2^2 w_{01}^2\sin^2\phi}\right)^2$$
$$+ w_{01}^2 M_1^2\cos^2\phi + M_2^2 w_{02}^2\sin^2\phi + \frac{\lambda^2 d^2}{\pi^2 w_{02}^2} \times \frac{M_1^2 M_2^2 \sin^2\phi\cos^2\phi}{w_{02}^2 M_1^2 \cos^2\phi + w_{01}^2 M_2^2 \sin^2\phi}$$
$$\tag{4-74}$$

$$\theta_{xx,\phi}^2 = \frac{\lambda^2}{\pi^2} \times \frac{M_1^2 w_{02}^2\cos^2\phi + M_2^2 w_{01}^2\sin^2\phi}{w_{01}^2 w_{02}^2} \tag{4-75}$$

$$w_{0xx,\phi}^2 = w_{01}^2 M_1^2 \cos^2\phi + M_2^2 w_{02}^2 \sin^2\phi + \frac{\lambda^2 d^2}{\pi^2 w_{02}^2} \times \frac{M_1^2 M_2^2 \sin^2\phi \cos^2\phi}{w_{02}^2 M_1^2 \cos^2\phi + w_{01}^2 M_2^2 \sin^2\phi}$$

$$(4-76)$$

光束在 y 轴方向的束宽为

$$w_{yy,\phi}^2(z) = \left(w_{01}^2 + \frac{\lambda^2 z^2}{\pi^2 w_{01}^2} \right) M_1^2 \sin^2\phi + \left[w_{02}^2 + \frac{\lambda^2 (z-d)^2}{\pi^2 w_{02}^2} \right] M_2^2 \cos^2\phi \qquad (4-77)$$

$$w_{yy,\phi}^2(z) = \frac{\lambda^2}{\pi^2} \times \frac{M_1^2 w_{02}^2 \sin^2\phi + M_2^2 w_{01}^2 \cos^2\phi}{w_{01}^2 w_{02}^2} z^2 - \frac{2\lambda^2 d M_2^2 \cos^2\phi}{\pi^2 w_{02}^2} z$$

$$+ M_2^2 \left(w_{02}^2 + \frac{\lambda^2 d^2}{\pi^2 w_{02}^2} \right) \cos^2\phi + w_{01}^2 M_1^2 \sin^2\phi \qquad (4-78)$$

$$w_{yy,\phi}^2(z) = \frac{\lambda^2}{\pi^2} \times \frac{M_1^2 w_{02}^2 \sin^2\phi + M_2^2 w_{01}^2 \cos^2\phi}{w_{01}^2 w_{02}^2} \left(z - \frac{d w_{01}^2 M_2^2 \cos^2\phi}{M_1^2 w_{02}^2 \sin^2\phi + M_2^2 w_{01}^2 \cos^2\phi} \right)^2$$

$$+ w_{01}^2 M_1^2 \sin^2\phi + M_2^2 w_{02}^2 \cos^2\phi + \frac{\lambda^2 d^2}{\pi^2 w_{02}^2} \times \frac{M_1^2 M_2^2 \sin^2\phi \cos^2\phi}{w_{02}^2 M_1^2 \sin^2\phi + w_{01}^2 M_2^2 \cos^2\phi}$$

$$(4-79)$$

$$\theta_{yy,\phi}^2 = \frac{\lambda^2}{\pi^2} \times \frac{M_1^2 w_{02}^2 \sin^2\phi + M_2^2 w_{01}^2 \cos^2\phi}{w_{01}^2 w_{02}^2} \qquad (4-80)$$

$$w_{0yy,\phi}^2 = w_{01}^2 M_1^2 \sin^2\phi + M_2^2 w_{02}^2 \cos^2\phi + \frac{\lambda^2 d^2}{\pi^2 w_{02}^2} \times \frac{M_1^2 M_2^2 \sin^2\phi \cos^2\phi}{w_{02}^2 M_1^2 \sin^2\phi + w_{01}^2 M_2^2 \cos^2\phi}$$

$$(4-81)$$

在交叉方向上,有

$$w_{xy,\phi}^2(z) = \sin\phi\cos\phi \left[M_2^2 w_{02}^2 - M_1^2 w_{01}^2 + \frac{\lambda^2}{\pi^2} \times \frac{M_2^2 w_{01}^2 (z-d)^2 - M_1^2 w_{02}^2 z^2}{w_{01}^2 w_{02}^2} \right]$$

$$(4-82)$$

$$w_{xy,\phi}^2(z) = \sin\phi\cos\phi \left[\begin{array}{l} \dfrac{\lambda^2}{\pi^2} \times \dfrac{M_2^2 w_{01}^2 - M_1^2 w_{02}^2}{w_{01}^2 w_{02}^2} z^2 - \dfrac{2d\lambda^2}{\pi^2} \times \dfrac{M_2^2 w_{01}^2}{w_{01}^2 w_{02}^2} z \\[2mm] + M_2^2 w_{02}^2 - M_1^2 w_{01}^2 + \dfrac{d^2 M_2^2 \lambda^2}{\pi^2 w_{02}^2} \end{array} \right] \quad (4-83)$$

$$w_{xy,\phi}^2(z) = \sin\phi\cos\phi \left[\begin{array}{l} \dfrac{\lambda^2}{\pi^2} \times \dfrac{M_2^2 w_{01}^2 - M_1^2 w_{02}^2}{w_{01}^2 w_{02}^2} \left(z - d\,\dfrac{M_2^2 w_{01}^2}{M_2^2 w_{01}^2 - M_1^2 w_{02}^2} \right)^2 \\[2mm] + M_2^2 w_{02}^2 - M_1^2 w_{01}^2 + d^2\dfrac{M_2^2 \lambda^2}{\pi^2 w_{02}^2} - \dfrac{\lambda^2 d^2}{\pi^2 w_{02}^2} \times \dfrac{w_{01}^2 M_2^4}{M_2^2 w_{01}^2 - M_1^2 w_{02}^2} \end{array} \right]$$

$$(4-84)$$

$$w_{0xy,\phi}^2 = \sin\phi\cos\phi \left[M_2^2 w_{02}^2 - M_1^2 w_{01}^2 + \frac{\lambda^2 d^2}{\pi^2} \times \frac{M_1^2 M_2^2}{M_1^2 w_{02}^2 - M_2^2 w_{01}^2} \right] \quad (4-85)$$

$$\theta_{xy,\phi}^2 = -\sin\phi\cos\phi\,\frac{\lambda^2}{\pi^2}\times\frac{M_1^2 w_{02}^2 - M_2^2 w_{01}^2}{w_{01}^2 w_{02}^2} \tag{4-86}$$

在光束的 r 径向上,光斑主轴方向的束半宽平方和与 x 轴和 y 轴方向的束宽平方和相等,即

$$w_r^2(z) = w_1^2(z) + w_2^2(z) = w_{xx,\phi}^2(z) + w_{yy,\phi}^2(z) \tag{4-87}$$

$$w_r^2(z) = \frac{\lambda^2}{\pi^2}\times\frac{M_2^2 w_{01}^2 + M_1^2 w_{02}^2}{w_{01}^2 w_{02}^2}z^2 - \frac{2d\lambda^2 M_2^2}{\pi^2 w_{02}^2}z + M_1^2 w_{01}^2 + M_2^2 w_{02}^2 + \frac{M_2^2 \lambda^2 d^2}{\pi^2 w_{02}^2} \tag{4-88}$$

$$w_r^2(z) = \frac{\lambda^2}{\pi^2}\times\frac{M_2^2 w_{01}^2 + M_1^2 w_{02}^2}{w_{01}^2 w_{02}^2}\left(z - d\,\frac{M_2^2 w_{01}^2}{M_2^2 w_{01}^2 + M_1^2 w_{02}^2}\right)^2$$
$$+ M_1^2 w_{01}^2 + M_2^2 w_{02}^2 + \frac{\lambda^2 d^2}{\pi^2}\times\frac{M_1^2 M_2^2}{M_2^2 w_{01}^2 + M_1^2 w_{02}^2} \tag{4-89}$$

$$w_{0r}^2 = \left[M_1^2 w_{01}^2 + M_2^2 w_{02}^2 + \frac{\lambda^2 d^2}{\pi^2}\times\frac{M_1^2 M_2^2}{M_2^2 w_{01}^2 + M_1^2 w_{02}^2}\right] \tag{4-90}$$

$$\theta_r^2 = \frac{\lambda^2}{\pi^2}\times\frac{M_2^2 w_{01}^2 + M_1^2 w_{02}^2}{w_{01}^2 w_{02}^2} \tag{4-91}$$

定义

$$a_{ZF} = \left(\frac{w_{01}^2}{w_{02}^2} + \frac{w_{02}^2}{w_{01}^2} - 2\right) + \frac{\lambda^2 d^2}{\pi^2 w_{01}^2 w_{02}^2} \tag{4-92}$$

可以推得

$$M_{xx,\phi}^4 = [M_1^2 \cos^2\phi + M_2^2 \sin^2\phi]^2 + \frac{\sin^2(2\phi)}{4}M_1^2 M_2^2 a_{ZF} \tag{4-93}$$

$$M_{yy,\phi}^4 = [M_1^2 \sin^2\phi + M_2^2 \cos^2\phi]^2 + \frac{\sin^2(2\phi)}{4}M_1^2 M_2^2 a_{ZF} \tag{4-94}$$

$$M_{xy,\phi}^4 = \frac{\sin^2(2\phi)}{4}(M_1^2 - M_2^2)^2 - \frac{\sin^2(2\phi)}{4}M_1^2 M_2^2 a_{ZF}$$
$$= \frac{\sin^2(2\phi)}{4}\left[(M_1^2 - M_2^2)^2 - M_1^2 M_2^2 a_{ZF}\right] \tag{4-95}$$

$$M_r^4 = \left[(M_1^2 + M_2^2)^2 + M_1^2 M_2^2 a_{ZF}\right] \geqslant 4 \tag{4-96}$$

式中,$M_1^2 \geqslant 0$,$M_2^2 \geqslant 0$,$a_{ZF} \geqslant 0$。

由式(4-93)和式(4-94)可得

$$M_{xx,\phi}^4 + M_{yy,\phi}^4 + 2M_{xy,\phi}^4 \equiv M_1^4 + M_2^4 \tag{4-97}$$

$$M_{xx,\phi}^4 - M_{yy,\phi}^4 = (M_1^4 - M_2^4)\cos(2\phi) \tag{4-98}$$

$$M_{xx,\phi}^2 - M_{yy,\phi}^2 = \sqrt{[M_1^2 \cos^2\phi + M_2^2 \sin^2\phi]^2 + \frac{\sin^2(2\phi)}{4}M_1^2 M_2^2 a_{ZF}}$$
$$- \sqrt{[M_1^2 \sin^2\phi + M_2^2 \cos^2\phi]^2 + \frac{\sin^2(2\phi)}{4}M_1^2 M_2^2 a_{ZF}} \tag{4-99}$$

当 $\phi = j\pi$(j 为整数)时,式(4-99)取得最大值:

$$\max(M_{xx,\phi}^2 - M_{yy,\phi}^2) = M_1^2 - M_2^2 \qquad (4-100)$$

定义:

$$J_{ZF1} \equiv M_{xx,\phi}^4 + M_{yy,\phi}^4 + 2M_{xy,\phi}^4 = M_1^4 + M_2^4 \qquad (4-101)$$

$$J_{ZF2} = \max(M_{xx,\phi}^4 - M_{yy,\phi}^4) = M_1^4 - M_2^4 \qquad (4-102)$$

$$J_{ZF3} = \max(|M_{xx,\phi}^2 - M_{yy,\phi}^2|) = M_1^2 - M_2^2 \qquad (4-103)$$

若 $J_{ZF3} \neq 0$,则可根据式(4-102)和式(4-103),用参数 J_{ZF2} 和 J_{ZF3} 表示光束的对角化 M^2 参数:

$$M_1^2 + M_2^2 = \frac{J_{ZF2}}{J_{ZF3}}, \quad J_{ZF3} \neq 0 \qquad (4-104)$$

$$M_1^2 = \frac{J_{ZF2} + J_{ZF3}^2}{2J_{ZF3}}, \quad J_{ZF3} \neq 0 \qquad (4-105)$$

$$M_2^2 = \frac{J_{ZF2} - J_{ZF3}^2}{2J_{ZF3}}, \quad J_{ZF3} \neq 0 \qquad (4-106)$$

若 $J_{ZF3} = 0$,可利用参数 J_{ZF1} 求得光束的对角化 M^2 参数:

$$M_1^2 = M_2^2 = \sqrt{\frac{J_{ZF1}}{2}}, \quad J_{ZF3} = 0 \qquad (4-107)$$

进一步的,利用光束的不变量参数可得到光束在主方向上的 M^2 因子,可表示为

$$M_1^2 = \sqrt{\frac{J_{ZF1} + J_{ZF2}}{2}} \qquad (4-108)$$

$$M_2^2 = \sqrt{\frac{J_{ZF1} - J_{ZF2}}{2}} \qquad (4-109)$$

当 $M_1^2 = 2m+1$ 和 $M_2^2 = 2n+1$ 时,J_{ZF1} 的表达式(4-97)退化到式(4-56),J_{ZF2} 的表达式(4-98)退化到式(4-58),在光束主方向上的 M^2 因子表达式(4-108)和式(4-109)退化光束的阶数表达式(4-68)和式(4-69)。当 $M_1^4 = 1$ 和 $M_2^4 = 1$ 时,J_{ZF1} 和 J_{ZF2} 的值分别为 2 和 0,光束的阶数退化到 $m=0$ 和 $n=0$。

$$M_r^4 - J_{ZF1} = M_1^2 M_2^2(2 + a_{ZF}) \qquad (4-110)$$

根据式(4-96)~式(4-98),可求得该光束的像散系数:

$$a_{ZF} = \frac{M_r^4 - (M_1^2 + M_2^2)^2}{M_1^2 M_2^2} \qquad (4-111)$$

$$a_{ZF} = 2\left(\frac{M_r^4 - J_{ZF1}}{\sqrt{J_{ZF1}^2 - J_{ZF2}^2}} - 1\right) \qquad (4-112)$$

上式说明只要测得像散厄米高斯光束的 J_{ZF1}、J_{ZF2} 和 M_r^4,就可以知道光束的像散系数了。当 $M_1^2 = 2m+1$ 和 $M_2^2 = 2n+1$ 时,J_{ZF1} 的表达式(4-101)退化到式(4-56),

J_{ZF2} 的表达式(4 - 102)退化到式(4 - 58),像散系数 a_{ZF} 的表达式(4 - 111)和式(4 - 112)退化到式(4 - 66)。当 $M_1^4 = 1$ 和 $M_2^4 = 1$ 时,J_{ZF1} 和 J_{ZF2} 的值分别为2和0,像散系数 a_{ZF} 的表达式(4 - 111)和式(4 - 112)进一步退化到式(4 - 26)。

4.2 光束的扭曲

为了对比显示扭曲光束的传输特性,针对三种不同的光束(旋转对称光束、像散光束和扭曲光束),基于二阶强度矩计算光束在各个位置及各个方向的束宽平方,给出了几种光束在不同传输位置的光斑轮廓线如图 4 - 12 所示。图 4 - 12(a)和(b)给出了旋转对称光束和简单像散光束的传输轮廓图,可见,没有发生扭曲。图 4 - 12(c)为扭曲光束,由图可见,随着传输距离的增加,光束出现了明显的扭曲,其光斑尺寸主方向绕传输轴旋转。图 4 - 12(d)~(f)给出了光束在不同方位角的传输曲线。由图 4 - 12(d)可见,旋转对称光束在传输过程中横向光斑尺寸与方位角无关,在每一方位角上的光束束宽平方随传输距离的变化都满足同一个二次曲线方程;图 4 - 12(e)为简单像散光束的传输曲线,光束在传输过程中横截面光斑轮廓一般是以椭圆形式存在的,只是在长短轴方向互换的位置上光斑轮廓为圆形。图 4 - 12(f)为扭曲光束的传输曲线,在每一方位角上的光束束宽平方随传输距离的变化都满足二次曲线方程;光束在传输

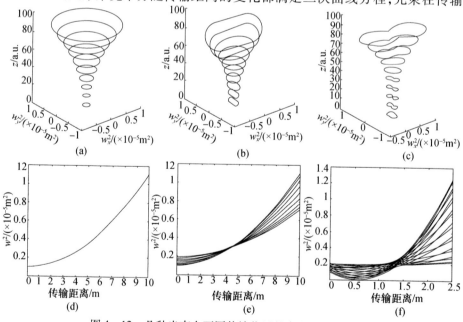

图 4 - 12 几种光束在不同传输位置的束宽平方轮廓线

在不同传输位置的光斑轮廓线:(a)旋转对称光束;(b)像散光束;(c)扭曲光束;
几种光束在不同方位角的束宽平方曲线:(d)旋转对称光束;(e)像散光束;(f)扭曲光束。

过程中横截面光斑轮廓一般是以椭圆形式存在的,在整个传输过程中没有出现光斑轮廓为圆形的情况。图4-13为扭曲光束的束宽图。图4-13(a)为三维束宽轮廓图,图4-13(b)为不同传输位置处的束宽曲线图。图4-14为扭曲光束的等相面曲率图。图4-14(a)为三维等相面曲率轮廓图,图4-14(b)为不同传输位置处的等相面曲率曲线图。图4-15为扭曲光束的 M^4 曲线。

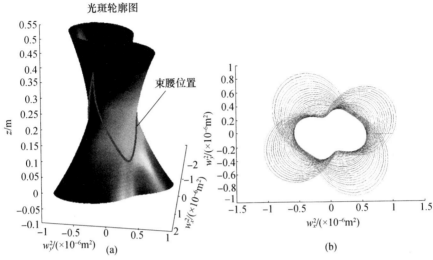

图4-13　扭曲光束的(a)束宽轮廓图和(b)不同传输位置的束宽曲线

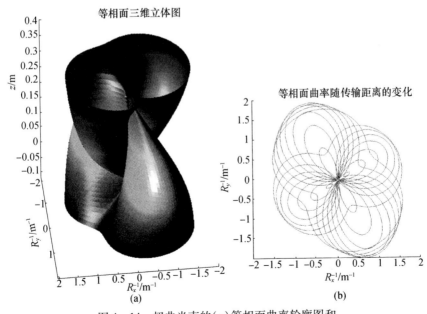

图4-14　扭曲光束的(a)等相面曲率轮廓图和
(b)不同传输位置的等相面曲率曲线

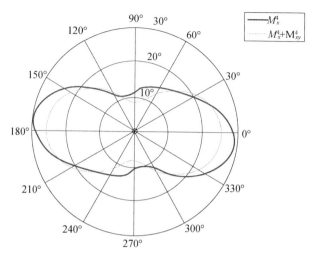

图 4 − 15　扭曲光束的 M^4 曲线

4.2.1　扭曲度 t_{near}、t_{far} 和扭曲系数 t_{ZF}

在每一个传输位置 z 处,对每一个方位角 ϕ 计算光束在 x 轴方向和 y 轴方向的束半宽和等相面曲率。分别找出束半宽和等相面曲率的主方位角 $\phi_w(z)$ 和 $\phi_R(z)$,定义扭曲光束的近场扭曲度:

$$t_{near} = \frac{4}{\pi} |\phi_w(z) - \phi_R(z)| - \text{int}\left[\frac{4}{\pi} |\phi_w(z) - \phi_R(z)|\right] \tag{4 − 113}$$

定义扭曲光束的远场扭曲度:

$$t_{far} = \frac{4}{\pi} |\phi_w(z) - \phi_R(z)|_{z\to\infty} - \text{int}\left[\frac{4}{\pi} |\phi_w(z) - \phi_R(z)|_{z\to\infty}\right] \tag{4 − 114}$$

根据光束的 $M_{xy}^4(\phi)$ 随方位角 ϕ 变化的曲线,取曲线的极大值和极小值,将这两个极值取绝对值后,选出其中的最小值即为扭曲系数。光束的扭曲系数定义为

$$t_{ZF} = \min\{\text{abs}[\min(M_{xy}^4)], \text{abs}[\max(M_{xy}^4)]\} \tag{4 − 115}$$

4.2.2　扭曲基模高斯光束的扭曲系数 t_{ZF}

$$E(x,y,z) = \sqrt{q_1^{-1}q_2^{-1}}\, e^{\mathrm{i}\frac{k}{2}[(q_1^{-1}\cos^2\phi_R + q_2^{-1}\sin^2\phi_R)x^2 + (q_1^{-1}\sin^2\phi_R + q_2^{-1}\cos^2\phi_R)y^2 + \sin(2\phi_R)(q_2^{-1} - q_1^{-1})xy]}$$

$$\times e^{\mathrm{i}\frac{k}{2}\left[\left(\frac{\cos^2\phi_w}{f_1} + \frac{\sin^2\phi_w}{f_2}\right)x^2 + \left(\frac{\sin^2\phi_w}{f_1} + \frac{\cos^2\phi_w}{f_2}\right)y^2 + \sin(2\phi_w)\left(\frac{1}{f_2} - \frac{1}{f_1}\right)xy\right]}$$

$$= \sqrt{q_1^{-1}q_2^{-1}}\, e^{\mathrm{i}\frac{k}{2}(q_{xx,\phi_R}^{-1}{}'x^2 + q_{yy,\phi_R}^{-1}{}'y^2 + 2q_{xy,\phi_R}^{-1}{}'xy)} \tag{4 − 116}$$

式中: $q_1^{-1} = \dfrac{1}{R_1} + \mathrm{i}\,\dfrac{\lambda}{\pi w_1^2}$,$q_2^{-1} = \dfrac{1}{R_2} + \mathrm{i}\,\dfrac{\lambda}{\pi w_2^2}$,其中 R_1、R_2、w_1 和 w_2 分别为简单像散光

束在两可分离方向的等相面曲率半径和光斑尺寸，ϕ_R 和 ϕ_w 分别是等位相椭圆（或双曲线）和等光强椭圆的主轴方向相对于 x 轴方向的夹角。

输出光束的复 Q^{-1} 矩阵为

$$Q^{-1} = \begin{bmatrix} q_{xx}^{-1} & q_{xy}^{-1} \\ q_{xy}^{-1} & q_{yy}^{-1} \end{bmatrix} = \begin{bmatrix} \cos\phi_R & \sin\phi_R \\ -\sin\phi_R & \cos\phi_R \end{bmatrix} \begin{bmatrix} \dfrac{1}{R_1} & 0 \\ 0 & \dfrac{1}{R_2} \end{bmatrix} \begin{bmatrix} \cos\phi_R & -\sin\phi_R \\ \sin\phi_R & \cos\phi_R \end{bmatrix}$$

$$+ \begin{bmatrix} \cos\phi_w & \sin\phi_w \\ -\sin\phi_w & \cos\phi_w \end{bmatrix} \begin{bmatrix} \dfrac{1}{f_1} & 0 \\ 0 & \dfrac{1}{f_2} \end{bmatrix} \begin{bmatrix} \cos\phi_w & -\sin\phi_w \\ \sin\phi_w & \cos\phi_w \end{bmatrix}$$

$$+ \begin{bmatrix} \cos\phi_R & \sin\phi_R \\ -\sin\phi_R & \cos\phi_R \end{bmatrix} \begin{bmatrix} \mathrm{i}\,\dfrac{\lambda}{\pi w_1^2} & 0 \\ 0 & \mathrm{i}\,\dfrac{\lambda}{\pi w_2^2} \end{bmatrix} \begin{bmatrix} \cos\phi_R & -\sin\phi_R \\ \sin\phi_R & \cos\phi_R \end{bmatrix} \tag{4-117}$$

引入旋转坐标系 (ξ_R,η_R) 和 (ξ_w,η_w)，其坐标轴分别与等位相椭圆（或双曲线）和等光强椭圆的主轴方向一致，

$$x = \xi_R\cos\phi_R - \eta_R\sin\phi_R = \xi_w\cos\phi_w - \eta_w\sin\phi_w$$
$$y = \xi_R\sin\phi_R + \eta_R\cos\phi_R = \xi_w\sin\phi_w + \eta_w\cos\phi_w \tag{4-118}$$

式（4-116）可重写为

$$E(x,y,z) = \sqrt{q_1^{-1} q_2^{-1}}\, \mathrm{e}^{-\left(\frac{\xi_w^2}{w_\xi^2} + \frac{\eta_w^2}{w_\eta^2}\right)} \mathrm{e}^{\mathrm{i}\frac{k}{2}\left[\left(\frac{\xi_R^2}{R_\xi^2} + \frac{\eta_R^2}{R_\eta^2}\right)\right]} \tag{4-119}$$

对复杂像散光束，在自由空间或无像差系统传输过程中，光强椭圆和等相面曲率椭圆的主轴方向会发生旋转，并且一般是不重合的，这构成了光束的扭曲特性。

为研究光束在传输过程中的扭曲特性，研究复 Q^{-1} 随传输距离 l 的变化规律，利用 $ABCD$ 定律 $Q'^{-1} = (C + DQ^{-1})(A + BQ^{-1})^{-1}$ 经过较为冗长的推算，可得

$$Q^{-1}(l) = \frac{\begin{bmatrix} \dfrac{1}{R_{xx}} + \mathrm{i}\,\dfrac{\lambda}{\pi w_{xx}^2} + (a+bi)l & \dfrac{1}{R_{xy}} + \mathrm{i}\,\dfrac{\lambda}{\pi w_{xy}^2} \\ \dfrac{1}{R_{xy}} + \mathrm{i}\,\dfrac{\lambda}{\pi w_{xy}^2} & \dfrac{1}{R_{yy}} + \mathrm{i}\,\dfrac{\lambda}{\pi w_{yy}^2} + al \end{bmatrix}}{1 + \dfrac{l}{R_{xx}} + \dfrac{l}{R_{yy}} + \mathrm{i}\,\dfrac{\lambda l}{\pi w_{xx}^2} + \mathrm{i}\,\dfrac{\lambda l}{\pi w_{yy}^2} + (a+bi)l^2} \tag{4-120}$$

其中，

$$a = \frac{1}{R_{xx}R_{yy}} - \frac{1}{R_{xy}^2} - \frac{\lambda^2}{\pi^2 w_{xx}^2 w_{yy}^2} + \frac{\lambda^2}{\pi^2 w_{xy}^4} \tag{4-121}$$

$$b = \frac{2\lambda}{\pi w_{xy}^2 R_{xy}} - \frac{\lambda}{\pi w_{xx}^2 R_{yy}} - \frac{\lambda}{\pi w_{yy}^2 R_{xx}} \tag{4-122}$$

将 $\mathbb{Q}^{-1}(l)$ 参数的实虚部分离可得

$$\mathbb{Q}^{-1}(l) = c \begin{bmatrix} \left(\frac{1}{R_{xx}} + al\right)a' + \left(\frac{\lambda}{\pi w_{xx}^2} - bl\right)b' & \frac{1}{R_{xy}}a' + \frac{\lambda}{\pi w_{xy}^2}b' \\ \frac{1}{R_{xy}}a' + \frac{\lambda}{\pi w_{xy}^2}b' & \left(\frac{1}{R_{yy}} + al\right)a' + \left(\frac{\lambda}{\pi w_{yy}^2} - bl\right)b' \end{bmatrix}$$

$$+ ic \begin{bmatrix} \left(\frac{1}{R_{xx}} + al\right)b' - \left(\frac{\lambda}{\pi w_{xx}^2} - bl\right)a' & \frac{1}{R_{xy}}b' - \frac{\lambda}{\pi w_{xy}^2}a' \\ \frac{1}{R_{xy}}b' - \frac{\lambda}{\pi w_{xy}^2}a' & \left(\frac{1}{R_{yy}} + al\right)b' - \left(\frac{\lambda}{\pi w_{yy}^2} - bl\right)a' \end{bmatrix}$$

$$= c \begin{bmatrix} \left(\frac{1}{R_{xx}} + al\right)a' + \left(\frac{\lambda}{\pi w_{xx}^2} - bl\right)b' & \frac{1}{R_{xy}}a' + \frac{\lambda}{\pi w_{xy}^2}b' \\ \frac{1}{R_{xy}}a' + \frac{\lambda}{\pi w_{xy}^2}b' & \left(\frac{1}{R_{yy}} + al\right)a' + \left(\frac{\lambda}{\pi w_{yy}^2} - bl\right)b' \end{bmatrix}$$

$$- ic \begin{bmatrix} \left(\frac{\lambda}{\pi w_{xx}^2} - bl\right)a' - \left(\frac{1}{R_{xx}} + al\right)b' & \frac{\lambda}{\pi w_{xy}^2}a' - \frac{1}{R_{xy}}b' \\ \frac{\lambda}{\pi w_{xy}^2}a' - \frac{1}{R_{xy}}b' & \left(\frac{\lambda}{\pi w_{yy}^2} - bl\right)a' - \left(\frac{1}{R_{yy}} + al\right)b' \end{bmatrix}$$

$$\tag{4-123}$$

式中

$$c = \frac{1}{\left(1 + \frac{l}{R_{xx}} + \frac{l}{R_{yy}} + al^2\right)^2 + \left(\frac{\lambda l}{\pi w_{xx}^2} + \frac{\lambda l}{\pi w_{yy}^2} - bl^2\right)^2} \tag{4-124}$$

$$a' = \left(1 + \frac{l}{R_{xx}} + \frac{l}{R_{yy}} + al^2\right) \tag{4-125}$$

$$b' = \left(\frac{\lambda l}{\pi w_{xx}^2} + \frac{\lambda l}{\pi w_{yy}^2} - bl^2\right) \tag{4-126}$$

计算可得实部的对角化角度为

$$\phi_R = 0.5 \arctan \frac{\frac{2}{R_{xy}}a' + \frac{2\lambda}{\pi w_{xy}^2}b'}{\left(\frac{1}{R_{yy}} - \frac{1}{R_{xx}}\right)a' + \frac{\lambda}{\pi}\left(\frac{1}{w_{yy}^2} - \frac{1}{w_{xx}^2}\right)b'} \tag{4-127}$$

主方向的等相面曲率为

$$\frac{1}{R_{1,2}} = \frac{\left\{\begin{array}{l}\left(\dfrac{1}{R_{xx}}+\dfrac{1}{R_{yy}}+2al\right)\left(1+\dfrac{l}{R_{xx}}+\dfrac{l}{R_{yy}}+al^2\right)+\left(\dfrac{\lambda}{\pi w_{xx}^2}+\dfrac{\lambda}{\pi w_{yy}^2}-2bl\right)\left(\dfrac{\lambda l}{\pi w_{xx}^2}+\dfrac{\lambda l}{\pi w_{yy}^2}-bl^2\right) \\[3mm] \pm\sqrt{\begin{array}{l}\left[\left(\dfrac{\lambda}{\pi w_{xx}^2}-\dfrac{\lambda}{\pi w_{yy}^2}\right)\left(\dfrac{\lambda l}{\pi w_{xx}^2}+\dfrac{\lambda l}{\pi w_{yy}^2}-bl^2\right)+\left(\dfrac{1}{R_{xx}}-\dfrac{1}{R_{yy}}\right)\left(1+\dfrac{l}{R_{xx}}+\dfrac{l}{R_{yy}}+al^2\right)\right]^2 \\[3mm] +4\left[\dfrac{1}{R_{xy}}\left(1+\dfrac{1}{R_{xx}}+\dfrac{1}{R_{yy}}+al^2\right)+\dfrac{\lambda}{\pi w_{xy}^2}\left(\dfrac{\lambda l}{\pi w_{xx}^2}+\dfrac{\lambda l}{\pi w_{yy}^2}-bl^2\right)\right]\end{array}}\end{array}\right\}}{2\left(1+\dfrac{l}{R_{xx}}+\dfrac{l}{R_{yy}}+al^2\right)^2+2\left(\dfrac{\lambda l}{\pi w_{xx}^2}+\dfrac{\lambda l}{\pi w_{yy}^2}-bl^2\right)^2}$$

$$(4-128)$$

计算可得虚部的对角化角度为

$$\phi_w = 0.5\arctan\frac{\dfrac{2}{R_{xy}}b'-\dfrac{2\lambda}{\pi w_{xy}^2}a'}{\left(\dfrac{1}{R_{yy}}-\dfrac{1}{R_{xx}}\right)b'-\dfrac{\lambda}{\pi}\left(\dfrac{1}{w_{yy}^2}-\dfrac{1}{w_{xx}^2}\right)a'}$$

$$(4-129)$$

利用对角化公式

$$w_1 = \frac{w_{xx}+w_{yy}+\sqrt{(w_{xx}-w_{yy})^2+4w_{xy}^2}}{2}$$

$$(4-130)$$

$$w_2 = \frac{w_{xx}+w_{yy}-\sqrt{(w_{xx}-w_{yy})^2+4w_{xy}^2}}{2}$$

$$(4-131)$$

计算可得光斑主方向的束宽为：

$$\frac{\lambda}{\pi w_{1,2}^2} = \frac{\left\{\begin{array}{l}\dfrac{\lambda a'}{\pi}\left(\dfrac{1}{w_{xx}^2}+\dfrac{1}{w_{yy}^2}\right)-\left(\dfrac{1}{R_{xx}}+\dfrac{1}{R_{yy}}\right)b'-2ab'l-2a'bl \\[3mm] \pm\sqrt{\left[\dfrac{\lambda a'}{\pi}\left(\dfrac{1}{w_{xx}^2}-\dfrac{1}{w_{yy}^2}\right)-\left(\dfrac{1}{R_{xx}}-\dfrac{1}{R_{yy}}\right)b'\right]^2+4\left(\dfrac{\lambda}{\pi w_{xy}^2}a'-\dfrac{1}{R_{xy}}b'\right)^2}\end{array}\right\}}{2\left(1+\dfrac{l}{R_{xx}}+\dfrac{l}{R_{yy}}+al^2\right)^2+2\left(\dfrac{\lambda l}{\pi w_{xx}^2}+\dfrac{\lambda l}{\pi w_{yy}^2}-bl^2\right)^2}$$

$$(4-132)$$

可进一步推得，

$$\phi_R - \phi_w = 0.5\arctan\frac{2(a'^2+b'^2)\left[\dfrac{\lambda}{\pi w_{xy}^2}\left(\dfrac{1}{R_{yy}}-\dfrac{1}{R_{xx}}\right)-\dfrac{1}{R_{xy}}\left(\dfrac{\lambda}{\pi w_{yy}^2}-\dfrac{\lambda}{\pi w_{xx}^2}\right)\right]}{\left(\dfrac{1}{R_{yy}}-\dfrac{1}{R_{xx}}\right)^2 a'^2-\left(\dfrac{\lambda}{\pi w_{yy}^2}-\dfrac{\lambda}{\pi w_{xx}^2}\right)^2 b'^2+4\left(\dfrac{1}{R_{xy}}a'+\dfrac{\lambda}{\pi w_{xy}^2}b'\right)\left(\dfrac{1}{R_{xy}}b'-\dfrac{\lambda}{\pi w_{xy}^2}a'\right)}$$

$$(4-133)$$

当传输距离足够远，有

$$w_{l\to\infty}^{1,2} = l\frac{\sqrt{2(a^2+b^2)}}{\sqrt{-a\left(\dfrac{1}{w_{xx}^2}+\dfrac{1}{w_{yy}^2}\right)-\dfrac{\pi b}{\lambda}\left(\dfrac{1}{R_{xx}}+\dfrac{1}{R_{yy}}\right)\mp\sqrt{\left[\dfrac{\pi b}{\lambda}\left(\dfrac{1}{R_{yy}}-\dfrac{1}{R_{xx}}\right)+a\left(\dfrac{1}{w_{yy}^2}-\dfrac{1}{w_{xx}^2}\right)\right]^2+4\left[\dfrac{\pi b}{\lambda R_{xy}}+\dfrac{a}{w_{xy}^2}\right]^2}}}$$

$$R_{12}\atop{l\to\infty} = l$$

$$(4-134)$$

$$(\phi_R - \phi_w)_{l\to\infty} = 0.5 \arctan \frac{2(a^2+b^2)\left[\frac{\lambda}{\pi w_{xy}^2}\left(\frac{1}{R_{yy}}-\frac{1}{R_{xx}}\right)-\frac{1}{R_{xy}}\left(\frac{\lambda}{\pi w_{yy}^2}-\frac{\lambda}{\pi w_{xx}^2}\right)\right]}{\left(\frac{1}{R_{yy}}-\frac{1}{R_{xx}}\right)^2 a^2 - \left(\frac{\lambda}{\pi w_{yy}^2}-\frac{\lambda}{\pi w_{xx}^2}\right)^2 b^2 - 4\left(\frac{1}{R_{xy}}a-b\frac{\lambda}{\pi w_{xy}^2}\right)\left(\frac{\lambda}{\pi w_{xy}^2}a+b\frac{1}{R_{xy}}\right)}$$

$$(4-135)$$

图 4-16 和图 4-17 给出了复 Q^{-1} 矩阵为 $\begin{bmatrix} \frac{1}{10^{10}\lambda}+\mathrm{i}\frac{1}{10^6\pi\lambda} & 0 \\ 0 & \frac{1}{10^{10}\lambda}+\mathrm{i}\frac{1}{4\times10^6\pi\lambda} \end{bmatrix}$ 的

激光束 M^4 参数曲线,以及该激光束经过一个焦距为 $3\times10^6\lambda$ 的柱透镜后(母线与 x 方向的夹角为 $60°$)的 M^4 参数曲线。由图 4-16 可以看出,引入扭曲后,M_x^4 的值和 M_{xy}^4 的值明显变大,这就是通常意义下的光束质量变差。但是,由图 4-17 可见,引入扭曲后,M_r^4 的值明显变大,但 J_{ZF1} 的值明显变小,这是由于 M_{xy}^4 的值为较大的负数造成的。基于二阶强度矩得到扭曲基模高斯光束的束宽如图 4-18 所示。图 4-18(a) 给出了光束的三维束宽轮廓图,图中还标出了在各个方位角上的束腰位置。图 4-18(b) 给出了在不同传输位置处的束宽曲线图,很容易看到束宽曲线的主方向在旋转。扭曲基模高斯光束的等相面曲率如图 4-19 所示。图 4-19(a) 给出了光束的三维等相面曲率轮廓图,图 4-19(b) 给出了在不同传输位置处的束宽曲率曲线图。图 4-20 给出了扭曲基模高斯光束的 M^4 曲线图,光束在各个方向上的 M^2 都大于 1 了。

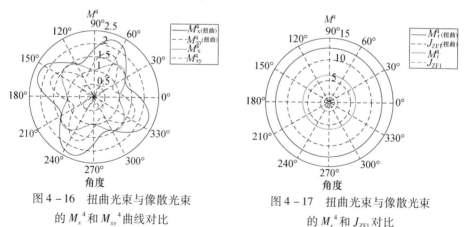

图 4-16 扭曲束与像散束的 M_x^4 和 M_{xy}^4 曲线对比

图 4-17 扭曲束与像散束的 M_r^4 和 J_{ZF1} 对比

4.2.3 扭曲 H-G$_{mn}$ 模式光束的扭曲系数 t_{ZF}

H-G$_{mn}$ 模式光束通过扭曲光学系统后,则变为扭曲 H-G$_{mn}$ 模式光束。当 H-G$_{mn}$ 光束通过简单像散光学系统时,若光束的主方向与像散光学系统的主方向呈任意夹角时,也可变为扭曲 H-G$_{mn}$ 模式光束。作为计算例,设基模光斑尺寸为 $w_s=10\mu m$ 的 H-G$_{03}$ 模式光束,经过母线方向与 x 轴夹角为 ϕ_{lens} 且焦距为 $50w_s$ 的柱透镜,并传输距离 0.3mm,计算得到输出光束的光斑图样、不同传输位置的光斑轮廓图和 M^4 曲线如图 4 – 21 ~ 图 4 – 29 所示。

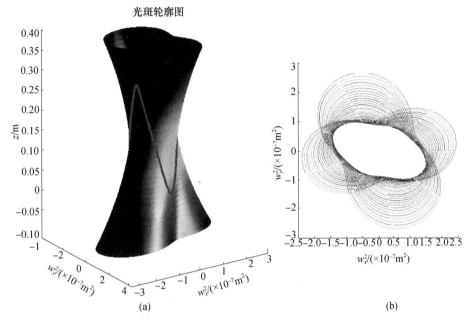

图 4 – 18 基于强度二阶矩得到的(a)扭曲基模高斯光束的束宽轮廓图和(b)在不同传输位置处的束宽曲线图

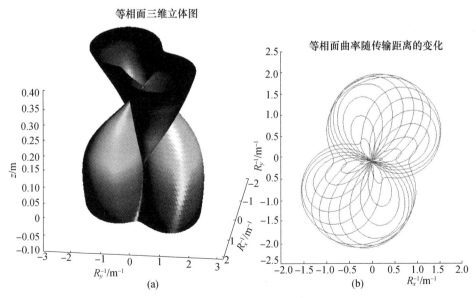

图 4 – 19 扭曲基模高斯光束的(a)等相面曲率轮廓图和(b)在不同传输位置处的等相面曲率曲线图

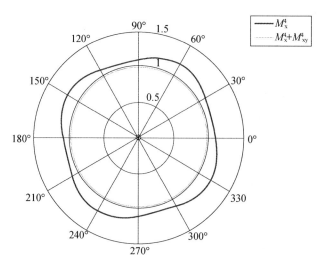

图 4 - 20　扭曲基模高斯光束的 M^4 曲线图

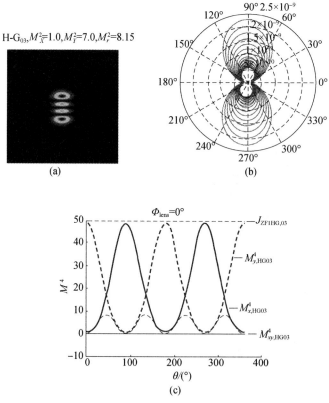

图 4 - 21　H-G$_{03}$模式光束的(a)光斑图样、(b)不同传输位置的

光斑轮廓图和(c)M^4曲线

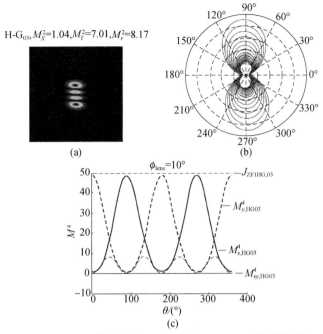

图 4 – 22　H-G$_{03}$模式光束经过方位角 $\phi_{lens}=10°$ 的透镜后的
（a）光斑图样、（b）不同传输位置的光斑轮廓图和（c）M^4 曲线

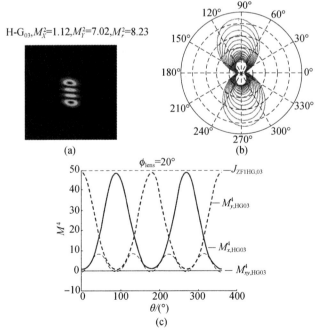

图 4 – 23　H-G$_{03}$模式光束经过方位角 $\phi_{lens}=20°$ 的透镜后的
（a）光斑图样、（b）不同传输位置的光斑轮廓图和（c）M^4 曲线

H-G$_{03}$,M_X^2=1.26,M_Y^2=7.04,M_r^2=8.34

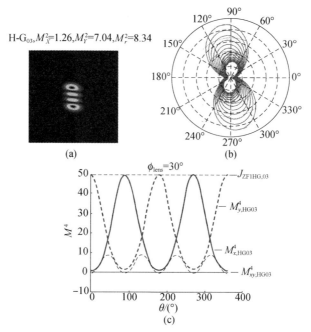

(a)   (b)

图 4 – 24   H-G$_{03}$ 模式光束经过方位角 ϕ_{lens} = 30° 的透镜后的
（a）光斑图样、（b）不同传输位置的光斑轮廓图和（c）M^4 曲线

H-G$_{03}$,M_X^2=1.26,M_Y^2=7.04,M_r^2=8.34

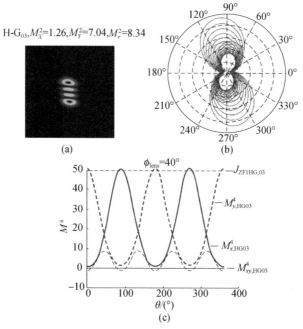

(a)   (b)

图 4 – 25   H-G$_{03}$ 模式光束经过方位角 ϕ_{lens} = 40° 的透镜后的
（a）光斑图样、（b）不同传输位置的光斑轮廓图和（c）M^4 曲线

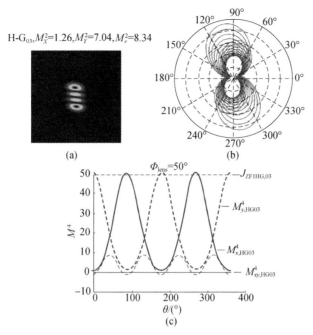

H-G$_{03}$,M_X^2=1.26,M_Y^2=7.04,M_r^2=8.34

(a)

(b)

Φ_{lens}=50°

(c)

图 4 – 26　H-G$_{03}$模式光束经过方位角 ϕ_{lens} = 50°的透镜后的

（a）光斑图样、（b）不同传输位置的光斑轮廓图和（c）M^4曲线

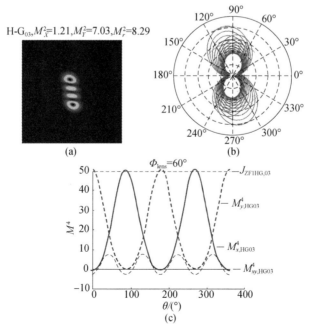

H-G$_{03}$,M_X^2=1.21,M_Y^2=7.03,M_r^2=8.29

(a)

(b)

Φ_{lens}=60°

(c)

图 4 – 27　H-G$_{03}$模式光束经过方位角 ϕ_{lens} = 60°的透镜后的

（a）光斑图样、（b）不同传输位置的光斑轮廓图和（c）M^4曲线

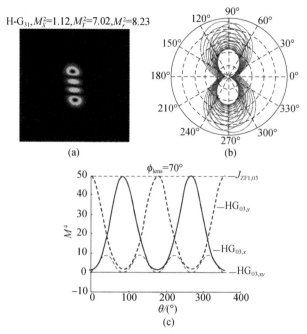

图 4-28　H-G$_{03}$模式光束经过方位角 $\phi_{\text{lens}}=70°$的透镜后的
（a）光斑图样、（b）不同传输位置的光斑轮廓图和（c）M^4曲线

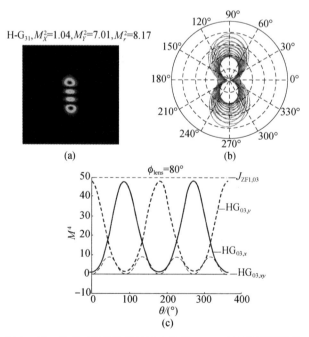

图 4-29　H-G$_{03}$模式光束经过方位角 $\phi_{\text{lens}}=80°$的透镜后的
（a）光斑图样、（b）不同传输位置的光斑轮廓图和（c）M^4曲线

作为计算例,对比了 $H\text{-}G_{00} \sim H\text{-}G_{33}$ 模式光束的扭曲系数 t_{ZF} 和束质量 Q_{ZF} 随着柱透镜方位角 ϕ_{lens} 的变化曲线,如图 4-30 ~ 图 4-33 所示。

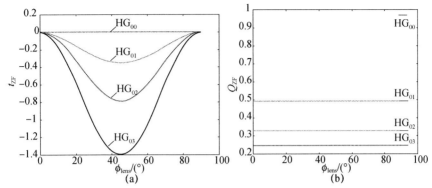

图 4-30　$H\text{-}G_{00} \sim H\text{-}G_{03}$ 模式光束经过方位角为 ϕ_{lens} 的
透镜后的(a)扭曲系数 t_{ZF} 和(b)束质量 Q_{ZF}

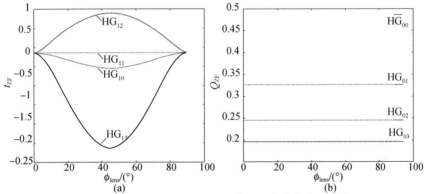

图 4-31　$H\text{-}G_{10} \sim H\text{-}G_{13}$ 模式光束经过方位角为 ϕ_{lens} 的
透镜后的(a)扭曲系数 t_{ZF} 和(b)束质量 Q_{ZF}

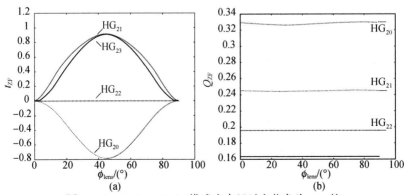

图 4-32　$H\text{-}G_{20} \sim H\text{-}G_{23}$ 模式光束经过方位角为 ϕ_{lens} 的
透镜后的(a)扭曲系数 t_{ZF} 和(b)束质量 Q_{ZF}

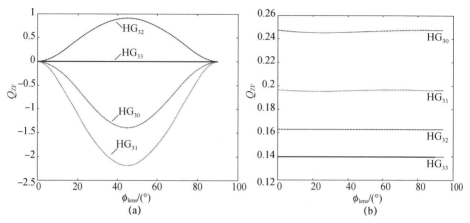

图 4-33　H-G$_{30}$ ～ H-G$_{33}$ 模式光束经过方位角为 ϕ_{lens} 的
透镜后的 (a) 扭曲系数 t_{ZF} 和 (b) 束质量 Q_{ZF}

4.2.4　扭曲 L-G$_{pl}$ 模式光束的扭曲系数 t_{ZF}

L-G$_{pl}$ 模式光束通过扭曲光学系统后,则变为扭曲 L-G$_{p1}$ 模式光束。当 L-G$_{p1}$ 模式光束通过简单像散光学系统时,若光束的主方向与像散光学系统的主方向呈任意夹角,也可变为扭曲 L-G$_{p1}$ 模式光束。作为计算例,设基模光斑尺寸 $w_{\text{s}} = 10\,\mu\text{m}$ 的 L-G$_{30}$ 模式光束,经过母线在 x 轴方向且焦距为 $200\,\mu\text{m}$ 的柱透镜,传输距离 $0.15\,\text{mm}$ 后,再经过母线方向与 x 轴夹角为 ϕ_{lens} 且焦距为 $200\,\mu\text{m}$ 的柱透镜,计算得到输出光束的光斑图样、不同传输位置的光斑轮廓图和 M^4 曲线如图 4-34 ～ 图 4-42 所示。

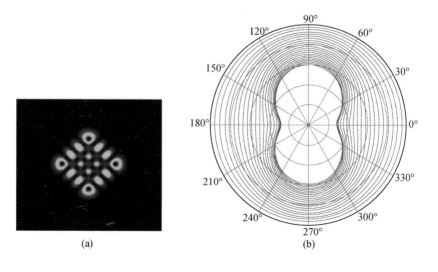

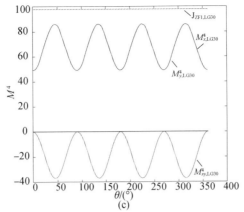

图 4 - 34　$\phi_{\text{lens2}} = 0°$ 时，L-G_{30} 模式光束的光斑图样、不同传输位置的

光斑轮廓图和 M^4 曲线

（a）光斑图样；（b）光斑轮廓图；（c）M^4 曲线。

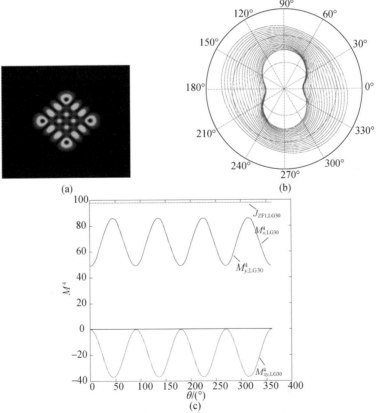

图 4 - 35　$\phi_{\text{lens2}} = 10°$ 时，扭曲 L-G_{30} 模式光束的光斑图样、不同传输位置的

光斑轮廓图和 M^4 曲线

（a）光斑图样；（b）光斑轮廓图；（c）M^4 曲线。

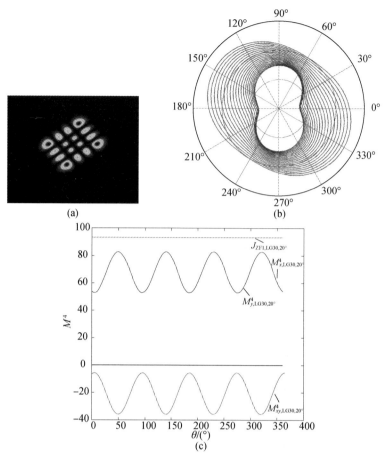

图 4 - 36　$\phi_{\text{lens2}} = 20°$时，扭曲 L-G$_{30}$ 模式光束的光斑图样、不同传输位置的
光斑轮廓图和 M^4 曲线

（a）光斑图样；（b）光斑轮廓图；（c）M^4 曲线。

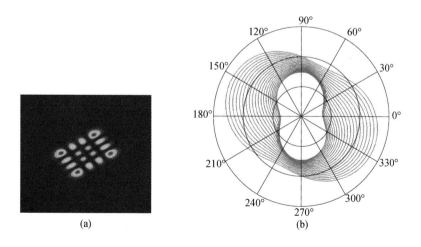

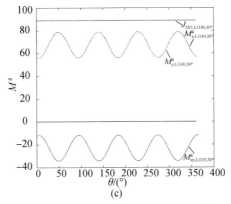

图 4 - 37　$\phi_{\text{lens2}} = 30°$时,扭曲 L-G$_{30}$ 模式光束的光斑图样、不同传输位置的

光斑轮廓图和 M^4 曲线

(a)光斑图样;(b)光斑轮廓图;(c)M^4 曲线。

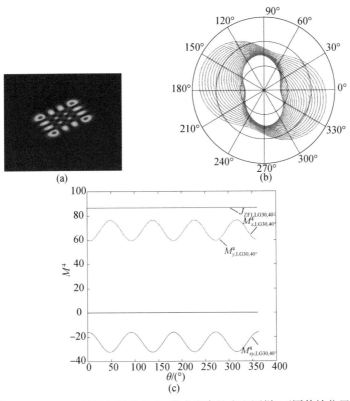

图 4 - 38　$\phi_{\text{lens2}} = 40°$时,扭曲 L-G$_{30}$ 模式光束的光斑图样、不同传输位置的

光斑轮廓图和 M^4 曲线

(a)光斑图样;(b)光斑轮廓图;(c)M^4 曲线。

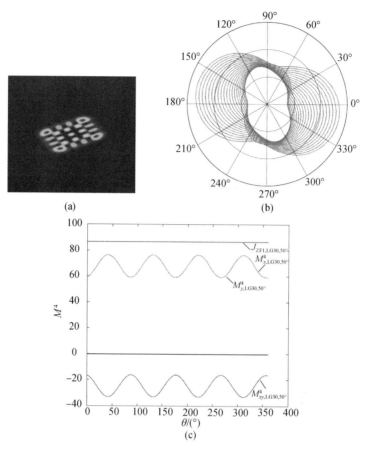

图4-39　$\phi_{lens2}=50°$时,扭曲 L-G$_{30}$ 模式光束的光斑图样、不同传输位置的

光斑轮廓图和 M^4 曲线

（a）光斑图样；（b）光斑轮廓图；（c）M^4 曲线。

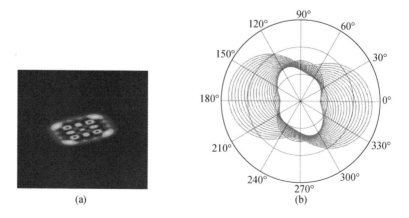

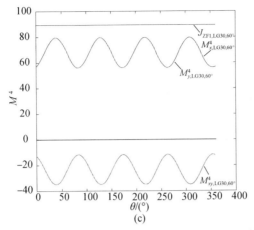

图4-40 $\phi_{lens2}=60°$时,扭曲L-G$_{30}$模式光束的光斑图样、不同传输位置的

光斑轮廓图和M^4曲线

（a）光斑图样；（b）光斑轮廓图；（c）M^4曲线。

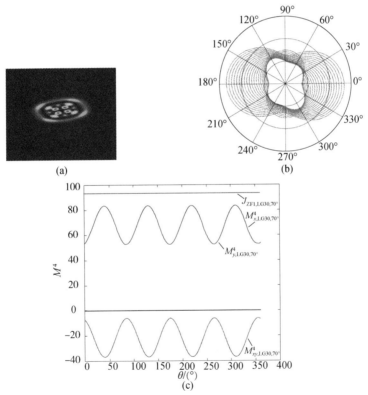

图4-41 $\phi_{lens2}=70°$时,扭曲LG$_{30}$模式光束的光斑图样、不同传输位置的

光斑轮廓图和M^4曲线

（a）光斑图样；（b）光斑轮廓图；（c）M^4曲线。

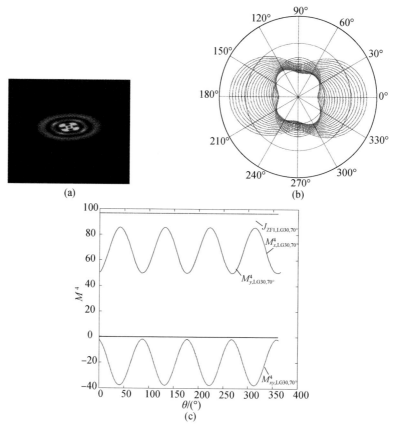

图 4 - 42 $\phi_{\text{lens2}} = 80°$时，扭曲 L-G$_{30}$模式光束的光斑图样、不同传输位置的

光斑轮廓图和 M^4 曲线

（a）光斑图样；（b）光斑轮廓图；（c）M^4曲线。

作为计算例，设基模光斑尺寸为 $w_s = 10\mu m$，对比了 L-G$_{01}$ 模式 ～ L-G$_{33}$ 模式光束经过母线在 x 轴方向且焦距为 $200\mu m$ 的柱透镜，传输距 $0.15mm$ 后，再经过母线方向与 x 轴夹角为 Φ_{lens2} 且焦距为 $200\mu m$ 的柱透镜后，输出光束的扭曲系数 t_{ZF} 和束质量 Q_{ZF} 随着柱透镜方位角 Φ_{lens2} 变化的曲线，如图 4 - 43 ～ 图 4 - 45 所示。

4.2.5 扭曲 LP$_{mn}$模式光束的扭曲系数 t_{ZF}

LP$_{mn}$模式光束[17-19]从光纤端面输出后若再通过扭曲光学系统，则变为扭曲 LP$_{mn}$模式光束。当 LP$_{1n}$模式光束通过简单像散光学系统时，若光束的主方向与像散光学系统的主方向呈任意夹角时，也可变为扭曲 LP$_{1n}$模式光束。作为计算例，LP$_{11}$模式光束经过母线方向与 x 轴夹角为 ϕ_{lens} 且焦距为 $10mm$ 的柱透镜，并传输距离 $25mm$ 时，计算得到输出光束的光斑图样和 M^4 曲线如图 4 - 46 ～ 图 4 - 54 所示。

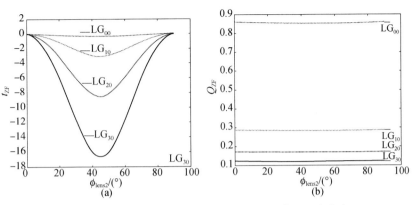

图 4 - 43　L-G$_{00}$、L-G$_{10}$、L-G$_{20}$ 和 L-G$_{30}$ 模式光束经过方位角

为 $\phi_{\text{lens}2}$ 的透镜后的 (a) 扭曲系数 t_{ZF} 和 (b) 束质量 Q_{ZF}

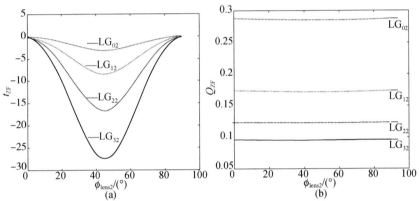

图 4 - 44　L-G$_{02}$、L-G$_{12}$、L-G$_{22}$ 和 L-G$_{32}$ 模式光束经过方位角

为 $\phi_{\text{lens}2}$ 的透镜后的 (a) 扭曲系数 t_{ZF} 和 (b) 束质量 Q_{ZF}

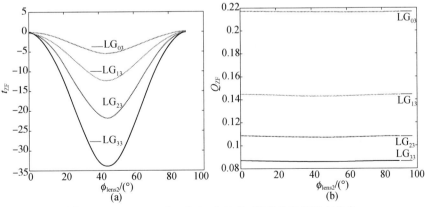

图 4 - 45　L-G$_{03}$、L-G$_{13}$、L-G$_{23}$ 和 L-G$_{33}$ 模式光束经过方位角

为 $\phi_{\text{lens}2}$ 的透镜后的 (a) 扭曲系数 t_{ZF} 和 (b) 束质量 Q_{ZF}

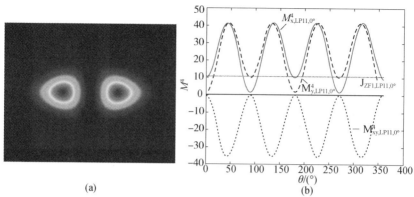

(a)
(b)

图 4 - 46　LP₁₁ 模式光束经过方位角 $\phi_{lens}=0°$ 的柱透镜

并传输 20mm 后的光斑图样和 M^4 曲线

（a）光斑图样；（b）M^4 曲线。

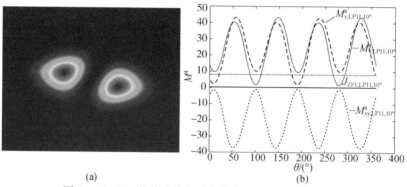

(a)
(b)

图 4 - 47　LP₁₁ 模式光束经过方位角 $\phi_{lens}=10°$ 的透镜后

并传输 20mm 后的光斑图样和 M^4 曲线

（a）光斑图样；（b）M^4 曲线。

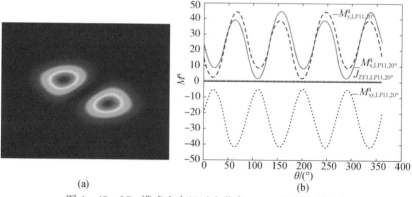

(a)
(b)

图 4 - 48　LP₁₁ 模式光束经过方位角 $\phi_{lens}=20°$ 的透镜后

并传输 20mm 后的光斑图样和 M^4 曲线

（a）光斑图样；（b）M^4 曲线。

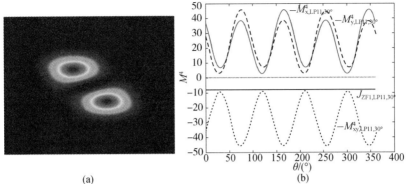

(a)　　　　　　　　　　(b)

图 4 - 49　LP_{11} 模式光束经过方位角 $\phi_{lens} = 30°$ 的透镜后

并传输 20mm 后的光斑图样和 M^4 曲线

(a)光斑图样;(b)M^4 曲线。

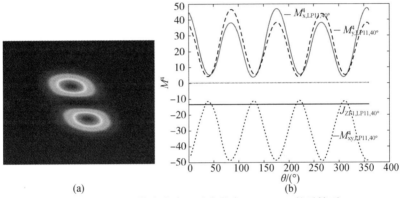

(a)　　　　　　　　　　(b)

图 4 - 50　LP_{11} 模式光束经过方位角 $\phi_{lens} = 40°$ 的透镜后

并传输 20mm 后的光斑图样和 M^4 曲线

(a)光斑图样;(b)M^4 曲线。

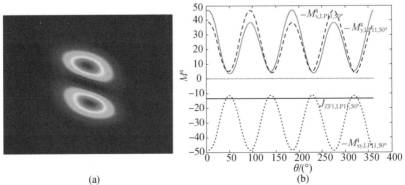

(a)　　　　　　　　　　(b)

图 4 - 51　LP_{11} 模式光束经过方位角 $\phi_{lens} = 50°$ 的透镜后

并传输 20mm 后的光斑图样和 M^4 曲线

(a)光斑图样;(b)M^4 曲线。

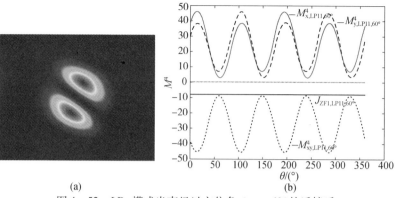

(a)

(b)

图 4 – 52　LP$_{11}$ 模式光束经过方位角 ϕ_{lens} =60° 的透镜后

并传输 20mm 后的光斑图样和 M^4 曲线

（a）光斑图样；（b）M^4 曲线。

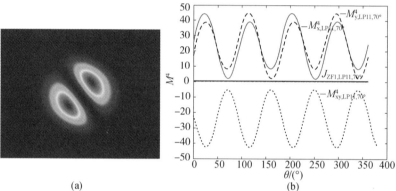

(a)

(b)

图 4 – 53　LP$_{11}$ 模式光束经过方位角 ϕ_{lens} =70° 的透镜后

并传输 20mm 后的光斑图样和 M^4 曲线

（a）光斑图样；（b）M^4 曲线。

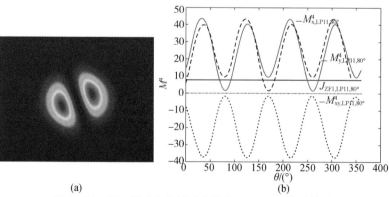

(a)

(b)

图 4 – 54　LP$_{11}$ 模式光束经过方位角 ϕ_{lens} =80° 的透镜后

并传输 20mm 后的光斑图样和 M^4 曲线

（a）光斑图样；（b）M^4 曲线。

作为计算例,设纤芯半径为 15μm,对比 LP$_{01}$ ~ LP$_{34}$ 模式光束经过母线在 x 轴方向且焦距为 30mm 的柱透镜,传输距离 4mm 后,再经过母线方向与 x 轴夹角为 Φ_{lens2} 且焦距为 7.5mm 的柱透镜后,输出光束的扭曲系数 t_{ZF} 和束质量 Q_{ZF} 随着柱透镜方位角 Φ_{lens2} 变化的曲线,如图 4 - 55 ~ 图 4 - 58 所示。

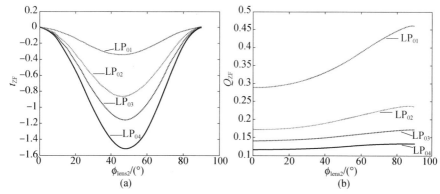

图 4 - 55 LP$_{01}$ ~ LP$_{04}$ 模式光束经过方位角为 ϕ_{lens2} 的透镜后的扭曲系数 t_{ZF} 和质量 Q_{ZF}

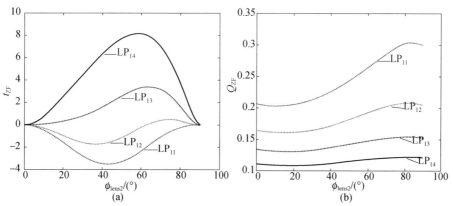

图 4 - 56 LP$_{11}$ ~ LP$_{14}$ 模式光束经过方位角为 ϕ_{lens2} 的透镜后的扭曲系数 t_{ZF} 和质量 Q_{ZF}

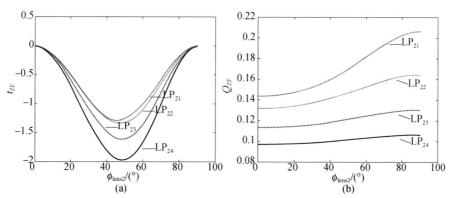

图 4 - 57 LP$_{21}$ ~ LP$_{24}$ 模式光束经过方位角为 ϕ_{lens2} 的透镜后的扭曲系数 t_{ZF} 和质量 Q_{ZF}

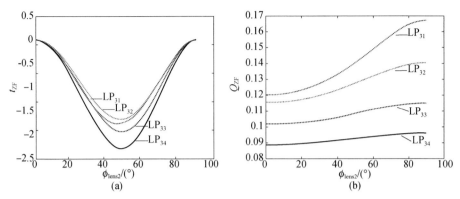

图 4 - 58　LP$_{31}$ ~ LP$_{34}$ 模式光束经过方位角为 ϕ_{lens2} 的透镜后的扭曲系数 t_{ZF} 和束质量 Q_{ZF}

参考文献

[1]　Md Arafat Hossain, John Canning, Kevin Cook, et al. Smartphone laser beam spatial profiler[J]. Optics Letters, 2015, 40(22): 5156 – 5159.

[2]　Oliver A. Schmidt, Christian Schulze, Daniel Flamm, et al. Real – time determination of laser beam quality by modal decomposition[J]. Optics Express, 2011, 19(7): 6741 – 6748.

[3]　Daniel Flamm, Christian Schulze, Robert Brüning, et al. Fast M2 measurement for fiber beams based on modal analysis[J]. Applied Optics, 2012, 51(7): 987 – 993.

[4]　Kaiser T, Flamm D, Schröter S, et al. Complete modal decomposition for optical fibers using CGH – based correlation filters[J]. Optics Express, 2009, 17(11): 9347 – 9356.

[5]　Junling Long, Ruifeng Liu, Feiran Wang, et al. Evaluating Laguerre – Gaussian beams with an invariant parameter[J]. Optics Letters, 2013, 38(16): 3047 – 3049.

[6]　Amiel Ishaaya, Vardit Eckhouse, Liran Shimshi, et al. Improving the output beam quality of multimode laser resonators[J]. Optics Express, 2005, 13(7): 2722 – 2730.

[7]　ML Gong, Yuntao Qiu, Lei Huang, et al. Beam quality improvement by joint compensation of amplitude and phase[J]. Optics Letters, 2013, 38(7): 1101 – 1103.

[8]　Sheldakova J V, Kudryashov A V, Zavalova V Y, et al. Beam quality measurements with Shack – Hartmann wavefront sensor and M2 – sensor: comparison of two methods[C]. in Laser Resonators and Beam Control IX, San Jose, CA, USA. 2007, 6452: 645207 – 5.

[9]　Siegman A E. How to (maybe) measure laser beam quality[J]. OSA Trends in Optics and Photonics Series, 1998, 17(2): 184 – 199.

[10]　Bonora S, Beydaghyan G, Haché A, et al. Mid – IR laser beam quality measurement through vanadium dioxide optical switching[J]. Optics Letters, 2013, 38(9): 1554 – 1556.

[11]　Yi Ke, Ciling Zeng, Peiyuan Xie, et al. Measurement system with high accuracy for laser beam quality[J]. Applied Optics, 2015, 54(15): 4876 – 4880.

[12]　Yoda H, Pavel Polynkin, Masud Mansuripur. Corrections to "Beam Quality Factor of Higher Order Modes in a Step – Index Fiber" [J]. Journal of Lightwave Technology, 2009, 27(27): 1237 – 1237.

[13] Hidehiko Yoda, Pavel Polynkin, Masud Mansuripur. Beam quality factor of higher order modes in a step − index fiber[J]. Journal of Lightwave Technology, 2006, 24 (3) : 1350.

[14] Koplow J P, Kliner D A, Goldberg L. Single − mode operation of a coiled multimode fiber amplifier[J]. Optics Letters, 2000, 25 (7) : 442 − 4.

[15] Anthony E Siegman. Defining the effective radius of curvature for a nonideal optical beam[J]. IEEE Journal of Quantum Electronics, 1991, 27 (5) : 1146 − 1148.

[16] Dt Gloge. Dispersion in weakly guiding fibers[J]. Applied Optics, 1971, 10 (11) : 2442 − 2445.

[17] Pu Zhou, Zejin Liu, Xiaojun Xu, et al. Beam quality factor for coherently combined fiber laser beams[J]. Optics & Laser Technology, 2009, 41 (3) : 268 − 271.

[18] Yage Zhan, Qinyu Yang, Hua Wu, et al. Degradation of beam quality and depolarization of the laser beam in a step − index multimode optical fiber[J]. Optik, 2009, 120 (12) : 585 − 590.

[19] Miles Padgett, L Allen. Light with a twist in its tail[J]. Contemporary Physics, 2000, 41 (5) : 275 − 285.

第5章

光束质量 M 曲线和 M 矩阵

5.1 M 参数的定义

5.1.1 由二阶强度矩束宽二次曲线确定 M 参数

笛卡儿坐标系中,设沿 z 轴传输的光束在空间域中的场分布为 $E(x,y,z)$,则光强分布为

$$I(x,y,z) = E(x,y,z)E^*(x,y,z) \tag{5-1}$$

与 $E(x,y,z)$ 相对应的空间频率域中的场分布为

$$E_F(f_x,f_y,z) = \mathcal{F}\{E(x,y,z)\} \tag{5-2}$$

则空间频率域中的光强分布为

$$I_F(f_x,f_y,z) = E_F(f_x,f_y,z)E_F^*(f_x,f_y,z) \tag{5-3}$$

对位置 z 处的光束,它的零阶强度矩确定了光束的总功率,即

$$P = \int_{-\infty}^{\infty}\int_{-\infty}^{\infty} I(x,y,z)\,\mathrm{d}x\mathrm{d}y = \int_{-\infty}^{\infty}\int_{-\infty}^{\infty} I_F(f_x,f_y,z)\,\mathrm{d}f_x\mathrm{d}f_y \tag{5-4}$$

对位置 z 处的光束,它的一阶强度矩确定了光束的重心。光束在空间域和频率域的重心坐标位置为

$$\langle x(z)\rangle = \frac{\displaystyle\int_{-\infty}^{\infty}\int_{-\infty}^{\infty} xI(x,y,z)\,\mathrm{d}x\mathrm{d}y}{P} \tag{5-5}$$

$$\langle y(z)\rangle = \frac{\displaystyle\int_{-\infty}^{\infty}\int_{-\infty}^{\infty} yI(x,y,z)\,\mathrm{d}x\mathrm{d}y}{P} \tag{5-6}$$

$$\langle f_x(z)\rangle = \frac{\displaystyle\int_{-\infty}^{\infty}\int_{-\infty}^{\infty} f_xI_F(f_x,f_y,z)\,\mathrm{d}f_x\mathrm{d}f_y}{P} \tag{5-7}$$

$$\langle f_y(z)\rangle = \frac{\displaystyle\int_{-\infty}^{\infty}\int_{-\infty}^{\infty} f_yI_F(f_x,f_y,z)\,\mathrm{d}f_x\mathrm{d}f_y}{P} \tag{5-8}$$

根据国际标准化组织的"4σ 准则"[1],采用二阶强度矩可以确定光束的束

宽[2]。光斑半宽的平方定义为光场分布均方差值的 4 倍。在空间域有光束在 x 轴方向的束宽 w_{xx}^2、y 轴方向的束宽 w_{yy}^2、交叉方向的束宽 w_{xy}^2 和 r 径向的束宽 w_r^2。在空间频率域有光束在 x 轴方向的发散角宽度 θ_{xx}^2、y 轴方向的发散角宽度 θ_{yy}^2、交叉方向的发散角宽度 θ_{xy}^2 和 r 径向的发散角宽度 θ_r^2。其分别为

$$w_{xx}^2(z) = 4\sigma_{xx}^2(z) = \frac{4\displaystyle\int_{-\infty}^{\infty}\int_{-\infty}^{\infty}(x-\langle x\rangle)^2 I(x,y,z)\,\mathrm{d}x\mathrm{d}y}{P} \tag{5-9}$$

$$w_{yy}^2(z) = 4\sigma_{yy}^2(z) = \frac{4\displaystyle\int_{-\infty}^{\infty}\int_{-\infty}^{\infty}(y-\langle y\rangle)^2 I(x,y,z)\,\mathrm{d}x\mathrm{d}y}{P} \tag{5-10}$$

$$w_{xy}^2(z) = 4\sigma_{xy}^2(z) = \frac{4\displaystyle\int_{-\infty}^{\infty}\int_{-\infty}^{\infty}(x-\langle x\rangle)(y-\langle y\rangle) I(x,y,z)\,\mathrm{d}x\mathrm{d}y}{P}$$
$$\tag{5-11}$$

$$w_r^2(z) = 4\sigma_r^2(z) = \frac{4\displaystyle\int_{-\infty}^{\infty}\int_{-\infty}^{\infty}[(x-\langle x\rangle)^2+(y-\langle y\rangle)^2] I(x,y,z)\,\mathrm{d}x\mathrm{d}y}{P}$$
$$\tag{5-12}$$

$$\theta_{xx}^2 = \frac{4\lambda^2\displaystyle\int_{-\infty}^{\infty}\int_{-\infty}^{\infty}(f_x-\langle f_x\rangle)^2 I_{\mathrm{F}}(f_x,f_y,z)\,\mathrm{d}f_x\mathrm{d}f_y}{P} \tag{5-13}$$

$$\theta_{yy}^2 = \frac{4\lambda^2\displaystyle\int_{-\infty}^{\infty}\int_{-\infty}^{\infty}(f_y-\langle f_y\rangle)^2 I_{\mathrm{F}}(f_x,f_y,z)\,\mathrm{d}f_x\mathrm{d}f_y}{P} \tag{5-14}$$

$$\theta_{xy}^2 = \frac{4\lambda^2\displaystyle\int_{-\infty}^{\infty}\int_{-\infty}^{\infty}(f_x-\langle f_x\rangle)(f_y-\langle f_y\rangle) I_{\mathrm{F}}(f_x,f_y,z)\,\mathrm{d}f_x\mathrm{d}f_y}{P} \tag{5-15}$$

$$\theta_r^2 = \frac{4\lambda^2\displaystyle\int_{-\infty}^{\infty}\int_{-\infty}^{\infty}[(f_x-\langle f_x\rangle)^2+(f_y-\langle f_y\rangle)^2] I_{\mathrm{F}}(f_x,f_y,z)\,\mathrm{d}f_x\mathrm{d}f_y}{P}$$
$$\tag{5-16}$$

依据 ISO 标准[2-4]，以二阶矩定义的束宽在传输过程中满足二次曲线

$$w_{xx,yy,xy,r}^2(z) = A_{xx,yy,xy,r}z^2 + B_{xx,yy,xy,r}z + C_{xx,yy,xy,r} \tag{5-17}$$

式中：$w_{x,y,xy,r}$ 为光束在 x 轴方向、y 轴方向和交叉方向以及 r 径向的束宽；$A_{xx,yy,r}$、$B_{xx,yy,xy,r}$ 和 $C_{xx,yy,xy,r}$ 是二次曲线系数。

可得光束束腰、发散角和束腰位置[2]为

$$w_{xx0,yy0,xy0,r0}^2 = C_{xx,yy,xy,r} - \frac{B_{xx,yy,xy,r}^2}{4A_{xx,yy,xy,r}} \tag{5-18}$$

$$\theta_{xx,yy,xy,r}^2 = A_{xx,yy,xy,r} \tag{5-19}$$

$$l_{0xx,0yy,0xy,0r} = -B_{xx,yy,xy,r}/2A_{xx,yy,xy,r} \qquad (5-20)$$

定义光束质量因子 M^4 参数为

$$M^4_{xx,yy,xy,r} = \frac{\pi^2}{\lambda^2}w^2_{0xx,0yy,0xy,0r}\theta^2_{xx,yy,xy,r} = \frac{\pi^2}{\lambda^2} \cdot (A_{xx,yy,xy,r}C_{xx,yy,xy,r} - B^2_{xx,yy,xy,r}/4) \qquad (5-21)$$

5.1.2 由 V 矩阵元确定 M 参数

为了便于表征光束,参照 V 矩阵的定义可写出光束参数矩阵:

$$V = \begin{bmatrix} w^2_{xx} & w^2_{xy} & \langle w_x\theta_x \rangle & \langle w_x\theta_y \rangle \\ w^2_{xy} & w^2_{yy} & \langle w_y\theta_x \rangle & \langle w_y\theta_y \rangle \\ \langle w_x\theta_x \rangle & \langle w_y\theta_x \rangle & \theta^2_{xx} & \theta^2_{xy} \\ \langle w_x\theta_y \rangle & \langle w_y\theta_y \rangle & \theta^2_{xy} & \theta^2_{yy} \end{bmatrix} \qquad (5-22)$$

在自由空间传输距离 l 的 $ABCD$ 矩阵为

$$S = \begin{bmatrix} \mathbb{I} & \mathbb{L} \\ \mathbb{O} & \mathbb{I} \end{bmatrix} \qquad (5-23)$$

式中: $\mathbb{L}$ 为 2×2 距离矩阵,且有

$$\mathbb{L} = \begin{bmatrix} 1 & l \\ 0 & 1 \end{bmatrix} \qquad (5-24)$$

由 V 矩阵的 $ABCD$ 定律可得

$$V_{out} = \begin{bmatrix} \mathbb{I} & \mathbb{L} \\ \mathbb{O} & \mathbb{I} \end{bmatrix} V_{in} \begin{bmatrix} \mathbb{I} & \mathbb{L} \\ \mathbb{O} & \mathbb{I} \end{bmatrix}^T = \begin{bmatrix} \mathbb{W} + l(X + X^T) + l^2 U & X + lU \\ X^T + lU & U \end{bmatrix} \qquad (5-25)$$

令

$$\mathbb{W}' = \mathbb{W} + l(X + X^T) + l^2 U \qquad (5-26)$$

$$\mathbb{Y} = X + X^T = \begin{bmatrix} y^2_{xx} & y^2_{xy} \\ y^2_{xy} & y^2_{yy} \end{bmatrix} \qquad (5-27)$$

则有

$$\mathbb{W}' = \mathbb{W} + l\mathbb{Y} + l^2 U \qquad (5-28)$$

可见,光束在自由空间传输过程中二阶强度矩矩阵元始终满足二次曲线。其可以表示为

$$w'^2_{xx} = w^2_{xx} + ly^2_{xx} + l^2\theta^2_{xx} \qquad (5-29)$$

$$w'^2_{xy} = w^2_{xy} + ly^2_{xy} + l^2\theta^2_{xy} \qquad (5-30)$$

$$w'^2_{yy} = w^2_{yy} + ly^2_{yy} + l^2\theta^2_{yy} \qquad (5-31)$$

针对式(5-29)~式(5-31),令

$$w'^2_r = w'^2_{xx} + w'^2_{yy} \qquad (5-32)$$

$$w_r^2 = w_{xx}^2 + w_{yy}^2 \tag{5-33}$$

$$\theta_r^2 = \theta_{xx}^2 + \theta_{yy}^2 \tag{5-34}$$

$$y_r^2 = y_{xx}^2 + y_{yy}^2 \tag{5-35}$$

可得

$${w'}_r^2 = w_r^2 + ly_r^2 + l^2\theta_r^2 \tag{5-36}$$

整理式(5-29)~式(5-31)和式(5-36)可得

$${w'}_{xx}^2 = w_{xx}^2 - \frac{y_{xx}^4}{4\theta_{xx}^2} + \left(l + \frac{y_{xx}^2}{2\theta_{xx}^2}\right)^2 \theta_{xx}^2 \tag{5-37}$$

$${w'}_{yy}^2 = w_{yy}^2 - \frac{y_{yy}^4}{4\theta_{yy}^2} + \left(l + \frac{y_{yy}^2}{2\theta_{yy}^2}\right)^2 \theta_{yy}^2 \tag{5-38}$$

$${w'}_{xy}^2 = w_{xy}^2 - \frac{y_{xy}^4}{4\theta_{xy}^2} + \left(l + \frac{y_{xy}^2}{2\theta_{xy}^2}\right)^2 \theta_{xy}^2 \tag{5-39}$$

$${w'}_r^2 = w_r^2 - \frac{y_r^4}{4\theta_r^2} + \left(l + \frac{y_r^2}{2\theta_r^2}\right)^2 \theta_r^2 \tag{5-40}$$

可求出光束在 *x* 轴方向、*y* 轴方向、交叉方向和 *r* 径向的束腰半宽平方和束腰位置分别为

$$w_{0xx}^2 = w_{xx}^2 - \frac{y_{xx}^4}{4\theta_{xx}^2} \tag{5-41}$$

$$w_{0yy}^2 = w_{yy}^2 - \frac{y_{yy}^4}{4\theta_{yy}^2} \tag{5-42}$$

$$w_{0xy}^2 = w_{xy}^2 - \frac{y_{xy}^4}{4\theta_{xy}^2} \tag{5-43}$$

$$w_{0r}^2 = w_r^2 - \frac{y_r^4}{4\theta_r^2} \tag{5-44}$$

$$l_{0xx} = -\frac{y_{xx}^2}{2\theta_{xx}^2} \tag{5-45}$$

$$l_{0yy} = -\frac{y_{yy}^2}{2\theta_{yy}^2} \tag{5-46}$$

$$l_{0xy} = -\frac{y_{xy}^2}{2\theta_{xy}^2} \tag{5-47}$$

$$l_{0r} = -\frac{y_r^2}{2\theta_r^2} \tag{5-48}$$

则由 *V* 矩阵元定义的 M^2 参数为

$$M_{xx}^2 = \frac{\pi}{\lambda} w_{0xx}\theta_{xx} = \frac{\pi}{\lambda}\sqrt{w_{xx}^2\theta_{xx}^2 - \frac{y_{xx}^4}{4}} \tag{5-49}$$

$$M_{yy}^2 = \frac{\pi}{\lambda} w_{0yy} \theta_{yy} = \frac{\pi}{\lambda} \sqrt{w_{yy}^2 \theta_{yy}^2 - \frac{y_{yy}^4}{4}} \qquad (5-50)$$

$$M_{xy}^2 = \frac{\pi}{\lambda} w_{0xy} \theta_{xy} = \frac{\pi}{\lambda} \sqrt{w_{xy}^2 \theta_{xy}^2 - \frac{y_{xy}^4}{4}} \qquad (5-51)$$

$$M_r^2 = \frac{\pi}{\lambda} w_{0r} \theta_r = \frac{\pi}{\lambda} \sqrt{w_r^2 \theta_r^2 - \frac{y_r^4}{4}} \qquad (5-52)$$

由 V 矩阵元定义的 M^4 参数为

$$M_{xx}^4 = \frac{\pi^2}{\lambda^2} \left(w_{xx}^2 \theta_{xx}^2 - \frac{y_{xx}^4}{4} \right) \qquad (5-53)$$

$$M_{yy}^4 = \frac{\pi^2}{\lambda^2} \left(w_{yy}^2 \theta_{yy}^2 - \frac{y_{yy}^4}{4} \right) \qquad (5-54)$$

$$M_{xy}^4 = \frac{\pi^2}{\lambda^2} \left(w_{xy}^2 \theta_{xy}^2 - \frac{y_{xy}^4}{4} \right) \qquad (5-55)$$

$$M_r^4 = \frac{\pi^2}{\lambda^2} \left(w_r^2 \theta_r^2 - \frac{y_r^4}{4} \right) \qquad (5-56)$$

5.1.3　由二阶强度矩束宽三点法确定 M 参数

令光束传输距离 l_1、l_2 和 l_3，有

$$\mathbb{W}_1 = \mathbb{W} + l_1 (X + X^T) + l_1^2 U \qquad (5-57)$$

$$\mathbb{W}_2 = \mathbb{W} + l_2 (X + X^T) + l_2^2 U \qquad (5-58)$$

$$\mathbb{W}_3 = \mathbb{W} + l_3 (X + X^T) + l_3^2 U \qquad (5-59)$$

将式(5-58)和式(5-59)分别减去式(5-57)，整理后可得

$$\frac{\mathbb{W}_2 - \mathbb{W}_1}{l_2 - l_1} = (X + X^T) + (l_2 + l_1) U \qquad (5-60)$$

$$\frac{\mathbb{W}_3 - \mathbb{W}_1}{l_3 - l_1} = (X + X^T) + (l_3 + l_1) U \qquad (5-61)$$

将式(5-61)减去式(5-60)可得

$$U = \frac{\mathbb{W}_3 - \mathbb{W}_1}{(l_3 - l_1)(l_3 - l_2)} - \frac{\mathbb{W}_2 - \mathbb{W}_1}{(l_2 - l_1)(l_3 - l_2)} \qquad (5-62)$$

可见,只要能够测量三个位置上的 $\mathbb{W}_1$、$\mathbb{W}_2$ 和 $\mathbb{W}_3$，就可以得到该光束的 U。

将式(5-62)代入式(5-57)可得

$$Y = X + X^T = \frac{\mathbb{W}_1 - \mathbb{W} - l_1^2 U}{l_1} \qquad (5-63)$$

将式(5-63)代入式(5-26)整理可得

$$w_{xx}'^2 = w_{xx}^2 - \frac{y_{xx}^4}{4\theta_{xx}^2} + \left(l + \frac{y_{xx}^2}{2\theta_{xx}^2} \right)^2 \theta_{xx}^2 \qquad (5-64)$$

$$w'^2_{yy} = w^2_{yy} - \frac{y^4_{yy}}{4\theta^2_{yy}} + \left(l + \frac{y^2_{yy}}{2\theta^2_{yy}}\right)^2 \theta^2_{yy} \qquad (5-65)$$

$$w'^2_{xy} = w^2_{xy} - \frac{y^4_{xy}}{4\theta^2_{xy}} + \left(l + \frac{y^2_{xy}}{2\theta^2_{xy}}\right)^2 \theta^2_{xy} \qquad (5-66)$$

于是可以求出在 x 轴方向和 y 轴方向的束腰半径和束腰位置为

$$\begin{cases} w^2_{0x} = w^2_{xx} - \dfrac{y^4_{xx}}{4\theta^2_{xx}} \\[3mm] l_{0x} = -\dfrac{y^2_{xx}}{2\theta^2_{xx}} \end{cases} \qquad (5-67)$$

$$\begin{cases} w^2_{0y} = w^2_{yy} - \dfrac{y^4_{yy}}{4\theta^2_{yy}} \\[3mm] l_{0y} = -\dfrac{y^2_{yy}}{2\theta^2_{yy}} \end{cases} \qquad (5-68)$$

$$\begin{cases} w^2_{0xy} = w^2_{xy} - \dfrac{y^4_{xy}}{4\theta^2_{xy}} \\[3mm] l_{0xy} = -\dfrac{y^2_{xy}}{2\theta^2_{xy}} \end{cases} \qquad (5-69)$$

令

$$\begin{cases} w'^2_r = w'^2_{xx} + w'^2_{yy} \\[2mm] w^2_r = w^2_{xx} + w^2_{yy} \\[2mm] y^2_r = y^2_{xx} + y^2_{yy} \\[2mm] \theta^2_r = \theta^2_{xx} + \theta^2_{yy} \end{cases} \qquad (5-70)$$

同样还可求出

$$w_r'^2 = w_r^2 + ly_r^2 + l^2\theta_r^2 \qquad (5-71)$$

$$w'^2_r = w^2_r - \frac{y^4_r}{4\theta^2_r} + \left(l + \frac{y^2_r}{2\theta^2_r}\right)^2 \theta^2_r \qquad (5-72)$$

于是可以求出光束在 r 径向的束腰尺寸和束腰位置为

$$\begin{cases} w^2_{0r} = w^2_r - \dfrac{y^4_r}{4\theta^2_r} \\[3mm] l_{0r} = -\dfrac{y^2_r}{2\theta^2_r} \end{cases} \qquad (5-73)$$

定义 M^2 参数和 M^4 参数为

$$\begin{cases} M_{xx}^2 = \dfrac{\pi}{\lambda}w_{0x}\theta_{xx}, & M_{xx}^4 = \dfrac{\pi^2}{\lambda^2}w_{0x}^2\theta_{xx}^2 \\[2mm] M_{yy}^2 = \dfrac{\pi}{\lambda}w_{0y}\theta_{yy}, & M_{yy}^4 = \dfrac{\pi^2}{\lambda^2}w_{0y}^2\theta_{yy}^2 \\[2mm] M_{xy}^2 = \dfrac{\pi}{\lambda}w_{0xy}\theta_{xy}, & M_{xy}^4 = \dfrac{\pi^2}{\lambda^2}w_{0xy}^2\theta_{xy}^2 \\[2mm] M_r^2 = \dfrac{\pi}{\lambda}w_{0r}\theta_r, & M_r^4 = \dfrac{\pi^2}{\lambda^2}w_{0r}^2\theta_r^2 \end{cases} \tag{5-74}$$

式中：M_{xx}^2、M_{xx}^4 为光束在 x 轴方向的光束质量；M_{yy}^2、M_{yy}^4 为光束在 y 轴方向的光束质量，M_{xy}^2、M_{xy}^4 为光束在 x 轴方向和 y 轴方向的耦合项，M_r^2、M_r^4 为光束在 r 径向的光束质量。若将考察坐标系的 z 轴旋转，则可得到光束在不同方向上的光束质量因子。

1. H-G$_{mn}$ 模式光束的 M 参数

基模高斯光束的 M^2 因子为

$$M^2 = \frac{\pi}{\lambda}w_{0s}\theta_s = 1 \tag{5-75}$$

H-G$_{mn}$ 模式光束在 x 轴方向、y 轴方向和 r 径向的 M^2 因子分别为

$$M_{xx}^2 = \frac{\pi}{\lambda}w_{0x}\theta_x = 2m+1 \tag{5-76}$$

$$M_{yy}^2 = \frac{\pi}{\lambda}w_{0y}\theta_y = 2n+1 \tag{5-77}$$

$$M_r^2 = \frac{\pi}{\lambda}w_{0r}\theta_r = 2(m+n+1) \tag{5-78}$$

设 H-G$_{mn}$ 模式光束绕 z 轴旋转角度 ϕ，该光束旋转后的 M 参数为

$$M_{xx,\phi}^2 = (2m+1)\cos^2\phi + (2n+1)\sin^2\phi \tag{5-79}$$

$$M_{yy,\phi}^2 = (2n+1)\cos^2\phi + (2m+1)\sin^2\phi \tag{5-80}$$

$$M_{xy,\phi}^2 = 2(m-n)\cos\phi\sin\phi \tag{5-81}$$

将 $M_{xx,yy,xy,r}^2(\phi)$ 和 $M_{xx,yy,xy,r}^4(\phi)$ 作为纵向坐标值，其方位角 ϕ 为横向坐标值，得到 M 参数随方位角变化的轨迹曲线即为 M 曲线。当光束相对于坐标轴系统旋转角度 ϕ 时，可以得到不同的 M 参数值。一旦待测激光确定，它的 M 参数值随着旋转角度 ϕ 变化的轨迹的形状是一样的，即 M 曲线具有唯一性且与待测激光一一对应。而传统的 M_x^2 和 M_y^2 仅仅是 M^2 曲线在特定 x 轴和 y 轴方向上的一组值，也就是说 M_x^2 和 M_y^2 为 M^2 曲线上的两个点。从这方面来说，M^2 曲线比传统的 M^2 因子更具有普遍性、包含更广泛的物理意义。

作为计算例，H-G$_{00}$ 模式光束、H-G$_{01}$ 模式光束、H-G$_{11}$ 模式光束和 H-G$_{12}$ 模式光束的 M^2 参数随旋转角 ϕ 变化的曲线如图 5-1 所示。

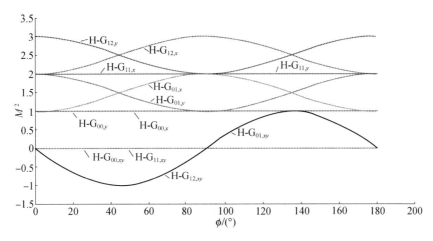

图 5-1　H-G$_{00}$ 模式光束、H-G$_{01}$ 模式光束、H-G$_{11}$ 模式光束和

H-G$_{12}$ 模式光束的 M^2 参数随旋转角 ϕ 变化的曲线

2. L-G$_{pl}$ 模式光束的 *M* 参数

对 L-G$_{pl}$ 模式光束($l \neq 1$)，光束的 *M* 参数是旋转对称的，始终为

$$M^2_{xx,\phi} = 2p + l + 1, \quad (l \neq 1) \tag{5-82}$$

对 L-G$_{pl}$ 模式光束($l = 1$)，该光束旋转角度 ϕ 后的 *M* 参数为

$$M^2_{xx,\phi} = (p+1)(2\cos^2\phi + 1), \quad (l = 1) \tag{5-83}$$

$$M^2_{yy,\phi} = (p+1)(2\sin^2\phi + 1), \quad (l = 1) \tag{5-84}$$

$$M^2_{xy,\phi} = (p+1)\sin(2\phi), \quad (l = 1) \tag{5-85}$$

$$\begin{bmatrix} M^2_{xx,\phi} & M^2_{xy,\phi} \\ M^2_{xy,\phi} & M^2_{yy,\phi} \end{bmatrix} = \begin{bmatrix} \cos\phi & -\sin\phi \\ \sin\phi & \cos\phi \end{bmatrix} \begin{bmatrix} 3(p+1) & 0 \\ 0 & (p+1) \end{bmatrix} \begin{bmatrix} \cos\phi & \sin\phi \\ -\sin\phi & \cos\phi \end{bmatrix}$$

$$= \begin{bmatrix} (p+1)(2\cos^2\phi + 1) & (p+1)\sin(2\phi) \\ (p+1)\sin(2\phi) & (p+1)(2\sin^2\phi + 1) \end{bmatrix}, \quad (l = 1)$$

$$\tag{5-86}$$

作为计算例，L-G$_{01}$ 模式光束、L-G$_{11}$ 模式光束、L-G$_{21}$ 模式光束的 M^2 参数随旋转角变化的曲线如图 5-2 所示。

3. LP$_{mn}$ 模式光束的 *M* 参数

对 LP$_{mn}$ 模式光束[6-9]（$m \neq 1$），光束的二阶矩是旋转对称的。对 LP$_{mn}$ 模式（$m = 1$），该光束的 *M* 参数随旋转角度 ϕ 而变化。

作为计算例，LP$_{11}$ 模式光束、LP$_{12}$ 模式光束和 LP$_{13}$ 模式光束的 *M* 参数随旋转角 ϕ 变化的曲线如图 5-3 所示。

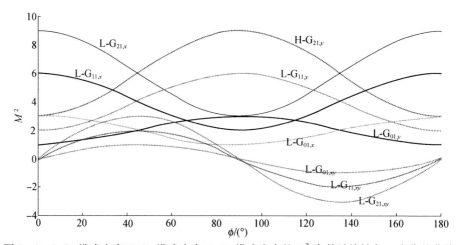

图 5-2　L-G$_{01}$模式光束、L-G$_{11}$模式光束、L-G$_{21}$模式光束的 M^2 参数随旋转角 ϕ 变化的曲线

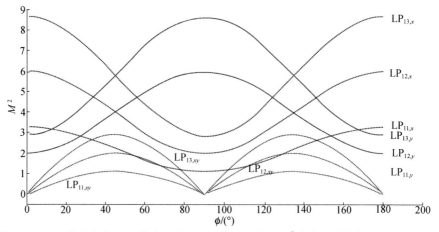

图 5-3　LP$_{11}$模式光束、LP$_{12}$模式光束和 LP$_{13}$模式光束的 M^2 参数随旋转角 ϕ 变化的曲线

5.2　M 参数的传输不变性

5.2.1　自由空间传输的不变性

设入射光束的 V 矩阵为

$$
V_{\text{in}} = \begin{bmatrix} \mathbb{W} & \mathbb{X} \\ \mathbb{X}^{\text{T}} & \mathbb{U} \end{bmatrix} = \begin{bmatrix} w_{xx}^2 & w_{xy}^2 & \langle w_x\theta_x \rangle & \langle w_x\theta_y \rangle \\ w_{xy}^2 & w_{yy}^2 & \langle w_y\theta_x \rangle & \langle w_y\theta_y \rangle \\ \langle w_x\theta_x \rangle & \langle w_y\theta_x \rangle & \theta_{xx}^2 & \theta_{xy}^2 \\ \langle w_x\theta_y \rangle & \langle w_y\theta_y \rangle & \theta_{xy}^2 & \theta_{yy}^2 \end{bmatrix} \tag{5-87}
$$

在自由空间传输距离 l 的 $ABCD$ 矩阵如式（5 - 23）所示，光束传输距离 l 后的 V 矩阵为

$$\boldsymbol{V}_{\text{out}} = \begin{bmatrix} W + l(X + X^{\text{T}}) + l^2 U & X + lU \\ X^{\text{T}} + lU & U \end{bmatrix} \qquad (5-88)$$

即

$$V_{\text{out}} = \begin{bmatrix} w_{xx}^2 + 2l\langle w_x\theta_x\rangle + l^2\theta_{xx}^2 & w_{xy}^2 + l(\langle w_x\theta_y\rangle + \langle w_y\theta_x\rangle) + l^2\theta_{xy}^2 & \langle w_x\theta_x\rangle + l\theta_{xx}^2 & \langle w_x\theta_y\rangle + l\theta_{xy}^2 \\ w_{xy}^2 + l(\langle w_x\theta_y\rangle + \langle w_y\theta_x\rangle) + l^2\theta_{xy}^2 & w_{yy}^2 + 2l\langle w_y\theta_y\rangle + l^2\theta_{yy}^2 & \langle w_y\theta_x\rangle + l\theta_{xy}^2 & \langle w_y\theta_y\rangle + l\theta_{yy}^2 \\ \langle w_x\theta_x\rangle + l\theta_{xx}^2 & \langle w_y\theta_x\rangle + l\theta_{xy}^2 & \theta_{xx}^2 & \theta_{xy}^2 \\ \langle w_x\theta_y\rangle + l\theta_{xy}^2 & \langle w_y\theta_y\rangle + l\theta_{yy}^2 & \theta_{xy}^2 & \theta_{yy}^2 \end{bmatrix}$$

$$(5-89)$$

传输距离 l 后，有

$$w_{xx}^2(l) = w_{xx}^2 + 2l\langle w_x\theta_x\rangle + l^2\theta_{xx}^2 = w_{xx}^2 - \frac{\langle w_x\theta_x\rangle^2}{\theta_{xx}^2} + \theta_{xx}^2\left(l + \frac{\langle w_x\theta_x\rangle}{\theta_{xx}^2}\right)^2$$

$$(5-90)$$

$$w_{yy}^2(l) = w_{yy}^2 + 2l\langle w_y\theta_y\rangle + l^2\theta_{yy}^2 = w_{yy}^2 - \frac{\langle w_y\theta_y\rangle^2}{\theta_{yy}^2} + \theta_{yy}^2\left(l + \frac{\langle w_y\theta_y\rangle}{\theta_{yy}^2}\right)^2$$

$$(5-91)$$

$$\begin{aligned} w_{xy}^2(l) &= w_{xy}^2 + l(\langle w_x\theta_y\rangle + \langle w_y\theta_x\rangle) + l^2\theta_{xy}^2 \\ &= w_{xy}^2 - \frac{(\langle w_x\theta_y\rangle + \langle w_y\theta_x\rangle)^2}{4\theta_{xy}^2} + \theta_{xy}^2\left[l + \frac{\langle w_x\theta_y\rangle + \langle w_y\theta_x\rangle}{2\theta_{xy}^2}\right]^2 \end{aligned} \qquad (5-92)$$

定义光束在 r 径向的束宽平方为 x 轴方向与 y 轴方向的束宽平方之和：

$$w_r^2(l) = w_{xx}^2(l) + w_{yy}^2(l), w_r^2 = w_{xx}^2 + w_{yy}^2, \langle w_r\theta_r\rangle = \langle w_x\theta_x\rangle + \langle w_y\theta_y\rangle$$

$$(5-93)$$

于是有

$$w_r^2(l) = w_r^2 + 2l\langle w_r\theta_r\rangle + l^2\theta_r^2 \qquad (5-94)$$

$$w_r^2(l) = w_r^2 - \frac{\langle w_r\theta_r\rangle^2}{\theta_r^2} + \theta_r^2\left(l + \frac{\langle w_r\theta_r\rangle}{\theta_r^2}\right)^2 \qquad (5-95)$$

光束在 x 轴方向、y 轴方向、交叉方向和 r 径向的束腰宽与传输距离 l 无关，有

$$w_{0x}^2 = w_{xx}^2 - \frac{\langle w_x\theta_x\rangle^2}{\theta_{xx}^2} \qquad (5-96)$$

$$w_{0y}^2 = w_{yy}^2 - \frac{\langle w_y\theta_y\rangle^2}{\theta_{yy}^2} \qquad (5-97)$$

$$w_{0xy}^2 = w_{xy}^2 - \frac{(\langle w_x\theta_y\rangle + \langle w_y\theta_x\rangle)^2}{4\theta_{xy}^2} \qquad (5-98)$$

$$w_{0r}^2 = w_r^2 - \frac{\langle w_r \theta_r \rangle^2}{\theta_r^2} \tag{5-99}$$

束腰位置分别应满足光斑尺寸取极小值:

$$\frac{dw_{xx}^2(l)}{dl} = 2\langle w_x \theta_x \rangle + 2l\theta_{xx}^2 = 0 \Rightarrow l_{0x} = -\frac{\langle w_x \theta_x \rangle}{\theta_{xx}^2} \tag{5-100}$$

$$\frac{dw_{yy}^2(l)}{dl} = 2\langle w_y \theta_y \rangle + 2l\theta_{yy}^2 = 0 \Rightarrow l_{0y} = -\frac{\langle w_y \theta_y \rangle}{\theta_{yy}^2} \tag{5-101}$$

$$\frac{dw_{xy}^2(l)}{dl} = (\langle w_x \theta_y \rangle + \langle w_y \theta_x \rangle) + 2l\theta_{xy}^2 = 0 \Rightarrow l_{0xy} = -\frac{\langle w_x \theta_y \rangle + \langle w_y \theta_x \rangle}{2\theta_{xy}^2}$$
$$\tag{5-102}$$

$$\frac{dw_r^2(l)}{dl} = 2\langle w_r \theta_r \rangle + 2l\theta_r^2 = 0 \Rightarrow l_{0r} = -\frac{\langle w_r \theta_r \rangle}{\theta_r^2} \tag{5-103}$$

由 M^2 定义式:

$$M_{xx}^2 = \frac{\pi}{\lambda} w_{0x} \theta_x = \frac{\pi}{\lambda} \sqrt{w_{xx}^2 \theta_{xx}^2 - \langle w_x \theta_x \rangle^2} \tag{5-104}$$

$$M_{yy}^2 = \frac{\pi}{\lambda} w_{0y} \theta_y = \frac{\pi}{\lambda} \sqrt{w_{yy}^2 \theta_{yy}^2 - \langle w_y \theta_y \rangle^2} \tag{5-105}$$

$$M_{xy}^2 = \frac{\pi}{\lambda} w_{0xy} \theta_{xy} = \frac{\pi}{\lambda} \sqrt{w_{xy}^2 \theta_{xy}^2 - \frac{(\langle w_x \theta_y \rangle + \langle w_y \theta_x \rangle)^2}{4}} \tag{5-106}$$

$$M_r^2 = \frac{\pi}{\lambda} w_{0r} \theta_r = \frac{\pi}{\lambda} \sqrt{w_r^2 \theta_r^2 - \langle w_r \theta_r \rangle^2} \tag{5-107}$$

$$M_{xx}^4 = \frac{\pi^2}{\lambda^2} w_{0x}^2 \theta_x^2 = \frac{\pi^2}{\lambda^2} (w_{xx}^2 \theta_{xx}^2 - \langle w_x \theta_x \rangle^2) \tag{5-108}$$

$$M_{yy}^4 = \frac{\pi^2}{\lambda^2} w_{0y}^2 \theta_y^2 = \frac{\pi^2}{\lambda^2} (w_{yy}^2 \theta_{yy}^2 - \langle w_y \theta_y \rangle^2) \tag{5-109}$$

$$M_{xy}^4 = \frac{\pi^2}{\lambda^2} w_{0xy}^2 \theta_{xy}^2 = \frac{\pi^2}{\lambda^2} \left(w_{xy}^2 \theta_{xy}^2 - \frac{(\langle w_x \theta_y \rangle + \langle w_y \theta_x \rangle)^2}{4} \right) \tag{5-110}$$

$$M_r^4 = \frac{\pi^2}{\lambda^2} w_{0r}^2 \theta_r^2 = \frac{\pi^2}{\lambda^2} (w_r^2 \theta_r^2 - \langle w_r \theta_r \rangle^2) \tag{5-111}$$

5.2.2 旋转对称线性光学系统变换的不变性

设光学系统为一个无像差旋转对称的线性系统,其传输矩阵为

$$\begin{bmatrix} A & B \\ C & D \end{bmatrix} = \begin{bmatrix} A & 0 & B & 0 \\ 0 & A & 0 & B \\ C & 0 & D & 0 \\ 0 & C & 0 & D \end{bmatrix} \tag{5-112}$$

变换后的光参数矩阵为

$$V' = \begin{bmatrix} A & B \\ C & D \end{bmatrix} V_{\text{in}} \begin{bmatrix} A & B \\ C & D \end{bmatrix}^{\text{T}} = \begin{bmatrix} W' & X' \\ X'^{T} & U' \end{bmatrix} =$$

$$\begin{bmatrix} w'^2_{xx} & w'^2_{xy} & \langle w'_x \theta'_x \rangle & \langle w'_x \theta'_y \rangle \\ w'^2_{xy} & w'^2_{yy} & \langle w'_y \theta'_x \rangle & \langle w'_y \theta'_y \rangle \\ \langle w'_x \theta'_x \rangle & \langle w'_y \theta'_x \rangle & \theta'^2_{xx} & \theta'^2_{xy} \\ \langle w'_x \theta'_y \rangle & \langle w'_y \theta'_y \rangle & \theta'^2_{xy} & \theta'^2_{yy} \end{bmatrix} =$$

$$\begin{bmatrix} \boxed{A^2 w^2_{xx} + 2AB\langle w_x\theta_x\rangle + B^2\theta^2_{xx}} & A^2 w^2_{xy} + AB(\langle w_x\theta_y\rangle + \langle w_y\theta_x\rangle) + B^2\theta^2_{xy} & \boxed{ACw^2_{xx} + (BC+AD)\langle w_x\theta_x\rangle + BD\theta^2_{xx}} & ACw^2_{xy} + BC\langle w_x\theta_y\rangle + AD\langle w_y\theta_x\rangle + BD\theta^2_{xy} \\ A^2 w^2_{xy} + AB(\langle w_x\theta_y\rangle + \langle w_y\theta_x\rangle) + B^2\theta^2_{xy} & A^2 w^2_{yy} + 2AB\langle w_y\theta_y\rangle + B^2\theta^2_{yy} & ACw^2_{xy} + BC\langle w_x\theta_y\rangle + AD\langle w_y\theta_x\rangle + BD\theta^2_{xy} & ACw^2_{yy} + (BC+AD)\langle w_y\theta_y\rangle + BD\theta^2_{yy} \\ ACw^2_{xx} + (AD+BC)\langle w_x\theta_x\rangle + BD\theta^2_{xx} & ACw^2_{xy} + AD\langle w_y\theta_x\rangle + BC\langle w_x\theta_y\rangle + BD\theta^2_{xy} & \boxed{C^2 w^2_{xx} + 2CD\langle w_x\theta_x\rangle + D^2\theta^2_{xx}} & C^2 w^2_{xy} + CD(\langle w_x\theta_y\rangle + \langle w_y\theta_x\rangle) + D^2\langle uv\rangle \\ ACw^2_{xy} + AD\langle w_x\theta_y\rangle + BC\langle w_y\theta_x\rangle + BD\theta^2_{xy} & ACw^2_{yy} + (AD+BC)\langle w_y\theta_y\rangle + BD\theta^2_{yy} & C^2 w^2_{xy} + CD(\langle w_x\theta_y\rangle + \langle w_y\theta_x\rangle) + D^2\theta^2_{xy} & C^2 w^2_{yy} + 2CD\langle w_y\theta_y\rangle + D^2\theta^2_{yy} \end{bmatrix}$$

式中

$$w'^2_{xx} = \boxed{A^2 w^2_{xx} + 2AB\langle w_x\theta_x\rangle + B^2\theta^2_{xx}}$$

$$w'^2_{xy} = A^2 w^2_{xy} + AB(\langle w_x\theta_y\rangle + \langle w_y\theta_x\rangle) + B^2\theta^2_{xy}$$

$$\langle w'_x\theta'_x\rangle = \boxed{ACw^2_{xx} + (BC+AD)\langle w_x\theta_x\rangle + BD\theta^2_{xx}}$$

$$\langle w'_x\theta'_y\rangle = ACw^2_{xy} + BC\langle w_y\theta_x\rangle + AD\langle w_x\theta_y\rangle + BD\theta^2_{xy}$$

$$w'^2_{xy} = A^2 w^2_{xy} + AB(\langle w_x\theta_y\rangle + \langle w_y\theta_x\rangle) + B^2\theta^2_{xy}$$

$$w'^2_{yy} = A^2 w^2_{yy} + 2AB\langle w_y\theta_y\rangle + B^2\theta^2_{yy}$$

$$\langle w'_y\theta'_x\rangle = ACw^2_{xy} + BC\langle w_x\theta_y\rangle + AD\langle w_y\theta_x\rangle + BD\theta^2_{xy}$$

$$\langle w'_y\theta'_y\rangle = ACw^2_{yy} + (BC+AD)\langle w_y\theta_y\rangle + BD\theta^2_{yy}$$

$$\langle w'_x\theta'_x\rangle = ACw^2_{xx} + (AD+BC)\langle w_x\theta_x\rangle + BD\theta^2_{xx}$$

$$\langle w'_y\theta'_x\rangle = ACw^2_{xy} + AD\langle w_y\theta_x\rangle + BC\langle w_x\theta_y\rangle + BD\theta^2_{xy}$$

$$\theta'^2_{xx} = \boxed{C^2 w^2_{xx} + 2CD\langle w_x\theta_x\rangle + D^2\theta^2_{xx}}$$

$$\theta'^2_{xy} = C^2 w^2_{xy} + CD(\langle w_x\theta_y\rangle + \langle w_y\theta_x\rangle) + D^2\langle uv\rangle$$

$$\langle w'_x\theta'_y\rangle = ACw^2_{xy} + AD\langle w_x\theta_y\rangle + BC\langle w_y\theta_x\rangle + BD\theta^2_{xy}$$

$$\langle w'_y\theta'_y\rangle = ACw^2_{yy} + (AD+BC)\langle w_y\theta_y\rangle + BD\theta^2_{yy}$$

$$\theta'^2_{xy} = C^2 w^2_{xy} + CD(\langle w_x\theta_y\rangle + \langle w_y\theta_x\rangle) + D^2\theta^2_{xy}$$

$$\theta'^2_{yy} = C^2 w^2_{yy} + 2CD\langle w_y\theta_y\rangle + D^2\theta^2_{yy}$$

于是有

$$M'^2_{xx} = \frac{\pi}{\lambda} w'_{0x}\theta'_x = \frac{\pi}{\lambda}\sqrt{w'^2_{xx}\theta'^2_{xx} - \langle w'_x\theta'_x\rangle^2}$$

$$= \frac{\pi}{\lambda}\sqrt{\begin{array}{l}(C^2 w^2_{xx} + 2CD\langle w_x\theta_x\rangle + D^2\theta^2_{xx})(A^2 w^2_{xx} + 2AB\langle w_x\theta_x\rangle + B^2\theta^2_{xx}) \\ -(ACw^2_{xx} + (BC+AD)\langle w_x\theta_x\rangle + BD\theta^2_{xx})^2\end{array}}$$

$$(5-113)$$

利用

$$AD - BC = 1 \qquad (5-114)$$

化简式(5-113)可得

$$M'^2_{xx} = \frac{\pi}{\lambda} \left[w^2_{xx} \theta^2_{xx} - \langle w_x \theta_x \rangle^2 \right] = M^2_{xx} \qquad (5-115)$$

同理,可证明光束的其他 M 参数均不随旋转对称线性光学系统 $ABCD$ 的变换而变化。

5.2.3　光场旋转变换的不变量

若光场相对于坐标系旋转角度 ϕ,则光场的二阶矩参数矩阵 $\begin{bmatrix} \mathbb{W} & X \\ X^T & U \end{bmatrix}$ 变为

$$
\mathbb{V}_\phi = \begin{bmatrix}
w^2_{xx,\phi} & w^2_{xy,\phi} & \langle w_{x,\phi} \theta_{x,\phi} \rangle & \langle w_{x,\phi} \theta_{y,\phi} \rangle \\
w^2_{xy,\phi} & w^2_{yy,\phi} & \langle w_{y,\phi} \theta_{x,\phi} \rangle & \langle w_{y,\phi} \theta_{y,\phi} \rangle \\
\langle w_{x,\phi} \theta_{x,\phi} \rangle & \langle w_{y,\phi} \theta_{x,\phi} \rangle & \theta^2_{xx,\phi} & \theta^2_{xy,\phi} \\
\langle w_{x,\phi} \theta_{y,\phi} \rangle & \langle w_{y,\phi} \theta_{y,\phi} \rangle & \theta^2_{xy,\phi} & \theta^2_{yy,\phi}
\end{bmatrix}
$$

$$
= \begin{bmatrix} \mathbb{W}_\phi & X_\phi \\ X_\phi{}^T & U_\phi \end{bmatrix} = \begin{bmatrix} R(-\phi) & \mathbb{O} \\ \mathbb{O} & R(-\phi) \end{bmatrix} \begin{bmatrix} \mathbb{W} & X \\ X^T & U \end{bmatrix} \begin{bmatrix} R(\phi) & \mathbb{O} \\ \mathbb{O} & R(\phi) \end{bmatrix}
$$

$$
= \begin{bmatrix} R(-\phi) \mathbb{W} R(\phi) & R(-\phi) X R(\phi) \\ R(-\phi) X^T R(\phi) & R(-\phi) U R(\phi) \end{bmatrix} \qquad (5-116)
$$

式中:旋转矩阵为

$$
\begin{bmatrix} R(\phi) & \mathbb{O} \\ \mathbb{O} & R(\phi) \end{bmatrix} = \begin{bmatrix}
\cos\phi & -\sin\phi & 0 & 0 \\
\sin\phi & \cos\phi & 0 & 0 \\
0 & 0 & \cos\phi & -\sin\phi \\
0 & 0 & \sin\phi & \cos\phi
\end{bmatrix} \qquad (5-117)
$$

$$
\begin{bmatrix} R(-\phi) & \mathbb{O} \\ \mathbb{O} & R(-\phi) \end{bmatrix} = \begin{bmatrix}
\cos\phi & \sin\phi & 0 & 0 \\
-\sin\phi & \cos\phi & 0 & 0 \\
0 & 0 & \cos\phi & \sin\phi \\
0 & 0 & -\sin\phi & \cos\phi
\end{bmatrix} \qquad (5-118)
$$

整理可得

$$\mathbb{W}_\phi = R(-\phi) \mathbb{W} R(\phi)$$

$$
= \begin{bmatrix}
w^2_{xx}\cos^2\phi + w^2_{xy}\sin2\phi + w^2_{yy}\sin^2\phi & \dfrac{1}{2}(w^2_{yy} - w^2_{xx})\sin2\phi + w^2_{xy}\cos2\phi \\
\dfrac{1}{2}(w^2_{yy} - w^2_{xx})\sin2\phi + w^2_{xy}\cos2\phi & w^2_{xx}\sin^2\phi - w^2_{xy}\sin2\phi + w^2_{yy}\cos^2\phi
\end{bmatrix}
$$

$$(5-119)$$

$$U_\phi = R(-\phi)UR(\phi)$$

$$= \begin{bmatrix} \theta_{xx}^2\cos^2\phi + \theta_{xy}^2\sin2\phi + \theta_{yy}^2\sin^2\phi & \dfrac{1}{2}(\theta_{yy}^2 - \theta_{xx}^2)\sin2\phi + \theta_{xy}^2\cos2\phi \\[2mm] \dfrac{1}{2}(\theta_{yy}^2 - \theta_{xx}^2)\sin2\phi + \theta_{xy}^2\cos2\phi & \theta_{xx}^2\sin^2\phi - \theta_{xy}^2\sin2\phi + \theta_{yy}^2\cos^2\phi \end{bmatrix}$$

$$(5-120)$$

$$X_\phi = R(-\phi)XR(\phi)$$

$$= \begin{bmatrix} \langle w_x\theta_x\rangle\cos^2\phi + (\langle w_x\theta_y\rangle + \langle w_y\theta_x\rangle)\sin\phi\cos\phi + \langle w_y\theta_y\rangle\sin^2\phi \\[1mm] \langle w_y\theta_x\rangle\cos^2\phi - \langle xv\rangle\sin^2\phi + (\langle w_y\theta_y\rangle - \langle w_x\theta_x\rangle)\sin\phi\cos\phi \\[1mm] \langle w_x\theta_y\rangle\cos^2\phi - \langle w_y\theta_x\rangle\sin^2\phi + (\langle w_y\theta_y\rangle - \langle w_x\theta_x\rangle)\sin\phi\cos\phi \\[1mm] \langle w_x\theta_x\rangle\sin^2\phi - (\langle w_x\theta_y\rangle + \langle w_y\theta_x\rangle)\sin\phi\cos\phi + \langle w_y\theta_y\rangle\cos^2\phi \end{bmatrix}$$

$$(5-121)$$

利用 *M* 参数的定义式可得光场在旋转角度 ϕ 后表达式为

$$M_{xx,\phi}^4 = \frac{\pi^2}{\lambda^2}w_{0x,\phi}^2\theta_{x,\phi}^2 = \frac{\pi}{\lambda}\left[w_{xx,\phi}^2\theta_{xx,\phi}^2 - (\langle w_{x,\phi}\theta_{x,\phi}\rangle)^2\right]$$

$$= \frac{\pi^2}{\lambda^2}\begin{bmatrix} (w_{xx}^2\theta_{xx}^2 - \langle w_x\theta_x\rangle^2)\cos^4\phi + (w_{yy}^2\theta_{yy}^2 - \langle w_y\theta_y\rangle^2)\sin^4\phi \\[1mm] +\dfrac{1}{4}(w_{xx}^2\theta_{yy}^2 + w_{yy}^2\theta_{xx}^2 - \langle w_x\theta_y\rangle^2 - \langle w_y\theta_x\rangle^2 - 2\langle w_x\theta_y\rangle\langle w_y\theta_x\rangle \\[1mm] -2\langle w_x\theta_x\rangle\langle w_y\theta_y\rangle + 4w_{xx}^2\theta_{xy}^2)\sin^2 2\phi \\[1mm] +(w_{xx}^2\theta_{xy}^2 + w_{xy}^2\theta_{xx}^2 - \langle w_x\theta_x\rangle\langle w_x\theta_y\rangle - \langle w_x\theta_x\rangle\langle w_y\theta_x\rangle)\sin2\phi\cos^2\phi \\[1mm] +(w_{yy}^2\theta_{xy}^2 + w_{xy}^2\theta_{yy}^2 - \langle w_x\theta_y\rangle\langle w_y\theta_y\rangle - \langle w_y\theta_x\rangle\langle w_y\theta_y\rangle)\sin2\phi\sin^2\phi \end{bmatrix}$$

$$(5-122)$$

同理可得

$$M_{yy,\phi}^4 = \frac{\pi^2}{\lambda^2}w_{0y,\phi}^2\theta_{y,\phi}^2 = \frac{\pi^2}{\lambda^2}\left[w_{yy,\phi}^2\theta_{yy,\phi}^2 - (\langle w_{y,\phi}\theta_{y,\phi}\rangle)^2\right]$$

$$= \frac{\pi^2}{\lambda^2}\begin{bmatrix} (w_{xx}^2\theta_{xx}^2 - \langle w_x\theta_x\rangle^2)\sin^4\phi + (w_{yy}^2\theta_{yy}^2 - \langle w_y\theta_y\rangle^2)\cos^4\phi \\[1mm] +\dfrac{1}{4}[w_{xx}^2\theta_{yy}^2 + w_{yy}^2\theta_{xx}^2 - \langle w_x\theta_y\rangle^2 - \langle w_y\theta_x\rangle^2 + w_{xy}^2\theta_{xy}^2 - 2\langle w_x\theta_x\rangle\langle w_y\theta_y\rangle \\[1mm] -2\langle w_x\theta_y\rangle\langle w_y\theta_x\rangle]\sin^2(2\phi) \\[1mm] (\langle w_x\theta_x\rangle\langle w_x\theta_y\rangle + \langle w_x\theta_x\rangle\langle w_y\theta_x\rangle - w_{xy}^2\theta_{xx}^2 - \theta_{xy}^2w_{xx}^2)\sin(2\phi)\sin^2\phi \\[1mm] +(\langle w_x\theta_y\rangle\langle w_y\theta_y\rangle + \langle w_y\theta_x\rangle\langle w_y\theta_y\rangle - w_{xy}^2\theta_{yy}^2 - w_{yy}^2\theta_{xy}^2)\sin(2\phi)\cos^2\phi \end{bmatrix}$$

$$(5-123)$$

$$M_{xy,\phi}^4 = \frac{\pi^2}{\lambda^2} w_{0xy,\phi}^2 \theta_{xy,\phi}^2 = \frac{\pi^2}{\lambda^2} \left[w_{xy,\phi}^2 \theta_{xy,\phi}^2 - \frac{(\langle w_{x,\phi}\theta_{y,\phi}\rangle + \langle w_{y,\phi}\theta_{x,\phi}\rangle)^2}{4} \right]$$

$$= \frac{\pi^2}{\lambda^2} \left[\begin{array}{l} \frac{1}{4}(w_{xx}^2\theta_{xx}^2 - w_{xx}^2\theta_{yy}^2 - \langle w_x\theta_x\rangle^2 - w_{yy}^2\theta_{xx}^2 + w_{yy}^2\theta_{yy}^2 - \langle w_y\theta_y\rangle^2 \\ + 2\langle w_x\theta_x\rangle\langle w_y\theta_y\rangle)\sin^2(2\phi) \\ + \frac{1}{4}(\langle w_x\theta_x\rangle\langle w_y\theta_x\rangle - \langle w_x\theta_y\rangle\langle w_y\theta_y\rangle + \langle w_x\theta_x\rangle\langle w_x\theta_y\rangle \\ - \langle w_y\theta_x\rangle\langle w_y\theta_y\rangle - w_{xy}^2\theta_{xx}^2 + w_{xy}^2\theta_{yy}^2 - \theta_{xy}^2 w_{xx}^2 + \theta_{xy}^2 w_{yy}^2)\sin(4\phi) \\ + \frac{1}{4}(4w_{xy}^2\theta_{xy}^2 - \langle w_y\theta_x\rangle^2 - \langle w_x\theta_y\rangle^2 - 2\langle w_x\theta_y\rangle\langle w_y\theta_x\rangle)\cos^2(2\phi) \end{array} \right]$$

$$(5-124)$$

于是,可以推得光场旋转变换的不变量为

$$M_{xx,\phi}^4 + M_{yy,\phi}^4 + 2M_{xy,\phi}^4 \equiv M_{xx}^4 + M_{yy}^4 + 2M_{xy}^4 \qquad (5-125)$$

5.3 M 曲线

对某一沿 z 轴传输的光束来说,在方位角 ϕ 来观察这个光束,利用强度一阶矩和二阶矩可得到在各个传输位置处的中心位置和束宽 $w_{xx}^2(z,\phi)$、$w_{yy}^2(z,\phi)$ 和 $w_{xy}^2(z,\phi)$ 从而可得到光束在方位角 ϕ 的束宽传输曲线,也就求得了 M 参数,即 $M_{xx}^2(\phi)$、$M_{yy}^2(\phi)$、$M_{xy}^2(\phi)$、$M_{xx}(\phi)$、$M_{yy}(\phi)$、$M_{xx}^4(\phi)$、$M_{yy}^4(\phi)$ 和 $M_{xy}^4(\phi)$ 等,M 参数随 α 变化的曲线统称为光束的 M 曲线[9-11],既可用笛卡儿坐标下的曲线来表示,也可用极坐标下的曲线来表示。待测激光一旦确定,它的 M 参数值随着旋转角度 ϕ 变化的轨迹的形状就是一样的,即 M 曲线具有唯一性且与待测激光一一对应。而传统的 M_x^2 和 M_y^2 仅仅对应了 M 曲线在特定 x 轴和 y 轴方向上的两个值,也就是说 M_x^2 和 M_y^2 为 M^2 曲线上的两个点。从这方面来说,M 曲线比传统的 M^2 因子更具有普遍性,包含更广泛的物理意义。

将 M 参数的值作为矢径,其方位角 ϕ 为旋转角,得到 M 参数随方位角变化的轨迹曲线即为 M 的极坐标曲线。

5.3.1 H-G$_{mn}$ 模式光束的极坐标 M 曲线

根据式(5-79),H-G$_{mn}$ 模式光束的 M 曲线表达式为

$$M_{xx,\phi} = \sqrt{(2m+1)\cos^2\phi + (2n+1)\sin^2\phi} \qquad (5-126)$$

作为计算例,H-G$_{mn}$ 模式光束的 M 曲线如图 5-4 所示。

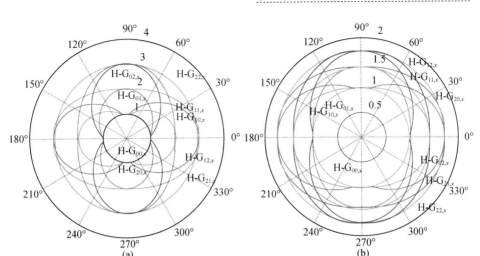

图5-4　H-G$_{00}$ ~ H-G$_{22}$ 模式的极坐标 M^2 曲线和极坐标 *M* 曲线

（a）极坐标 M^2 曲线；（b）极坐标 *M* 曲线。

5.3.2　L-G$_{pl}$ 模式光束的极坐标 *M* 曲线

根据式（5-82）和式（5-83），H-G$_{pl}$ 模式光束的 *M* 曲线表达式为

$$M_{xx,\phi} = \sqrt{2p+l+1} \quad (l \neq 1) \tag{5-127}$$

对 L-G$_{pl}$ 模式光束（$l=1$），光束旋转角度 ϕ 后的 *M* 参数为

$$M_{xx,\phi} = \sqrt{p+1}\sqrt{2\cos^2\phi+1} \quad (l=1) \tag{5-128}$$

作为计算例，L-G$_{pl}$ 模式光束的 *M* 曲线如图5-5所示。

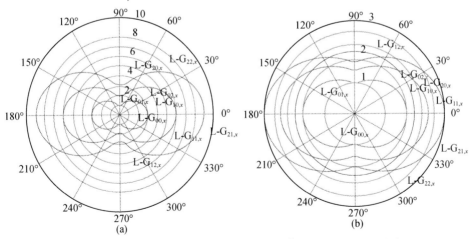

图5-5　L-G$_{00}$ ~ L-G$_{22}$ 模式光束的极坐标 M^2 曲线和极坐标 *M* 曲线

（a）极坐标 M^2 曲线；（b）极坐标 *M* 曲线。

167

5.3.3 LP$_{mn}$模式光束的极坐标 M 曲线

作为计算例,LP$_{mn}$模式光束[12-15]的 M 曲线如图 5-6 所示。

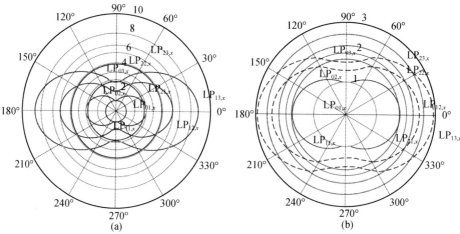

图 5-6 LP$_{01}$~LP$_{23}$模式光束的极坐标 M^2 曲线和极坐标 M 曲线

(a)极坐标 M^2 曲线;(b)极坐标 M 曲线。

5.3.4 像散 H-G$_{mn}$模式光束的极坐标 M 曲线

对于存在像散的模式系列,如正交柱面镜谐振腔产生的模式,虽然像散模式在主方向上的 M^2 与非像散模式的 M^2 相同,但由于光束存在像散,其 M^2 曲线明显向外扩张,其包含的面积大于非像散模式。可见,对比 M^2 曲线可以很容易判断出光束是否存在像散。作为计算例,图 5-7 给出了像散的 H-G$_{mn}^A$ 模式光束和 H-G$_{mn}$模式光束的 M^2 曲线。像散光束的 M^2 曲线是轴对称的。

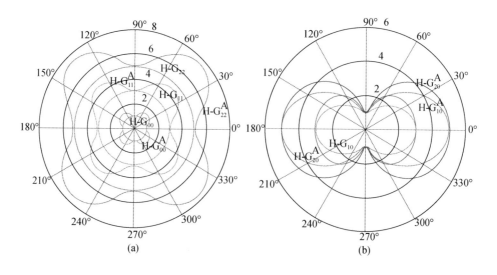

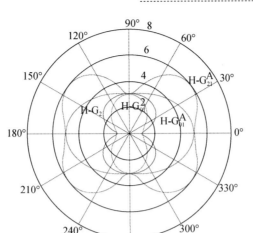

图 5 - 7　像散的 H-G$_{mn}^{A}$ 模式光束与 H-G$_{mn}$ 模式光束的极坐标 M^2 曲线

（a）H-G$_{00}$，H-G$_{11}$，H-G$_{22}$；（b）H-G$_{10}$，H-G$_{20}$；（c）H-G$_{21}$，H-G$_{01}$。

5.3.5　普通像散光束的极坐标 *M* 曲线

对实际应用中的激光束来说，光束不是理想的基模高斯光束，也不是阶数已知的 TEM$_{mn}$ 模，为了对光束进行有效表征，采用 M^4 参数及其曲线是非常有用的。作为计算例，对强度分布如图 5 - 8（a）所示的光束，图 5 - 8（b）给出了极坐标 M^4 参数图。可进一步得到光束的 $M_{xx,\phi}^4$、$M_{yy,\phi}^4$、M_r^4、J_{ZF1}、J_{ZF2}、$M_{xx,\phi}^4 - M_{yy,\phi}^4$ 和 M_r^4 等参数随考察坐标角度 ϕ 变化的情况，如图 5 - 8（c）所示。计算可得光束的主方向光束质量为 $M_1^4 = 13.7$，$M_2^4 = 5.61$，$M_r^4 = 56.3$，$J_{ZF1} = 19.3$，$J_{ZF2} = 8.05$，像散系数值为 $a_{ZF} = 19.5$。

5.3.6　扭曲 H-G$_{mn}$ 模式光束的极坐标 *M* 曲线

对于存在扭曲的光束[1]，如交叉柱面镜谐振腔产生的模式，或经过复杂像散系统传输的光束，采用 M^2 曲线会更加直观地表示光束的特性。作为计算例，设 H-G$_{00}$ 模式光束通过一个焦距为 $20w_0$ 的柱透镜（母线在 x 轴方向），变为了像散光束，其 M^2 曲线由原来的单位圆变成了四瓣花的形状，M^2 在主方向上仍保持为 1，但在其他方向上已经大于 1。当它再经过一个母线相对于 x 轴方向旋转 30° 的焦距为 $50w_0$ 的柱透镜时，变为扭曲高斯光束，其 M^2 曲线进一步扭曲，如图 5 - 9 所示。当 H-G$_{01}$ 模式光束通过同样的焦距为 $20w_0$ 的柱透镜（母线在 x 轴方向），也变为像散光束，其 M^2 曲线变为 8 字形，M^2 在主方向上分别为 1 和 3。当它再经过一个母线相对于 x 轴方向旋转 30° 的焦距为 $50w_0$ 的柱透镜时，变为扭曲高斯光束，其 M^2 曲线不再是轴对称。

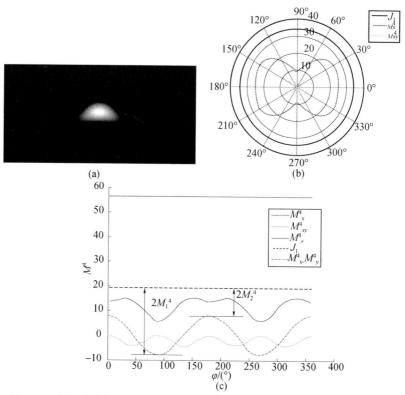

图 5 - 8　像散光束的强度分布、极坐标 M_{xx}^4 曲线和 M_{xy}^4 笛卡儿坐标曲线

（a）强度分布；（b）极坐标 M_{xx}^4 曲线；（c）M_{xy}^4 笛卡儿坐标曲线。

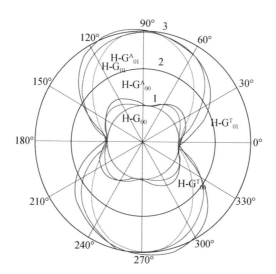

图 5 - 9　H-G$_{00}$ 模式光束和 H-G$_{01}$ 模式光束、像散 H-G$_{00}^A$ 模式光束和

H-G$_{01}^A$ 模式光束以及扭曲 H-G$_{00}^T$ 模式光束和 H-G$_{01}$ ^{T} 模式光束的极坐标 M^2 曲线

5.4　束质量 Q_{ZF}

在实际工作中如果仅需要用一个指标参数来比较激光光束的质量,建议采用光束质量 Q_{ZF} 参数,定义为直角坐标系下基模高斯光束的 M^2 曲线包含的面积除以实际光束的 M^2 曲线包含的面积;也可定义为 π 除以极坐标下 M 曲线包含的面积,即:

$$Q_{ZF} = \frac{\text{基模高斯光束的 } M^2 \text{ 曲线包含的面积}}{\text{实际光束的 } M^2 \text{ 曲线包含的面积}} = \frac{\pi}{\int_0^\pi M_{xx}(\theta)\,\mathrm{d}\theta} \quad (5-129)$$

束质量 Q_{ZF} 的定义与人们常规的习惯是相符合的,即束质量 Q_{ZF} 值越大,其光束质量越好,最大值是 1;束质量 Q_{ZF} 值越小,光束质量越差,最小值是 0。

5.4.1　H-G$_{mn}$模式光束的束质量 Q_{ZF}

根据式(5-79),H-G$_{mn}$模式光束的束质量 Q_{ZF} 为

$$\begin{aligned}
Q_{ZF} &= \frac{\pi}{\int_0^\pi \left[(2m+1)\cos^2\phi + (2n+1)\sin^2\phi\right]^2 \mathrm{d}\theta} \\
&= \frac{\pi}{\frac{\pi}{2}\left[(2m+1)+(2n+1)\right]} = \frac{1}{m+n+1}
\end{aligned} \quad (5-130)$$

图 5-10 给出了 H-G$_{mn}$模式光束对应的 Q_{ZF} 参数。由图可见,随着阶数 m 和 n 的增大,Q_{ZF} 参数急剧变小,Q_{ZF} 对低阶模显示了更好的区分度。在高功率高光束质量激光器的研制及相关应用中,人们往往关心的是光束质量如何达到"更好",而不是光束质量有多差,采用 Q_{ZF} 表征激光光束质量有实际应用意义。

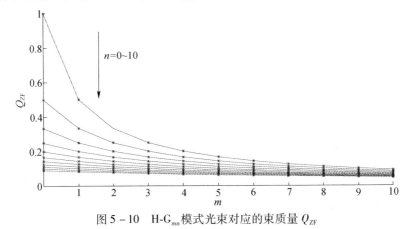

图 5-10　H-G$_{mn}$模式光束对应的束质量 Q_{ZF}

在图 5-9 所示的光束的计算例中,H-G$_{00}$模式光束的 $Q_{ZF}=1$,变为像散光束和扭曲光束后,Q_{ZF} 分别减小到 0.79、0.70;H-G$_{01}$模式的 $Q_{ZF}=0.22$,变为像散光

束和扭曲光束后,Q_{ZF}分别减小到 0.19 和 0.17。

5.4.2　L-G$_{pl}$模式光束的束质量 Q_{ZF}

对 L-G$_{pl}$模式光束($l \neq 1$),根据式(5-82),L-G$_{pl}$模式光束的Q_{ZF}参数为

$$Q_{ZF} = \frac{\pi}{\int_0^\pi (2p + l + 1)\,\mathrm{d}\theta} = \frac{1}{2p + l + 1} \quad (l \neq 1) \qquad (5-131)$$

对 L-G$_{pl}$模式光束($l = 1$),根据式(5-83)或式(5-84),该光束的Q_{ZF}参数为

$$Q_{ZF} = \frac{\pi}{\int_0^\pi (p + 1)(2\cos^2\phi + 1)\,\mathrm{d}\theta} = \frac{1}{2(p + 1)} \qquad (5-132)$$

根据式(5-131)和式(5-132),L-G$_{pl}$模式光束的束质量Q_{ZF}可统一表示为

$$Q_{ZF} = \frac{1}{2p + l + 1} \qquad (5-133)$$

于是,满足条件

$$m + n = 2p + l \qquad (5-134)$$

的模式光束,它们的束质量是相等的。这样就可以将 H-G$_{mn}$模式和 L-G$_{pl}$模式的光束统一来进行比较。图 5-11 为 L-G$_{pl}$模式对应的Q_{ZF}参数。

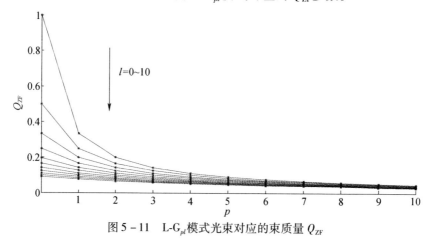

图 5-11　L-G$_{pl}$模式光束对应的束质量 Q_{ZF}

5.4.3　LP$_{mn}$模式光束的束质量 Q_{ZF}

由于 LP$_{mn}$模式光束的 M 参数与光纤的结构参数有关,模式的Q_{ZF}参数不是定值。作为计算例,设阶跃光纤的纤芯半径 $a = 20\mu m$,包层的折射率 $n_2 = 1.44$,若纤芯折射率 n_1 的变化范围为 $1.44 \sim 1.46$,则可得 LP$_{01}$、LP$_{11}$ 和 LP$_{02}$ 模式光束的束质量 Q_{ZF} 随纤芯折射率变化的曲线如图 5-12 ~ 图 5-14 所示。

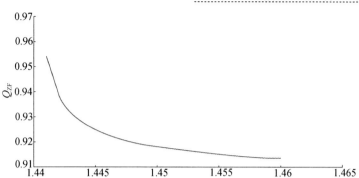

图 5 – 12 LP$_{01}$ 模式光束的束质量 Q_{ZF} 随纤芯折射率变化的曲线

注:阶跃光纤,纤芯半径 $a = 20\mu m$,包层的折射率 $n_2 = 1.44$。

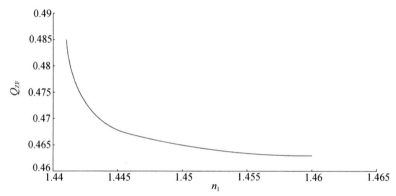

图 5 – 13 LP$_{11}$ 模式光束的束质量 Q_{ZF} 随纤芯折射率变化的曲线

注:阶跃光纤,纤芯半径 $a = 20\mu m$,包层的折射率 $n_2 = 1.44$。

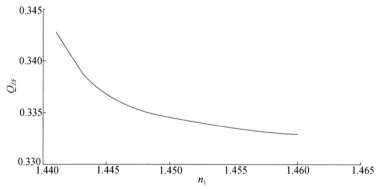

图 5 – 14 LP$_{02}$ 模式光束的束质量 Q_{ZF} 随纤芯折射率变化的曲线

注:阶跃光纤,纤芯半径 $a = 20\mu m$,包层的折射率 $n_2 = 1.44$。

作为计算例,设阶跃光纤的纤芯折射率 $n_1 = 1.46$,包层的折射率 $n_2 = 1.44$,若纤芯半径变化范围为 $0.5 \sim 20\mu m$,则可得 LP$_{01}$ 模式光束、LP$_{11}$ 模式光束和 LP$_{02}$

173

模式光束的束质量 Q_{ZF} 随纤芯半径变化的曲线如图 5 - 15 ~ 图 5 - 17 所示。

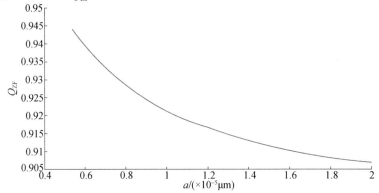

图 5 - 15　LP$_{01}$模式光束的束质量 Q_{ZF} 随纤芯半径变化的曲线

注:阶跃光纤,纤芯折射率 $n_1 = 1.46$,包层的折射率 $n_2 = 1.44$。

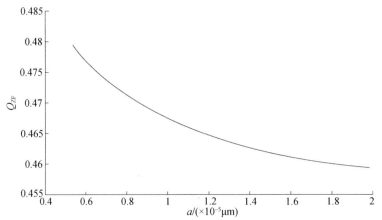

图 5 - 16　LP$_{11}$模式光束的束质量 Q_{ZF} 随纤芯半径变化的曲线

注:阶跃光纤,纤芯折射率 $n_1 = 1.46$,包层的折射率 $n_2 = 1.44$。

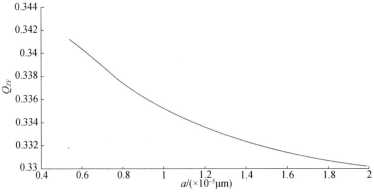

图 5 - 17　LP$_{02}$模式光束的束质量 Q_{ZF} 随纤芯半径变化的曲线

注:阶跃光纤,纤芯折射率 $n_1 = 1.46$,包层的折射率 $n_2 = 1.44$。

LP$_{mn}$模式光束的束质量 Q_{ZF} 可统一表示为

$$Q_{ZF} \approx \frac{1}{m + 2n - 1} \quad\quad (5-135)$$

模式光束的束质量 Q_{ZF} 列于表 5-1 所列。

表 5-1　模式光束的 Q_{ZF}

Q_{ZF}		阶数															
		00	01	02	03	10	11	12	13	20	21	22	23	30	31	32	33
模式种类	H-G	1	$\frac{1}{2}$	$\frac{1}{3}$	$\frac{1}{4}$	$\frac{1}{2}$	$\frac{1}{3}$	$\frac{1}{4}$	$\frac{1}{5}$	$\frac{1}{3}$	$\frac{1}{4}$	$\frac{1}{5}$	$\frac{1}{6}$	$\frac{1}{4}$	$\frac{1}{5}$	$\frac{1}{6}$	$\frac{1}{7}$
	L-G	1	$\frac{1}{2}$	$\frac{1}{3}$	$\frac{1}{4}$	$\frac{1}{3}$	$\frac{1}{4}$	$\frac{1}{5}$	$\frac{1}{6}$	$\frac{1}{5}$	$\frac{1}{6}$	$\frac{1}{7}$	$\frac{1}{8}$	$\frac{1}{7}$	$\frac{1}{8}$	$\frac{1}{9}$	$\frac{1}{10}$
	LP	—	<1	$\approx\frac{1}{3}$	$\approx\frac{1}{5}$	—	$<\frac{1}{2}$	$\approx\frac{1}{4}$	$\approx\frac{1}{6}$	—	$<\frac{1}{3}$	$\approx\frac{1}{5}$	$\approx\frac{1}{7}$	—	$<\frac{1}{4}$	$\approx\frac{1}{6}$	$\approx\frac{1}{8}$

5.5　M^2 矩阵

5.5.1　H-G$_{mn}$ 模式光束的 M^2 矩阵

设 H-G$_{mn}$ 模式光束沿 z 轴方向传输的光场振幅分布为

$$E_{mn}(x,y,z) = A_{mn} H_m\left(\frac{\sqrt{2}}{w_s(z)}x\right) H_n\left(\frac{\sqrt{2}}{w_s(z)}y\right) e^{-\frac{x^2+y^2}{w_s^2(z)}} \quad\quad (5-136)$$

式中:m、n 为光场在 x 轴和 y 轴方向上的厄米函数阶数;A_{mn} 为 H-G$_{mn}$ 模式光束的功率归一化振幅系数;$w_s(z)$ 为对应的基模高斯光场在 z 处的束半宽。

由于光强 $I_{mn}(x,y,z) \propto E_{mn}^2(x,y,z)$,为简化计算,令 $I_{mn}(x,y,z) = E_{mn}^2(x,y,z)$。由一阶矩定中心,二阶矩定束宽,$z$ 处光场的中心坐标为 $\bar{x}(z) = 0$,$\bar{y}(z) = 0$,在 x 轴和 y 轴方向上的束半宽平方 w_{xx}^2、w_{yy}^2 以及远场发散半角平方 θ_{xx}^2、θ_{yy}^2 分别为

$$w_{xx}^2(z) = (2m+1)w_s^2(z) \quad\quad (5-137)$$

$$w_{yy}^2(z) = (2n+1)w_s^2(z) \quad\quad (5-138)$$

$$\theta_{xx}^2 = (2m+1)\theta_0^2 \qu\quad\quad (5-139)$$

$$\theta_{yy}^2 = (2n+1)\theta_0^2 \quad\quad (5-140)$$

式中:θ_0 为相应基模高斯光束的远场发散半角。

该 H-G$_{mn}$ 模式光束在 x 轴和 y 轴方向的 M^2 参数为

$$M_{xx}^2 = \frac{\pi}{\lambda}w_{0xx}\theta_{xx} = 2m+1 \quad\quad (5-141)$$

$$M_{yy}^2 = \frac{\pi}{\lambda}w_{0yy}\theta_{yy} = 2n+1 \quad\quad (5-142)$$

式中:w_{0xx}、w_{0yy} 为光束在 x 轴和 y 轴方向的束腰半宽。定义束半宽平方的交叉项

w_{xy}^2、光场的远场发散角平方交叉项 θ_{xy}^2 以及交叉项 M_{xy}^2 分别为

$$w_{xy}^2(z) = \frac{4\int_{-\infty}^{+\infty}\int_{-\infty}^{+\infty}(x-\bar{x})(y-\bar{y})I_{mn}(x,y,z)\mathrm{d}x\mathrm{d}y}{\int_{-\infty}^{+\infty}\int_{-\infty}^{+\infty}I_{mn}(x,y,z)\mathrm{d}x\mathrm{d}y} = 0 \quad (5-143)$$

$$\theta_{xy}^2 = \lim_{z\to\infty}\frac{w_{xy}^2(z)}{z} = 0 \quad (5-144)$$

$$M_{xy}^2 = \frac{\pi}{\lambda}w_{0xy}\theta_{xy} = 0 \quad (5-145)$$

式中：w_{0xy} 为束腰半宽的交叉项。

H-G$_{mn}$ 模式光束的 M^2 矩阵为

$$\begin{bmatrix} M_{xx,0}^2 & M_{xy,0}^2 \\ M_{xy,0}^2 & M_{yy,0}^2 \end{bmatrix} = \begin{bmatrix} 2m+1 & 0 \\ 0 & 2n+1 \end{bmatrix} \quad (5-146)$$

5.5.2　H-G$_{mn}$模式光束旋转后的 M^2 矩阵

当在同一笛卡儿坐标系下将光场绕 z 轴顺时针旋转 ϕ 后，厄米 - 高斯光束函数表达式中的自变量 x、y 变为 x_ϕ、y_ϕ，并满足

$$\begin{bmatrix} x_\phi \\ y_\phi \end{bmatrix} = \boldsymbol{\Phi}\begin{bmatrix} x \\ y \end{bmatrix} \quad (5-147)$$

式中：$\boldsymbol{\Phi} = \begin{bmatrix} \cos\phi & -\sin\phi \\ \sin\phi & \cos\phi \end{bmatrix}$ 是旋转角度 ϕ 的矩阵；$\boldsymbol{\Phi}^{-1}$ 为 $\boldsymbol{\Phi}$ 的逆。

光场旋转前后保持能量守恒，即满足

$$\int_{-\infty}^{+\infty}\int_{-\infty}^{+\infty}I(x,y,z)\mathrm{d}x\mathrm{d}y = \int_{-\infty}^{+\infty}\int_{-\infty}^{+\infty}I(x_\phi,y_\phi,z)\mathrm{d}x_\phi\mathrm{d}y_\phi \quad (5-148)$$

根据厄米 - 高斯光束的中心对称性以及在光场旋转角度 ϕ 前后，x、y 和 x_ϕ、y_ϕ 满足

$$r = \sqrt{x^2+y^2} = \sqrt{x_\phi^2+y_\phi^2} \quad (5-149)$$

先将笛卡儿坐标转换到极（柱）坐标系下，经过一系列繁杂的计算，再将极坐标还原回笛卡儿坐标系下，推导出旋转角度 ϕ 后的光场重心坐标 $(\bar{x}_\phi,\bar{y}_\phi)$，$x$、$y$ 轴方向的束半宽平方及其交叉项，x、y 轴方向的远场发散角 $\theta_{xx,\phi}$、$\theta_{yy,\phi}$ 及其交叉项分别为

$$\bar{x}_\phi = \bar{x}\cos\phi + \bar{y}\sin\phi = 0 \quad (5-150)$$

$$\overline{y_\phi} = -\bar{x}\sin\phi + \bar{y}\cos\phi = 0 \quad (5-151)$$

$$w_{xx,\phi}^2 = \left[(2m+1)\cos^2\phi + (2n+1)\sin^2\phi\right]w_s^2(z) \quad (5-152)$$

$$w_{yy,\phi}^2 = \left[(2m+1)\sin^2\phi + (2n+1)\cos^2\phi\right]w_s^2(z) \quad (5-153)$$

$$w_{xy,\phi}^2 = \frac{1}{4}(n-m)w_{\mathrm{s}}^2(z)\sin^2 2\phi \qquad (5-154)$$

$$\theta_{xx,\phi}^2 = \left[(2m+1)\cos^2\phi + (2n+1)\sin^2\phi\right]\theta_{\mathrm{s}}^2 \qquad (5-155)$$

$$\theta_{yy,\phi}^2 = \left[(2m+1)\sin^2\phi + (2n+1)\cos^2\phi\right]\theta_{\mathrm{s}}^2 \qquad (5-156)$$

$$\theta_{xy,\phi}^2 = \frac{1}{4}(n-m)\theta_{\mathrm{s}}^2\sin^2 2\phi \qquad (5-157)$$

综合式(5-152)~式(5-157)可求得一般取向的 H-G$_{mn}$ 模式光束的 M^2 参数分别为

$$M_{xx,\phi}^2 = (2m+1)\cos^2\phi + (2n+1)\sin^2\phi \qquad (5-158)$$

$$M_{yy,\phi}^2 = (2m+1)\sin^2\phi + (2n+1)\cos^2\phi \qquad (5-159)$$

$$M_{xy,\phi}^2 = (n-m)\sin\phi\cos\phi \qquad (5-160)$$

对 H-G$_{mn}$ 模式光束,由式(5-152)和式(5-153)、式(5-155)和式(5-156)、式(5-158)和式(5-159)可知

$$w_{xx,\phi}^2 + w_{yy,\phi}^2 \equiv \left[(2m+1)+(2n+1)\right]w_{\mathrm{s}}^2(z) \qquad (5-161)$$

$$\theta_{xx,\phi}^2 + \theta_{yy,\phi}^2 \equiv \left[(2m+1)+(2n+1)\right]\theta_{\mathrm{s}}^2 \qquad (5-162)$$

$$M_{xx,\phi}^2 + M_{yy,\phi}^2 \equiv (2m+1)+(2n+1) \qquad (5-163)$$

$$M_{xx,\phi}^2 - M_{yy,\phi}^2 = \left[(2m+1)-(2n+1)\right]\cos 2\phi \qquad (5-164)$$

定义光束在主方向上的 M^2 为 M_1^2 和 M_2^2:

$$M_1^2 = 2m+1 \qquad (5-165)$$

$$M_2^2 = 2n+1 \qquad (5-166)$$

$$M_1^2 + M_2^2 = (2m+1)+(2n+1) \equiv M_{xx,\phi}^2 + M_{yy,\phi}^2 \qquad (5-167)$$

$$M_1^2 - M_2^2 = \max(M_{xx,\phi}^2 - M_{yy,\phi}^2) = (2m+1)-(2n+1) \qquad (5-168)$$

进一步推导得出 H-G$_{mn}$ 模式光束旋转前后的束半宽平方、发散半角平方以及 M^2 可用矩阵关系表示为

$$\begin{bmatrix} w_{xx,\phi}^2 & w_{xy,\phi}^2 \\ w_{xy,\phi}^2 & w_{yy,\phi}^2 \end{bmatrix} = w_{\mathrm{s}}^2(z)\,\boldsymbol{\Phi}^{-1}\begin{bmatrix} 2m+1 & 0 \\ 0 & 2n+1 \end{bmatrix}\boldsymbol{\Phi} \qquad (5-169)$$

$$\begin{bmatrix} \theta_{xx,\phi}^2 & \theta_{xy,\phi}^2 \\ \theta_{xy,\phi}^2 & \theta_{yy,\phi}^2 \end{bmatrix} = \theta_{\mathrm{s}}^2\,\boldsymbol{\Phi}^{-1}\begin{bmatrix} 2m+1 & 0 \\ 0 & 2n+1 \end{bmatrix}\boldsymbol{\Phi} \qquad (5-170)$$

$$\begin{bmatrix} M_{xx,\phi}^2 & M_{xy,\phi}^2 \\ M_{xy,\phi}^2 & M_{yy,\phi}^2 \end{bmatrix} = \boldsymbol{\Phi}^{-1}\begin{bmatrix} 2m+1 & 0 \\ 0 & 2n+1 \end{bmatrix}\boldsymbol{\Phi} \qquad (5-171)$$

若已知光场旋转后的重心坐标、束半宽的平方以及 M^2 参数,则可逆推出光场旋转前主方向对应的参数。如光束为基模高斯光束,则其 *M* 矩阵始终为单位矩阵,光束在任意方位角的 M^2 因子都为 1,即

$$\begin{bmatrix} M_{xx,\phi}^2 & M_{xy,\phi}^2 \\ M_{xy,\phi}^2 & M_{yy,\phi}^2 \end{bmatrix} = \begin{bmatrix} 1 & 0 \\ 0 & 1 \end{bmatrix} \tag{5-172}$$

5.5.3 L-G$_{pl}$模式光束的 M^2 矩阵

柱坐标系中,沿 z 轴传输的 L-G$_{pl}$ 模式光束的复振幅分布为

$$E_{pl}(r,\varphi,z) = A_{pl}\left(\frac{\sqrt{2}r}{w_s(z)}\right)^l L_p^l\left(\frac{2r^2}{w_s^2(z)}\right) e^{-\frac{r^2}{w_s^2(z)}} \cos(l\varphi) \tag{5-173}$$

式中:$w_s(z)$ 为基模高斯光束在 z 位置的束半宽;p 和 l 为拉盖尔阶数;A_{pl} 为光束的功率归一化振幅系数,是非零的实数,且有

$$\int_0^{2\pi}\int_0^{+\infty} A_{pl}^2 \left(\frac{\sqrt{2}r}{w_s(z)}\right)^{2l}\left[L_p^l\left(\frac{2r^2}{w_s^2(z)}\right)\right]^2 e^{-\frac{2r^2}{w_s^2(z)}}\cos^2(l\varphi)\,r\mathrm{d}r\mathrm{d}\varphi = 1 \tag{5-174}$$

L-G$_{pl}$ 模式光束在 r 径向的束半宽平方为

$$w_{r,pl}^2(z) = \frac{4\int_0^{2\pi}\int_0^{+\infty} A_{pl}^2 \left(\dfrac{\sqrt{2}r}{w_s(z)}\right)^{2l}\left[L_p^l\left(\dfrac{2r^2}{w_s^2(z)}\right)\right]^2 e^{-\frac{2r^2}{w_s^2(z)}}\cos^2(l\varphi)\,r^3\mathrm{d}r\mathrm{d}\varphi}{\int_0^{2\pi}\int_0^{+\infty} A_{pl}^2 \left(\dfrac{\sqrt{2}r}{w_s(z)}\right)^{2l}\left[L_p^l\left(\dfrac{2r^2}{w_s^2(z)}\right)\right]^2 e^{-\frac{2r^2}{w_s^2(z)}}\cos^2(l\varphi)\,r\mathrm{d}r\mathrm{d}\varphi}$$

$$= 2(2p+l+1)w_s^2(z) \tag{5-175}$$

L-G$_{pl}$ 模式光束的 r 径向远场发散角为

$$\theta_{r,pl}^2 = \lim_{z\to\infty}\frac{w_{r,pl}^2(z)}{z^2} = 2(2p+l+1)\lim_{z\to\infty}\frac{w_s^2(z)}{z^2} = 2(2p+l+1)\theta_s^2 \tag{5-176}$$

式中:θ_s 为基模高斯光束的远场发散半角。

由式(5-175)和式(5-176),L-G$_{pl}$ 模式光束的 r 径向光束质量因子为

$$M_{r,pl}^2 = \frac{\pi}{\lambda}w_{0r,pl}\theta_{r,pl} = 2(2p+l+1) \tag{5-177}$$

式中:λ 为光波长。

在笛卡儿坐标系中,设坐标变换为

$$\begin{cases} x = r\cos(\varphi) \\ y = r\sin(\varphi) \end{cases} \tag{5-178}$$

可计算出 z 位置处的光斑中心坐标为

$$\bar{x}(z) = \frac{\int_0^{2\pi}\int_0^{+\infty} A_{pl}^2 r\cos(\varphi)\left(\dfrac{\sqrt{2}r}{w_s(z)}\right)^{2l}\left[L_p^l\left(\dfrac{2r^2}{w_s^2(z)}\right)\right]^2 e^{-\frac{2r^2}{w_s^2(z)}}\cos^2(l\varphi)\,r\mathrm{d}r\mathrm{d}\varphi}{\int_0^{2\pi}\int_0^{+\infty} A_{pl}^2\left(\dfrac{\sqrt{2}r}{w_s(z)}\right)^{2l}\left[L_p^l\left(\dfrac{2r^2}{w_s^2(z)}\right)\right]^2 e^{-\frac{2r^2}{w_s^2(z)}}\cos^2(l\varphi)\,r\mathrm{d}r\mathrm{d}\varphi} = 0$$

$$\tag{5-179}$$

$$\bar{y}(z) = \frac{\int_0^{2\pi}\int_0^{+\infty} r\sin(\varphi)A_{pl}^2\left(\frac{\sqrt{2}r}{w_s(z)}\right)^{2l}\left[L_p^l\left(\frac{2r^2}{w_s^2(z)}\right)\right]^2 e^{-\frac{2r^2}{w_s^2(z)}}\cos^2(l\varphi)rdrd\varphi}{\int_0^{2\pi}\int_0^{+\infty} A_{pl}^2\left(\frac{\sqrt{2}r}{w_s(z)}\right)^{2l}\left[L_p^l\left(\frac{2r^2}{w_s^2(z)}\right)\right]^2 e^{-\frac{2r^2}{w_s^2(z)}}\cos^2(l\varphi)rdrd\varphi} = 0$$

$$(5-180)$$

z 位置处光束在 *x* 轴和 *y* 轴方向的束半宽为

$$w_{xx}^2(z) = \frac{4\int_0^{2\pi}\int_0^{+\infty} r^2\cos^2(\varphi)A_{pl}^2\left(\frac{\sqrt{2}r}{w_s(z)}\right)^{2l}\left[L_p^l\left(\frac{2r^2}{w_s^2(z)}\right)\right]^2 e^{-\frac{2r^2}{w_s^2(z)}}\cos^2(l\varphi)rdrd\varphi}{\int_0^{2\pi}\int_0^{+\infty} A_{pl}^2\left(\frac{\sqrt{2}r}{w_s(z)}\right)^{2l}\left[L_p^l\left(\frac{2r^2}{w_s^2(z)}\right)\right]^2 e^{-\frac{2r^2}{w_s^2(z)}}\cos^2(l\varphi)rdrd\varphi}$$

$$= \begin{cases} 3(p+1)w_s^2(z), & l=1 \\ (2p+l+1)w_s^2(z), & l\neq1 \end{cases} \qquad (5-181)$$

$$w_{yy}^2(z) = \frac{4\int_0^{2\pi}\int_0^{+\infty} r^2\sin^2(\varphi)A_{pl}^2\left(\frac{\sqrt{2}r}{w_s(z)}\right)^{2l}\left[L_p^l\left(\frac{2r^2}{w_s^2(z)}\right)\right]^2 e^{-\frac{2r^2}{w_s^2(z)}}\cos^2(l\varphi)rdrd\varphi}{\int_0^{2\pi}\int_0^{+\infty} A_{pl}^2\left(\frac{\sqrt{2}r}{w_s(z)}\right)^{2l}\left[L_p^l\left(\frac{2r^2}{w_s^2(z)}\right)\right]^2 e^{-\frac{2r^2}{w_s^2(z)}}\cos^2(l\varphi)rdrd\varphi}$$

$$= \begin{cases} (p+1)w_s^2(z), & l=1 \\ (2p+l+1)w_s^2(z), & l\neq1 \end{cases} \qquad (5-182)$$

x 轴方向和 *y* 轴方向的远场发散角为

$$\theta_{xx}^2 = \lim_{z\to\infty}\frac{w_s^2(z)}{z^2}\cdot\begin{cases} 3(p+1) \\ 2p+l+1 \end{cases} = \theta_s^2\cdot\begin{cases} 3(p+1), & l=1 \\ 2p+l+1, & l\neq1 \end{cases} \qquad (5-183)$$

$$\theta_{yy}^2 = \lim_{z\to\infty}\frac{w_s^2(z)}{z^2}\cdot\begin{cases} p+1 \\ 2p+l+1 \end{cases} = \theta_s^2\cdot\begin{cases} p+1, & l=1 \\ 2p+l+1, & l\neq1 \end{cases} \qquad (5-184)$$

由此，*x* 轴和 *y* 轴方向的 M^2 参数为

$$M_{xx}^2 = \frac{\pi}{\lambda}w_{0xx}\theta_{xx}^2 = \begin{cases} 3(p+1), & l=1 \\ 2p+l+1, & l\neq1 \end{cases} \qquad (5-185)$$

$$M_{yy}^2 = \frac{\pi}{\lambda}w_{0yy}\theta_{yy}^2 = \begin{cases} p+1, & l=1 \\ 2p+l+1, & l\neq1 \end{cases} \qquad (5-186)$$

根据交叉项的定义可得

$$w_{xy}^2(z) = \frac{4\int_0^{2\pi}\int_0^{+\infty} r^2\sin\varphi\cos\varphi\left(\frac{\sqrt{2}r}{w_s(z)}\right)^{2l}\left[L_p^l\left(\frac{2r^2}{w_s^2(z)}\right)\right]^2 e^{-\frac{2r^2}{w_s^2(z)}}\cos^2(l\varphi)rdrd\varphi}{\int_0^{2\pi}\int_0^{+\infty}\left(\frac{\sqrt{2}r}{w_s(z)}\right)^{2l}\left[L_p^l\left(\frac{2r^2}{w_s^2(z)}\right)\right]^2 e^{-\frac{2r^2}{w_s^2(z)}}\cos^2(l\varphi)rdrd\varphi}$$

$$(5-187)$$

$$\theta_{xy}^2 = \lim_{z \to \infty} \frac{w_{xy}^2(z)}{z^2} = 0 \qquad (5-188)$$

于是有

$$M_{xy}^2 = \frac{\pi}{\lambda} w_{0xy} \theta_{xy} = 0 \qquad (5-189)$$

式中：w_{0xy}^2 为束腰半宽平方交叉项。

将 L-G$_{pl}$ 模式光束的束半宽平方、发散半角平方和 M^2 因子写成矩阵形式：

$$\begin{bmatrix} w_{xx}^2(z) & 0 \\ 0 & w_{yy}^2(z) \end{bmatrix} = (p+1)w_s^2(z)\begin{bmatrix} 3 & 0 \\ 0 & 1 \end{bmatrix}, \quad l = 1 \qquad (5-190)$$

$$\begin{bmatrix} \theta_{xx}^2 & 0 \\ 0 & \theta_{yy}^2 \end{bmatrix} = (p+1)\theta_s^2\begin{bmatrix} 3 & 0 \\ 0 & 1 \end{bmatrix}, \quad l = 1 \qquad (5-191)$$

$$\begin{bmatrix} M_{xx}^2 & 0 \\ 0 & M_{yy}^2 \end{bmatrix} = (p+1)\begin{bmatrix} 3 & 0 \\ 0 & 1 \end{bmatrix}, \quad l = 1 \qquad (5-192)$$

$$\begin{bmatrix} w_{xx}^2(z) & 0 \\ 0 & w_{yy}^2(z) \end{bmatrix} = (2p+l+1)w_s^2(z)\begin{bmatrix} 1 & 0 \\ 0 & 1 \end{bmatrix}, \quad l \neq 1 \qquad (5-193)$$

$$\begin{bmatrix} \theta_{xx}^2 & 0 \\ 0 & \theta_{yy}^2 \end{bmatrix} = (2p+l+1)\theta_s^2\begin{bmatrix} 1 & 0 \\ 0 & 1 \end{bmatrix}, \quad l \neq 1 \qquad (5-194)$$

$$\begin{bmatrix} M_{xx}^2 & 0 \\ 0 & M_{yy}^2 \end{bmatrix} = (2p+l+1)\begin{bmatrix} 1 & 0 \\ 0 & 1 \end{bmatrix}, \quad l \neq 1 \qquad (5-195)$$

5.5.4　L-G$_{pl}$ 模式光束旋转后的 M^2 矩阵

当光束绕 z 轴旋转角度 ϕ，根据能量守恒，可得

$$\int_0^{2\pi}\int_0^{+\infty} I_{pl}(r,\varphi,z)r\mathrm{d}r\mathrm{d}\varphi = \int_0^{2\pi}\int_0^{+\infty} I_{pl}(r,\varphi+\phi,z)r\mathrm{d}r\mathrm{d}\varphi \qquad (5-196)$$

光束中心坐标为

$$\bar{x}_\phi(z) = \frac{\displaystyle\int_0^{2\pi}\int_0^{+\infty} r\cos\varphi \cdot A_{pl}^2\left(\frac{\sqrt{2}r}{w_s(z)}\right)^{2l}\left[L_p^l\left(\frac{2r^2}{w_s^2(z)}\right)\right]^2 \mathrm{e}^{-\frac{2r^2}{w_s^2(z)}}\cos^2[l(\varphi+\phi)]r\mathrm{d}r\mathrm{d}\varphi}{\displaystyle\int_0^{2\pi}\int_0^{+\infty} A_{pl}^2\left(\frac{\sqrt{2}r}{w_s(z)}\right)^{2l}\left[L_p^l\left(\frac{2r^2}{w_s^2(z)}\right)\right]^2 \mathrm{e}^{-\frac{2r^2}{w_s^2(z)}}\cos^2[l(\varphi+\phi)]r\mathrm{d}r\mathrm{d}\varphi} = 0$$

$$(5-197)$$

$$\bar{y}_\phi(z) = \frac{\displaystyle\int_0^{2\pi}\int_0^{+\infty} r\sin\varphi \cdot A_{pl}^2\left(\frac{\sqrt{2}r}{w_s(z)}\right)^{2l}\left[L_p^l\left(\frac{2r^2}{w_s^2(z)}\right)\right]^2 \mathrm{e}^{-\frac{2r^2}{w_s^2(z)}}\cos^2[l(\varphi+\phi)]r\mathrm{d}r\mathrm{d}\varphi}{\displaystyle\int_0^{2\pi}\int_0^{+\infty} A_{pl}^2\left(\frac{\sqrt{2}r}{w_s(z)}\right)^{2l}\left[L_p^l\left(\frac{2r^2}{w_s^2(z)}\right)\right]^2 \mathrm{e}^{-\frac{2r^2}{w_s^2(z)}}\cos^2[l(\varphi+\phi)]r\mathrm{d}r\mathrm{d}\varphi} = 0$$

$$(5-198)$$

光束在 x 方向和 y 方向的光束半宽的平方为

$$w_{xx,\phi}^2(z) = \frac{4\int_0^{2\pi}\int_0^{+\infty} r^2\cos^2\varphi \cdot A_{pl}^2\left(\frac{\sqrt{2}r}{w_s(z)}\right)^{2l}\left[L_p^l\left(\frac{2r^2}{w_s^2(z)}\right)\right]^2 e^{-\frac{2r^2}{w_s^2(z)}}\cos^2[l(\varphi+\phi)]\,r\mathrm{d}r\mathrm{d}\varphi}{\int_0^{2\pi}\int_0^{+\infty} A_{pl}^2\left(\frac{\sqrt{2}r}{w_s(z)}\right)^{2l}\left[L_p^l\left(\frac{2r^2}{w_s^2(z)}\right)\right]^2 e^{-\frac{2r^2}{w_s^2(z)}}\cos^2[l(\varphi+\phi)]\,r\mathrm{d}r\mathrm{d}\varphi}$$

$$= \begin{cases} [2+\cos(2\phi)](p+1)w_s^2(z), & l=1 \\ (2p+l+1)w_s^2(z), & l\neq 1 \end{cases} \tag{5-199}$$

$$w_{yy,\phi}^2(z) = \frac{4\int_0^{2\pi}\int_0^{+\infty} r^2\sin^2\varphi \cdot A_{pl}^2\left(\frac{\sqrt{2}r}{w_s(z)}\right)^{2l}\left[L_p^l\left(\frac{2r^2}{w_s^2(z)}\right)\right]^2 e^{-\frac{2r^2}{w_s^2(z)}}\cos^2[l(\varphi+\phi)]\,r\mathrm{d}r\mathrm{d}\varphi}{\int_0^{+\infty}\int_0^{2\pi} A_{pl}^2\left(\frac{\sqrt{2}r}{w_s(z)}\right)^{2l}\left[L_p^l\left(\frac{2r^2}{w_s^2(z)}\right)\right]^2 e^{-\frac{2r^2}{w_s^2(z)}}\cos^2[l(\varphi+\phi)]\,r\mathrm{d}r\mathrm{d}\varphi}$$

$$= \begin{cases} [2-\cos(2\phi)](p+1)w_s^2(z), & l=1 \\ (2p+l+1)w_s^2(z), & l\neq 1 \end{cases} \tag{5-200}$$

x 轴和 y 轴的远场发散角为

$$\theta_{xx,\phi}^2 = \theta_s^2 \cdot \begin{cases} [2+\cos(2\phi)](p+1), & l=1 \\ 2p+l+1, & l\neq 1 \end{cases} \tag{5-201}$$

$$\theta_{yy,\phi}^2 = \theta_s^2 \cdot \begin{cases} [2-\cos(2\phi)](p+1), & l=1 \\ 2p+l+1, & l\neq 1 \end{cases} \tag{5-202}$$

光束在 x 轴和 y 轴的光束质量因子为

$$M_{xx,\phi}^2 = \frac{\pi}{\lambda}w_{0xx}\theta_{xx}\begin{cases} [2+\cos(2\phi)](p+1), & l=1 \\ 2p+l+1, & l\neq 1 \end{cases} \tag{5-203}$$

$$M_{yy,\phi}^2 = \frac{\pi}{\lambda}w_{0yy}\theta_{yy}\begin{cases} [2-\cos(2\phi)](p+1), & l=1 \\ 2p+l+1, & l\neq 1 \end{cases} \tag{5-204}$$

对 L-G$_{pl}$ 模式光束，由式(5-199)~式(5-204)可知

$$w_{xx,\phi}^2(z) + w_{yy,\phi}^2(z) \equiv 2(2p+l+1)w_s^2(z) \tag{5-205}$$

$$\theta_{xx,\phi}^2 + \theta_{yy,\phi}^2 = 2(2p+l+1)\theta_s^2 \tag{5-206}$$

$$M_{xx,\phi}^2 + M_{yy,\phi}^2 \equiv 2(2p+l+1) \tag{5-207}$$

$$M_{xx,\phi}^2 - M_{yy,\phi}^2 = \begin{cases} 2(p+1)\cos(2\phi), & l=1 \\ 0, & l\neq 1 \end{cases} \tag{5-208}$$

定义 L-G$_{pl}$ 模式光束在主方向上的 M^2 为 M_1^2 和 M_2^2：

$$M_1^2 = \begin{cases} 3(p+1), & l=1 \\ 2p+l+1, & l\neq 1 \end{cases} \tag{5-209}$$

$$M_2^2 = \begin{cases} p+1, & l=1 \\ 2p+l+1, & l\neq 1 \end{cases} \tag{5-210}$$

$$M_1^2 + M_2^2 = 2(2p + l + 1) \equiv M_{xx,\phi}^2 + M_{yy,\phi}^2 \qquad (5-211)$$

$$M_1^2 - M_2^2 = \max(M_{xx,\phi}^2 - M_{yy,\phi}^2) = \begin{cases} 2(p+1), & l=1 \\ 0, & l \neq 1 \end{cases} \qquad (5-212)$$

光束的束半宽平方交叉项 $w_{xy,\phi}^2$ 为

$$w_{xy,\phi}^2(z) = \cfrac{4\displaystyle\int_0^{2\pi}\int_0^{+\infty} r^2 \sin\varphi\cos\varphi A_{pl}^2 \left(\dfrac{\sqrt{2}r}{w_s(z)}\right)^{2l}\left[L_p^l\left(\dfrac{2r^2}{w_s^2(z)}\right)\right]^2 e^{-\frac{2r^2}{w_s^2(z)}}\cos^2[l(\varphi+\phi)]r\mathrm{d}r\mathrm{d}\varphi}{\displaystyle\int_0^{+\infty}\int_0^{2\pi} A_{pl}^2\left(\dfrac{\sqrt{2}r}{w_s(z)}\right)^{2l}\left[L_p^l\left(\dfrac{2r^2}{w_s^2(z)}\right)\right]^2 e^{-\frac{2r^2}{w_s^2(z)}}\cos^2[l(\varphi+\phi)]r\mathrm{d}r\mathrm{d}\varphi}$$

$$= \begin{cases} -(p+1)\sin(2\phi)w_s^2(z), & l=1 \\ 0, & l \neq 1 \end{cases} \qquad (5-213)$$

远场发散角平方交叉项 $\theta_{xy,\phi}^2$ 为

$$\theta_{xy,\phi}^2 = \begin{cases} -(p+1)\sin(2\phi)\theta_s^2, & l=1 \\ 0, & l \neq 1 \end{cases} \qquad (5-214)$$

光束的 M^2 因子的交叉项平方为

$$M_{xy,\phi}^2 = \begin{cases} -(p+1)\sin2\phi, & l=1 \\ 0, & l \neq 1 \end{cases} \qquad (5-215)$$

综上,L-G$_{pl}(l \neq 1)$模式光束旋转后有如下矩阵关系:

$$\begin{bmatrix} w_{xx,\phi}^2(z) & w_{xy,\phi}^2(z) \\ w_{xy,\phi}^2(z) & w_{yy,\phi}^2(z) \end{bmatrix} = (p+1)w_s^2(z)\boldsymbol{\Phi}^{-1}\begin{bmatrix} 3 & 0 \\ 0 & 1 \end{bmatrix}\boldsymbol{\Phi}, \quad l=1 \qquad (5-216)$$

$$\mathbb{U}_\phi = \begin{bmatrix} \theta_{xx,\phi}^2 & \theta_{xy,\phi}^2 \\ \theta_{xy,\phi}^2 & \theta_{yy,\phi}^2 \end{bmatrix} = (p+1)\theta_s^2\boldsymbol{\Phi}^{-1}\begin{bmatrix} 3 & 0 \\ 0 & 1 \end{bmatrix}\boldsymbol{\Phi}, \quad l=1 \qquad (5-217)$$

$$\begin{bmatrix} M_{xx,\phi}^2 & M_{xy,\phi}^2 \\ M_{xy,\phi}^2 & M_{yy,\phi}^2 \end{bmatrix} = (p+1)\boldsymbol{\Phi}^{-1}\begin{bmatrix} 3 & 0 \\ 0 & 1 \end{bmatrix}\boldsymbol{\Phi}, \quad l=1 \qquad (5-218)$$

$$\begin{bmatrix} w_{xx,\phi}^2(z) & w_{xy,\phi}^2(z) \\ w_{xy,\phi}^2(z) & w_{yy,\phi}^2(z) \end{bmatrix} = (2p+l+1)w_s^2(z)\begin{bmatrix} 1 & 0 \\ 0 & 1 \end{bmatrix}, \quad l \neq 1 \qquad (5-219)$$

$$\begin{bmatrix} \theta_{xx,\phi}^2 & \theta_{xy,\phi}^2 \\ \theta_{xy,\phi}^2 & \theta_{yy,\phi}^2 \end{bmatrix} = (2p+l+1)\theta_s^2\begin{bmatrix} 1 & 0 \\ 0 & 1 \end{bmatrix}, \quad l \neq 1 \qquad (5-220)$$

$$\begin{bmatrix} M_{xx,\phi}^2 & M_{xy,\phi}^2 \\ M_{xy,\phi}^2 & M_{yy,\phi}^2 \end{bmatrix} = (2p+l+1)\begin{bmatrix} 1 & 0 \\ 0 & 1 \end{bmatrix}, \quad l \neq 1 \qquad (5-221)$$

5.5.5　多模式光束的 M^2 矩阵

对 H-G 混合模、L-G 混合模而言,混合模中各阶模的光强分布有相同的高

斯指数因子,传播相同距离后光束发散程度相同,因而有相同的瑞利距离和波面曲率半径。

1. H-G 多模式光束的 M^2 矩阵

设光强分布为 $I_{H-G}(x,y,z)$ 的光束沿 z 轴方向传输,其积分功率为 1,即

$$\int_{-\infty}^{\infty}\int_{-\infty}^{\infty}|E_{H-G}(x,y,z)|^2 dxdy = 1 \qquad (5-222)$$

该光束由 H-G_{mn} 模式系列叠加而成,其振幅分布为

$$E_{H-G}(x,y,z) = \sum_{m,n} c_{mn} A_{mn} H_m\left(\frac{\sqrt{2}}{w_s(z)}x\right) H_n\left(\frac{\sqrt{2}}{w_s(z)}y\right) e^{-\frac{x^2+y^2}{w_s^2(z)}} \qquad (5-223)$$

式中:m、n 为 H-G_{mn} 模式光束的阶数;c_{mn} 为 H-G_{mn} 模式光束的模式系数;$w_s(z)$ 为对应的基模高斯光束在 z 处的束半宽;A_{mn} 为非零实数,是 H-G_{mn} 模式光束的功率归一化振幅系数,且有

$$\int_{-\infty}^{\infty}\int_{-\infty}^{\infty} A_{mn}^2 \left| H_m\left(\frac{\sqrt{2}}{w_s(z)}x\right) H_n\left(\frac{\sqrt{2}}{w_s(z)}y\right) e^{-\frac{x^2+y^2}{w_s^2(z)}}\right|^2 dxdy = 1 \qquad (5-224)$$

由于各个模式相互正交,于是有

$$\sum_{m,n}|c_{mn}|^2 = 1 \qquad (5-225)$$

若各个模式之间无固定的相位关系,则有

$$\left|\sum_{m,n} c_{mn} A_{mn} H_m\left(\frac{\sqrt{2}}{w_s(z)}x\right) H_n\left(\frac{\sqrt{2}}{w_s(z)}y\right) e^{-\frac{x^2+y^2}{w_s^2(z)}}\right|^2$$

$$\approx \sum_{m,n}|c_{mn}|^2 \left| A_{mn} H_m\left(\frac{\sqrt{2}}{w_s(z)}x\right) H_n\left(\frac{\sqrt{2}}{w_s(z)}y\right) e^{-\frac{x^2+y^2}{w_s^2(z)}}\right|^2 \qquad (5-226)$$

由一阶矩定光束中心可知

$$\bar{x}(z) = \frac{\int_{-\infty}^{\infty}\int_{-\infty}^{\infty} E_{H-G}(x,y,z)\left[E_{H-G}(x,y,z)\right]^* xdxdy}{\int_{-\infty}^{\infty}\int_{-\infty}^{\infty} I_{H-G}(x,y,z) dxdy}$$

$$= \int_{-\infty}^{\infty}\int_{-\infty}^{\infty} \sum_{m,n}\left| c_{mn} A_{mn} H_m\left(\frac{\sqrt{2}}{w_s(z)}x\right) H_n\left(\frac{\sqrt{2}}{w_s(z)}y\right) e^{-\frac{x^2+y^2}{w_s^2(z)}}\right|^2 xdxdy$$

$$= \sum_{m,n}|c_{mn} A_{mn}|^2 \cdot \int_{-\infty}^{\infty}\int_{-\infty}^{\infty} \left| H_m\left(\frac{\sqrt{2}}{w_s(z)}x\right) H_n\left(\frac{\sqrt{2}}{w_s(z)}y\right) e^{-\frac{x^2+y^2}{w_s^2(z)}}\right|^2 xdxdy$$

$$(5-227)$$

由于

$$\int_{-\infty}^{\infty}\int_{-\infty}^{\infty} \left| H_m\left(\frac{\sqrt{2}}{w_s(z)}x\right) H_n\left(\frac{\sqrt{2}}{w_s(z)}y\right) e^{-\frac{x^2+y^2}{w_s^2(z)}}\right|^2 xdxdy = 0 \qquad (5-228)$$

因此,式(5-227)变为

$$\overline{x}(z) = \frac{\int_{-\infty}^{\infty}\int_{-\infty}^{\infty} E_{\text{H-G}}(x,y,z)\left[E_{\text{H-G}}(x,y,z)\right]^{*}x\mathrm{d}x\mathrm{d}y}{\int_{-\infty}^{\infty}\int_{-\infty}^{\infty} I_{\text{H-G}}(x,y,z)\mathrm{d}x\mathrm{d}y} = 0 \quad (5-229)$$

同理,有

$$\overline{y}(z) = \frac{\int_{-\infty}^{\infty}\int_{-\infty}^{\infty} E_{\text{H-G}}(x,y,z)\left[E_{\text{H-G}}(x,y,z)\right]^{*}y\mathrm{d}x\mathrm{d}y}{\int_{-\infty}^{\infty}\int_{-\infty}^{\infty} I_{\text{H-G}}(x,y,z)\mathrm{d}x\mathrm{d}y} = 0 \quad (5-230)$$

由二阶矩定束宽,可知

$$w_{xx}^{2}(z) = \frac{\int_{-\infty}^{\infty}\int_{-\infty}^{\infty} E_{\text{H-G}}(x,y,z)\left[E_{\text{H-G}}(x,y,z)\right]^{*}x^{2}\mathrm{d}x\mathrm{d}y}{\int_{-\infty}^{\infty}\int_{-\infty}^{\infty} I_{\text{H-G}}(x,y,z)\mathrm{d}x\mathrm{d}y}$$

$$= \int_{-\infty}^{\infty}\int_{-\infty}^{\infty} \sum_{m,n}\left| c_{mn}A_{mn}\mathrm{H}_{m}\left(\frac{\sqrt{2}}{w_{\text{s}}(z)}x\right)\mathrm{H}_{n}\left(\frac{\sqrt{2}}{w_{\text{s}}(z)}y\right)\mathrm{e}^{-\frac{x^{2}+y^{2}}{w_{\text{s}}^{2}(z)}}\right|^{2}x^{2}\mathrm{d}x\mathrm{d}y$$

$$= \sum_{m,n}|c_{mn}|^{2}\cdot\int_{-\infty}^{\infty}\int_{-\infty}^{\infty}\left| A_{mn}\mathrm{H}_{m}\left(\frac{\sqrt{2}}{w_{\text{s}}(z)}x\right)\mathrm{H}_{n}\left(\frac{\sqrt{2}}{w_{\text{s}}(z)}y\right)\mathrm{e}^{-\frac{x^{2}+y^{2}}{w_{\text{s}}^{2}(z)}}\right|^{2}x^{2}\mathrm{d}x\mathrm{d}y$$

$$(5-231)$$

由于各个模式成分的表达式已做了功率归一化处理,于是有

$$\int_{-\infty}^{\infty}\int_{-\infty}^{\infty}\left| A_{mn}\mathrm{H}_{m}\left(\frac{\sqrt{2}}{w_{\text{s}}(z)}x\right)\mathrm{H}_{n}\left(\frac{\sqrt{2}}{w_{\text{s}}(z)}y\right)\mathrm{e}^{-\frac{x^{2}+y^{2}}{w_{\text{s}}^{2}(z)}}\right|^{2}x^{2}\mathrm{d}x\mathrm{d}y = (2m+1)w_{\text{s}}^{2}$$

$$(5-232)$$

将式(5-232)带入式(5-231),可得

$$w_{xx}^{2}(z) = \sum_{m,n}|c_{mn}|^{2}\cdot(2m+1)w_{\text{s}}^{2} \quad (5-233)$$

同理,H-G 多模光束在 y 轴的束宽平方为

$$w_{yy}^{2}(z) = \sum_{m,n}|c_{mn}|^{2}\cdot(2n+1)w_{\text{s}}^{2} \quad (5-234)$$

H-G 多模光束在交叉方向的束宽平方为

$$w_{xy}^{2}(z) = \frac{\int_{-\infty}^{\infty}\int_{-\infty}^{\infty} E_{\text{H-G}}(x,y,z)\left[E_{\text{H-G}}(x,y,z)\right]^{*}xy\mathrm{d}x\mathrm{d}y}{\int_{-\infty}^{\infty}\int_{-\infty}^{\infty} I_{\text{H-G}}(x,y,z)\mathrm{d}x\mathrm{d}y}$$

$$= \int_{-\infty}^{\infty}\int_{-\infty}^{\infty} \sum_{m,n}\left| c_{mn}A_{mn}\mathrm{H}_{m}\left(\frac{\sqrt{2}}{w_{\text{s}}(z)}x\right)\mathrm{H}_{n}\left(\frac{\sqrt{2}}{w_{\text{s}}(z)}y\right)\mathrm{e}^{-\frac{x^{2}+y^{2}}{w_{\text{s}}^{2}(z)}}\right|^{2}xy\mathrm{d}x\mathrm{d}y$$

$$= \sum_{m,n}|c_{mn}A_{mn}|^{2}\cdot\int_{-\infty}^{\infty}\left| \mathrm{H}_{m}\left(\frac{\sqrt{2}}{w_{\text{s}}(z)}x\right)\mathrm{e}^{-\frac{x^{2}}{w_{\text{s}}^{2}(z)}}\right|^{2}x\mathrm{d}x\cdot$$

$$\int_{-\infty}^{\infty}\left| \mathrm{H}_{n}\left(\frac{\sqrt{2}}{w_{\text{s}}(z)}y\right)\mathrm{e}^{-\frac{y^{2}}{w_{\text{s}}^{2}(z)}}\right|^{2}y\mathrm{d}y \quad (5-235)$$

由于

$$\int_{-\infty}^{\infty} \left| H_m\left(\frac{\sqrt{2}}{w_s(z)}x\right) e^{-\frac{x^2}{w_s^2(z)}} \right|^2 x\mathrm{d}x = 0 \qquad (5-236)$$

$$\int_{-\infty}^{\infty} \left| H_n\left(\frac{\sqrt{2}}{w_s(z)}y\right) e^{-\frac{y^2}{w_s^2(z)}} \right|^2 y\mathrm{d}y = 0 \qquad (5-237)$$

将式(5-236)和式(5-237)代入式(5-235),可得

$$w_{xy}^2(z) = \frac{\int_{-\infty}^{\infty}\int_{-\infty}^{\infty} E_{\text{H-G}}(x,y,z)[E_{\text{H-G}}(x,y,z)]^* xy\mathrm{d}x\mathrm{d}y}{\int_{-\infty}^{\infty}\int_{-\infty}^{\infty} I_{\text{H-G}}(x,y,z)\mathrm{d}x\mathrm{d}y} = 0 \quad (5-238)$$

H-G 多模光束在 r 径向的束宽平方为

$$
\begin{aligned}
w_r^2(z) &= \frac{\int_{-\infty}^{\infty}\int_{-\infty}^{\infty} E_{\text{H-G}}(x,y,z)[E_{\text{H-G}}(x,y,z)]^* (x^2+y^2)\mathrm{d}x\mathrm{d}y}{\int_{-\infty}^{\infty}\int_{-\infty}^{\infty} I_{\text{H-G}}(x,y,z)\mathrm{d}x\mathrm{d}y} \\
&= \int_{-\infty}^{\infty}\int_{-\infty}^{\infty} \sum_{m,n} \left| c_{mn}A_{mn}H_m\left(\frac{\sqrt{2}}{w_s(z)}x\right)H_n\left(\frac{\sqrt{2}}{w_s(z)}y\right)e^{-\frac{x^2+y^2}{w_s^2(z)}} \right|^2 (x^2+y^2)\mathrm{d}x\mathrm{d}y \\
&= \sum_{m,n} |c_{mn}|^2 \cdot \left\{ \begin{array}{l} \int_{-\infty}^{\infty}\int_{-\infty}^{\infty} \left| A_{mn}H_m\left(\frac{\sqrt{2}}{w_s(z)}x\right)H_n\left(\frac{\sqrt{2}}{w_s(z)}y\right)e^{-\frac{x^2+y^2}{w_s^2(z)}} \right|^2 x^2\mathrm{d}x\mathrm{d}y \\ + \int_{-\infty}^{\infty}\int_{-\infty}^{\infty} \left| A_{mn}H_m\left(\frac{\sqrt{2}}{w_s(z)}x\right)H_n\left(\frac{\sqrt{2}}{w_s(z)}y\right)e^{-\frac{x^2+y^2}{w_s^2(z)}} \right|^2 y^2\mathrm{d}x\mathrm{d}y \end{array} \right\} \\
&= \sum_{m,n} |c_{mn}|^2 \cdot 2(m+n+1)w_s^2 \qquad (5-239)
\end{aligned}
$$

H-G 多模式光束在 x 轴方向、y 轴方向、交叉方向和 r 径向的远场发散角分别为

$$\theta_{xx}^2 = \lim_{z\to\infty}\frac{w_{xx}^2(z)}{z^2} = \lim_{z\to\infty}\frac{\sum_{m,n}|c_{mn}|^2 \cdot (2m+1)w_s^2}{z^2} = \sum_{m,n}|c_{mn}|^2 \cdot (2m+1)\theta_s^2$$
$$(5-240)$$

$$\theta_{yy}^2 = \lim_{z\to\infty}\frac{w_{yy}^2(z)}{z^2} = \lim_{z\to\infty}\frac{\sum_{m,n}|c_{mn}|^2 \cdot (2n+1)w_s^2}{z^2} = \sum_{m,n}|c_{mn}|^2 \cdot (2n+1)\theta_s^2$$
$$(5-241)$$

$$\theta_{xy}^2 = \lim_{z\to\infty}\frac{w_{xy}^2(z)}{z^2} = 0 \qquad (5-242)$$

$$\theta_r^2 = \lim_{z\to\infty}\frac{w_r^2(z)}{z^2} = \lim_{z\to\infty}\frac{\sum_{m,n}|c_{mn}|^2 \cdot 2(m+n+1)w_s^2}{z^2} = \sum_{m,n}|c_{mn}|^2 \cdot 2(m+n+1)\theta_s^2$$
$$(5-243)$$

该 H-G 多模式光束在 x 轴、y 轴、交叉方向和 r 径向的 M^2 参数为

$$M^2_{xx,\text{H-G}} = \frac{\pi}{\lambda} w_{0xx,\text{H-G}} \theta_{xx,\text{H-G}} = \sum_{m,n} |c_{mn}|^2 \cdot (2m+1) \qquad (5-244)$$

$$M^2_{yy,\text{H-G}} = \frac{\pi}{\lambda} w_{0yy,\text{H-G}} \theta_{yy,\text{H-G}} = \sum_{m,n} |c_{mn}|^2 \cdot (2n+1) \qquad (5-245)$$

$$M^2_{xy,\text{H-G}} = \frac{\pi}{\lambda} w_{0xy,\text{H-G}} \theta_{xy,\text{H-G}} = 0 \qquad (5-246)$$

$$M^2_{r,\text{H-G}} = \frac{\pi}{\lambda} w_{0r,\text{H-G}} \theta_{r,\text{H-G}} = \sum_{m,n} |c_{mn}|^2 \cdot 2(m+n+1) \qquad (5-247)$$

可用以下矩阵关系表示光束的束宽平方、束腰平方和远场发散角平方:

$$\begin{bmatrix} w^2_{xx,\text{H-G},0} & w^2_{xy,\text{H-G},0} \\ w^2_{xy,\text{H-G},0} & w^2_{yy,\text{H-G},0} \end{bmatrix} = w^2_s(z) \begin{bmatrix} \sum_{m,n} |c_{mn}|^2 \cdot (2m+1) & 0 \\ 0 & \sum_{m,n} |c_{mn}|^2 \cdot (2n+1) \end{bmatrix}$$

$$(5-248)$$

$$\begin{bmatrix} \theta^2_{xx,\text{H-G},0} & \theta^2_{xy,\text{H-G},0} \\ \theta^2_{xy,\text{H-G},0} & \theta^2_{yy,\text{H-G},0} \end{bmatrix} = \theta^2_s \begin{bmatrix} \sum_{m,n} |c_{mn}|^2 \cdot (2m+1) & 0 \\ 0 & \sum_{m,n} |c_{mn}|^2 \cdot (2n+1) \end{bmatrix}$$

$$(5-249)$$

$$\begin{bmatrix} M^2_{xx,\text{H-G},0} & M^2_{xy,\text{H-G},0} \\ M^2_{xy,\text{H-G},0} & M^2_{yy,\text{H-G},0} \end{bmatrix} = \begin{bmatrix} \sum_{m,n} |c_{mn}|^2 \cdot (2m+1) & 0 \\ 0 & \sum_{m,n} |c_{mn}|^2 \cdot (2n+1) \end{bmatrix}$$

$$(5-250)$$

2. H-G 多模式旋转光束的 M^2 矩阵

当在同一笛卡儿坐标系下将光场绕 z 轴顺时针旋转 ϕ 后,H-G 多模式光束函数表达式里的自变量 x 和 y 变为 x_ϕ 和 y_ϕ,并满足:

$$\begin{bmatrix} x_\phi \\ y_\phi \end{bmatrix} = \boldsymbol{\Phi} \begin{bmatrix} x \\ y \end{bmatrix} \qquad (5-251)$$

式中: $\boldsymbol{\Phi} = \begin{bmatrix} \cos\phi & -\sin\phi \\ \sin\phi & \cos\phi \end{bmatrix}$ 为旋转角度 ϕ 的矩阵,$\boldsymbol{\Phi}^{-1}$ 为 $\boldsymbol{\Phi}$ 的逆。

光束旋转前后保持能量守恒,即满足:

$$\int_{-\infty}^{+\infty} \int_{-\infty}^{+\infty} I(x,y,z)\,\mathrm{d}x\mathrm{d}y = \int_{-\infty}^{+\infty} \int_{-\infty}^{+\infty} I(x_\phi,y_\phi,z)\,\mathrm{d}x_\phi\mathrm{d}y_\phi \qquad (5-252)$$

根据 H-G 多模式光束的中心对称性以及在光束旋转角度 ϕ 前后,x、y 和 x_ϕ、y_ϕ 满足的关系

$$r = \sqrt{x^2 + y^2} = \sqrt{x_\phi^2 + y_\phi^2} \tag{5-253}$$

光束绕 *z* 轴旋转角度 ϕ 后的 *x* 方向的束宽平方为

$$
\begin{aligned}
w_{xx,\text{H-G},\phi}^2(z) &= \frac{\displaystyle\int_{-\infty}^{\infty}\int_{-\infty}^{\infty} E_{\text{H-G},\phi}(x,y,z)\,[\,E_{\text{H-G},\phi}(x,y,z)\,]^*\,x^2\mathrm{d}x\mathrm{d}y}{\displaystyle\int_{-\infty}^{\infty}\int_{-\infty}^{\infty} I_{\text{H-G},\phi}(x,y,z)\,\mathrm{d}x\mathrm{d}y} \\
&= \int_{-\infty}^{\infty}\int_{-\infty}^{\infty} \sum_{m,n}\left| c_{mn}A_{mn}\mathrm{H}_m\!\left(\frac{\sqrt{2}}{w_\text{s}(z)}x\right)\mathrm{H}_n\!\left(\frac{\sqrt{2}}{w_\text{s}(z)}y\right)\mathrm{e}^{-\frac{x^2+y^2}{w_\text{s}^2(z)}}\right|_\phi^2 x^2\mathrm{d}x\mathrm{d}y \\
&= \sum_{m,n}|c_{mn}|^2 \cdot \int_{-\infty}^{\infty}\int_{-\infty}^{\infty} \left| A_{mn}\mathrm{H}_m\!\left(\frac{\sqrt{2}}{w_\text{s}(z)}x\right)\mathrm{H}_n\!\left(\frac{\sqrt{2}}{w_\text{s}(z)}y\right)\mathrm{e}^{-\frac{x^2+y^2}{w_\text{s}^2(z)}}\right|_\phi^2 x^2\mathrm{d}x\mathrm{d}y \\
&= \sum_{m,n}|c_{mn}|^2 \cdot [\,(2m+1)\cos^2\phi + (2n+1)\sin^2\phi\,]w_\text{s}^2(z)
\end{aligned}
$$

$$\tag{5-254}$$

同理,旋转后的光束在 *y* 轴方向、交叉方向和 *r* 径向的束宽平方为

$$
\begin{aligned}
w_{yy,\text{H-G},\phi}^2(z) &= \frac{\displaystyle\int_{-\infty}^{\infty}\int_{-\infty}^{\infty} E_{\text{H-G},\phi}(x,y,z)\,[\,E_{\text{H-G},\phi}(x,y,z)\,]^*\,y^2\mathrm{d}x\mathrm{d}y}{\displaystyle\int_{-\infty}^{\infty}\int_{-\infty}^{\infty} I_{\text{H-G},\phi}(x,y,z)\,\mathrm{d}x\mathrm{d}y} \\
&= \int_{-\infty}^{\infty}\int_{-\infty}^{\infty} \sum_{m,n}\left| c_{mn}A_{mn}\mathrm{H}_m\!\left(\frac{\sqrt{2}}{w_\text{s}(z)}x\right)\mathrm{H}_n\!\left(\frac{\sqrt{2}}{w_\text{s}(z)}y\right)\mathrm{e}^{-\frac{x^2+y^2}{w_\text{s}^2(z)}}\right|_\phi^2 y^2\mathrm{d}x\mathrm{d}y \\
&= \sum_{m,n}|c_{mn}|^2 \cdot \int_{-\infty}^{\infty}\int_{-\infty}^{\infty} \left| A_{mn}\mathrm{H}_m\!\left(\frac{\sqrt{2}}{w_\text{s}(z)}x\right)\mathrm{H}_n\!\left(\frac{\sqrt{2}}{w_\text{s}(z)}y\right)\mathrm{e}^{-\frac{x^2+y^2}{w_\text{s}^2(z)}}\right|_\phi^2 y^2\mathrm{d}x\mathrm{d}y \\
&= \sum_{m,n}|c_{mn}|^2 \cdot [\,(2m+1)\sin^2\phi + (2n+1)\cos^2\phi\,]w_\text{s}^2(z)
\end{aligned}
$$

$$\tag{5-255}$$

$$
\begin{aligned}
w_{xy,\text{H-G},\phi}^2(z) &= \frac{\displaystyle\int_{-\infty}^{\infty}\int_{-\infty}^{\infty} E_{\text{H-G},\phi}(x,y,z)\,[\,E_{\text{H-G},\phi}(x,y,z)\,]^*\,xy\mathrm{d}x\mathrm{d}y}{\displaystyle\int_{-\infty}^{\infty}\int_{-\infty}^{\infty} I_{\text{H-G},\phi}(x,y,z)\,\mathrm{d}x\mathrm{d}y} \\
&= \int_{-\infty}^{\infty}\int_{-\infty}^{\infty} \sum_{m,n}\left| c_{mn}A_{mn}\mathrm{H}_m\!\left(\frac{\sqrt{2}}{w_\text{s}(z)}x\right)\mathrm{H}_n\!\left(\frac{\sqrt{2}}{w_\text{s}(z)}y\right)\mathrm{e}^{-\frac{x^2+y^2}{w_\text{s}^2(z)}}\right|_\phi^2 xy\mathrm{d}x\mathrm{d}y \\
&= \sum_{m,n}|c_{mn}|^2 \cdot \int_{-\infty}^{\infty}\int_{-\infty}^{\infty} \left| A_{mn}\mathrm{H}_m\!\left(\frac{\sqrt{2}}{w_\text{s}(z)}x\right)\mathrm{H}_n\!\left(\frac{\sqrt{2}}{w_\text{s}(z)}y\right)\mathrm{e}^{-\frac{x^2+y^2}{w_\text{s}^2(z)}}\right|_\phi^2 xy\mathrm{d}x\mathrm{d}y \\
&= \sum_{m,n}|c_{mn}|^2 \cdot 2(n-m)\sin\phi\cos\phi\, w_\text{s}^2(z)
\end{aligned}
$$

$$\tag{5-256}$$

$$
w_{r,\text{H-G}}^2(z) = \frac{\displaystyle\int_{-\infty}^{\infty}\int_{-\infty}^{\infty} E_{\text{H-G},\phi}(x,y,z)\,[\,E_{\text{H-G},\phi}(x,y,z)\,]^*\,(x^2+y^2)\mathrm{d}x\mathrm{d}y}{\displaystyle\int_{-\infty}^{\infty}\int_{-\infty}^{\infty} I_{\text{H-G},\phi}(x,y,z)\,\mathrm{d}x\mathrm{d}y}
$$

$$= \int_{-\infty}^{\infty} \int_{-\infty}^{\infty} \sum_{m,n} \left| c_{mn} A_{mn} \mathrm{H}_m \left(\frac{\sqrt{2}}{w_s(z)} x \right) \mathrm{H}_n \left(\frac{\sqrt{2}}{w_s(z)} y \right) \mathrm{e}^{-\frac{x^2+y^2}{w_s^2(z)}} \right|_{\phi}^{2} (x^2 + y^2) \mathrm{d}x\mathrm{d}y$$

$$= \sum_{m,n} |c_{mn}|^2 \cdot \int_{-\infty}^{\infty} \int_{-\infty}^{\infty} \left| A_{mn} \mathrm{H}_m \left(\frac{\sqrt{2}}{w_s(z)} x \right) \mathrm{H}_n \left(\frac{\sqrt{2}}{w_s(z)} y \right) \mathrm{e}^{-\frac{x^2+y^2}{w_s^2(z)}} \right|_{\phi}^{2} (x^2 + y^2) \mathrm{d}x\mathrm{d}y$$

$$= \sum_{m,n} |c_{mn}|^2 \cdot \left\{ \begin{array}{l} \displaystyle\int_{-\infty}^{\infty} \int_{-\infty}^{\infty} \left| A_{mn} \mathrm{H}_m \left(\frac{\sqrt{2}}{w_s(z)} x \right) \mathrm{H}_n \left(\frac{\sqrt{2}}{w_s(z)} y \right) \mathrm{e}^{-\frac{x^2+y^2}{w_s^2(z)}} \right|_{\phi}^{2} x^2 \mathrm{d}x\mathrm{d}y \\ + \displaystyle\int_{-\infty}^{\infty} \int_{-\infty}^{\infty} \left| A_{mn} \mathrm{H}_m \left(\frac{\sqrt{2}}{w_s(z)} x \right) \mathrm{H}_n \left(\frac{\sqrt{2}}{w_s(z)} y \right) \mathrm{e}^{-\frac{x^2+y^2}{w_s^2(z)}} \right|_{\phi}^{2} y^2 \mathrm{d}x\mathrm{d}y \end{array} \right\}$$

$$= \sum_{m,n} |c_{mn}|^2 \cdot \left\{ \begin{array}{l} (2m+1)\cos^2\phi + (2n+1)\sin^2\phi \\ + (2m+1)\sin^2\phi + (2n+1)\cos^2\phi \end{array} \right\} w_s^2(z)$$

$$= \sum_{m,n} |c_{mn}|^2 \cdot 2(m+n+1) w_s^2(z) \qquad (5-257)$$

由式(5-257)可见,当光束绕 z 轴旋转时,它的 w_r^2 保持不变。相应的,H-G 多模式光束绕 z 轴旋转角度 ϕ 后,在 x 轴方向、y 轴方向、交叉方向和 r 径向的远场发散角为

$$\theta_{xx,\text{H-G},\phi}^2 = \lim_{z \to \infty} \frac{w_{xx,\text{H-G},\phi}^2(z)}{z^2} = \sum_{m,n} |c_{mn}|^2 \cdot \left[(2m+1)\cos^2\phi + (2n+1)\sin^2\phi \right] \lim_{z \to \infty} \frac{w_s^2(z)}{z^2}$$

$$= \theta_s^2 \sum_{m,n} |c_{mn}|^2 \cdot \left[(2m+1)\cos^2\phi + (2n+1)\sin^2\phi \right] \qquad (5-258)$$

$$\theta_{yy,\text{H-G},\phi}^2 = \lim_{z \to \infty} \frac{w_{yy,\text{H-G},\phi}^2(z)}{z^2} = \sum_{m,n} |c_{mn}|^2 \cdot \left[(2m+1)\sin^2\phi + (2n+1)\cos^2\phi \right] \lim_{z \to \infty} \frac{w_s^2(z)}{z^2}$$

$$= \theta_s^2 \sum_{m,n} |c_{mn}|^2 \cdot \left[(2m+1)\sin^2\phi + (2n+1)\cos^2\phi \right] \qquad (5-259)$$

$$\theta_{xy,\text{H-G},\phi}^2 = \lim_{z \to \infty} \frac{w_{xy,\text{H-G},\phi}^2(z)}{z^2} = \sum_{m,n} |c_{mn}|^2 \cdot 2(n-m)\sin\phi\cos\phi \lim_{z \to \infty} \frac{w_s^2(z)}{z^2}$$

$$= \theta_s^2 \sum_{m,n} |c_{mn}|^2 \cdot 2(n-m)\sin\phi\cos\phi \qquad (5-260)$$

$$\theta_{r,\text{H-G}}^2 = \lim_{z \to \infty} \frac{w_{r,\text{H-G},\phi}^2(z)}{z^2} = \sum_{m,n} |c_{mn}|^2 \cdot 2(m+n+1) \lim_{z \to \infty} \frac{w_s^2(z)}{z^2}$$

$$= \theta_s^2 \sum_{m,n} |c_{mn}|^2 \cdot 2(m+n+1) \qquad (5-261)$$

综合以式(5-261)子可求得一般取向的 H-G 混合模式的 M^2 光束质量因子分别为

$$M_{xx,\text{H-G},\phi}^2 = \sum_{m,n} |c_{mn}|^2 \cdot \left[(2m+1)\cos^2\phi + (2n+1)\sin^2\phi \right]$$

$$(5-262)$$

$$M_{yy,\text{H-G},\phi}^2 = \sum_{m,n} |c_{mn}|^2 \cdot \left[(2m+1)\sin^2\phi + (2n+1)\cos^2\phi \right]$$

$$(5-263)$$

$$M_{xy,\text{H-G},\phi}^2 = \sum_{m,n} |c_{mn}|^2 \cdot 2(n-m)\sin\phi\cos\phi \tag{5-264}$$

$$M_{r,\text{H-G}}^2 = \sum_{m,n} |c_{mn}|^2 \cdot 2(m+n+1) \tag{5-265}$$

由式(5-254)和式(5-255),式(5-258)和式(5-259),式(5-262)和式(5-263)可知:

$$w_{xx,\text{H-G},\phi}^2(z) + w_{yy,\text{H-G},\phi}^2(z) \equiv \sum_{m,n} |c_{mn}|^2 \cdot [(2m+1)+(2n+1)]w_s^2(z) \tag{5-266}$$

$$\theta_{xx,\text{H-G},\phi}^2 + \theta_{yy,\text{H-G},\phi}^2 \equiv \theta_s^2 \sum_{m,n} |c_{mn}|^2 \cdot [(2m+1)+(2n+1)] \tag{5-267}$$

$$M_{xx,\text{H-G},\phi}^2 + M_{yy,\text{H-G},\phi}^2 \equiv \sum_{m,n} |c_{mn}|^2 \cdot [(2m+1)+(2n+1)] \tag{5-268}$$

$$M_{xx,\text{H-G},\phi}^2 - M_{yy,\text{H-G},\phi}^2 = \sum_{m,n} |c_{mn}|^2 \cdot [(2m+1)-(2n+1)]\cos(2\phi) \tag{5-269}$$

定义光束在主方向上的 M^2 为 M_1^2 和 M_2^2:

$$M_1^2 + M_2^2 = M_{xx,\text{H-G},\phi}^2 + M_{yy,\text{H-G},\phi}^2 \equiv \sum_{m,n} |c_{mn}|^2 \cdot [(2m+1)+(2n+1)] \tag{5-270}$$

$$M_1^2 - M_2^2 = \max(M_{xx,\text{H-G},\phi}^2 - M_{yy,\text{H-G},\phi}^2) = \sum_{m,n} |c_{mn}|^2 \cdot [(2m+1)-(2n+1)] \tag{5-271}$$

由式(5-270)和式(5-271)可得

$$M_1^2 = \sum_{m,n} |c_{mn}|^2 \cdot (2m+1) \tag{5-272}$$

$$M_2^2 = \sum_{m,n} |c_{mn}|^2 \cdot (2n+1) \tag{5-273}$$

进一步推导得出 H-G 多模式光束在旋转前后的重心坐标、束半宽的平方以及 M^2 因子,可以认为是多个 H-G_{mn} 模式的相对强度矩的加权平均[1],用矩阵关系表示为

$$\begin{bmatrix} w_{xx,\text{H-G},\phi}^2 & w_{xy,\text{H-G},\phi}^2 \\ w_{xy,\text{H-G},\phi}^2 & w_{yy,\text{H-G},\phi}^2 \end{bmatrix} = w_s^2(z)\Phi^{-1}\begin{bmatrix} \sum\limits_{m,n} |c_{mn}|^2 \cdot (2m+1) & 0 \\ 0 & \sum\limits_{m,n} |c_{mn}|^2 \cdot (2n+1) \end{bmatrix}\Phi \tag{5-274}$$

$$\begin{bmatrix} \theta_{xx,\text{H-G},\phi}^2 & \theta_{xy,\text{H-G},\phi}^2 \\ \theta_{xy,\text{H-G},\phi}^2 & \theta_{yy,\text{H-G},\phi}^2 \end{bmatrix} = \theta_s^2\Phi^{-1}\begin{bmatrix} \sum\limits_{m,n} |c_{mn}|^2 \cdot (2m+1) & 0 \\ 0 & \sum\limits_{m,n} |c_{mn}|^2 \cdot (2n+1) \end{bmatrix}\Phi \tag{5-275}$$

$$\begin{bmatrix} M_{xx,\text{H-G},\phi}^2 & M_{xy,\text{H-G},\phi}^2 \\ M_{xy,\text{H-G},\phi}^2 & M_{yy,\text{H-G},\phi}^2 \end{bmatrix} = \Phi^{-1} \begin{bmatrix} \sum\limits_{m,n} |c_{mn}|^2 \cdot (2m+1) & 0 \\ 0 & \sum\limits_{m,n} |c_{mn}|^2 \cdot (2n+1) \end{bmatrix} \Phi$$

$$(5-276)$$

3. L-G 多模式光束的 M^2 矩阵

柱坐标系中,设光强分布为 $I_{\text{L-G}}(r,\varphi,z)$ 的光束沿 z 轴方向传输,其积分功率为 1,即

$$\int_0^{2\pi} \int_0^\infty I_{\text{L-G}}(r,\varphi,z)r\mathrm{d}r\mathrm{d}\varphi = 1 \qquad (5-277)$$

该光束由 L-G$_{pl}$ 模式系列叠加而成,其振幅分布为

$$E_{\text{L-G}}(r,\varphi,z) = \sum_{pl} c_{pl} A_{pl} \left(\frac{\sqrt{2}r}{w_s(z)}\right)^l \mathrm{L}_p^l\left(\frac{2r^2}{w_s^2(z)}\right) \mathrm{e}^{-\frac{r^2}{w_s^2(z)}} \cos(l\varphi) \quad (5-278)$$

式中:p 和 l 为 L-G$_{pl}$ 模式光束的阶数;c_{pl} 为 L-G$_{pl}$ 模式光束的模式系数;$w_s(z)$ 为对应的基模高斯光场在 z 处的束半宽,A_{pl} 为 L-G$_{pl}$ 模式光束的功率归一化振幅系数,且有

$$\int_0^{2\pi} \int_0^\infty \left| A_{pl} \left(\frac{\sqrt{2}r}{w_s(z)}\right)^l \mathrm{L}_p^l\left(\frac{2r^2}{w_s^2(z)}\right) \mathrm{e}^{-\frac{r^2}{w_s^2(z)}} \cos(l\varphi) \right|^2 r\mathrm{d}r\mathrm{d}\varphi = 1 \quad (5-279)$$

由于各个模式相互正交,于是有

$$\sum_{p,l} |c_{pl}|^2 = 1 \qquad (5-280)$$

若各个模式之间无固定的相位关系,则有

$$\left| \sum_{p,l} A_{pl} \left(\frac{\sqrt{2}r}{w_s(z)}\right)^l \mathrm{L}_p^l\left(\frac{2r^2}{w_s^2(z)}\right) \mathrm{e}^{-\frac{r^2}{w_s^2(z)}} \cos(l\varphi) \right|^2$$

$$\approx \sum_{p,l} |c_{pl}|^2 \left| A_{pl} \left(\frac{\sqrt{2}r}{w_s(z)}\right)^l \mathrm{L}_p^l\left(\frac{2r^2}{w_s^2(z)}\right) \mathrm{e}^{-\frac{r^2}{w_s^2(z)}} \cos(l\varphi) \right|^2 \quad (5-281)$$

L-G 多模式光束的 r 径向束半宽平方为

$$w_{r,\text{L-G}}^2(z) = \frac{4\int_0^{2\pi} \int_0^{+\infty} r^3 \mathrm{d}r\mathrm{d}\varphi \left| \sum\limits_{pl} c_{pl} A_{pl} \left(\frac{\sqrt{2}r}{w_s(z)}\right)^l \mathrm{L}_p^l\left(\frac{2r^2}{w_s^2(z)}\right) \mathrm{e}^{-\frac{r^2}{w_s^2(z)}} \cos(l\phi) \right|^2}{\int_0^{2\pi} \int_0^{+\infty} |E_{\text{LG}}(x,y,x)|^2 r\mathrm{d}r\mathrm{d}\varphi}$$

$$= 4\sum_{pl} |c_{pl}|^2 \int_0^{2\pi} \int_0^{+\infty} A_{pl}^2 \left(\frac{\sqrt{2}r}{w_s(z)}\right)^{2l} \mathrm{L}_p^l\left(\frac{2r^2}{w_s^2(z)}\right) \mathrm{e}^{-\frac{2r^2}{w_s^2(z)}} \begin{cases} \cos^2(l\phi) \\ \sin^2(l\phi) \end{cases} r^3 \mathrm{d}r\mathrm{d}\varphi$$

$$= \sum_{pl} |c_{pl}|^2 2(2p+l+1)w_s^2(z) \qquad (5-282)$$

L-G 多模式光束的 r 径向远场发散角 $\theta_{r,\text{LG}}$ 可表示为

$$\theta_{r,\text{L-G}}^2 = \lim_{z \to \infty} \frac{w_{r,\text{L-G}}^2(z)}{z^2} = \sum_{pl} |c_{pl}|^2 2(2p + l + 1) w_s^2(z) \lim_{z \to \infty} \frac{w_s^2(z)}{z^2}$$

$$= \sum_{pl} |c_{pl}|^2 2(2p + l + 1) \theta_s^2 \qquad (5-283)$$

式中：θ_s 为基模高斯光束的远场发散半角。

由式（5－175）和式（5－176），L-G 多模式光束的 r 径向光束质量因子为

$$M_{r,\text{L-G}}^2 = \frac{\pi}{\lambda} w_{0r,\text{L-G}} \theta_{r,\text{L-G}} = \sum_{pl} |c_{pl}|^2 2(2p + l + 1) \qquad (5-284)$$

在笛卡儿坐标系中，设坐标变换为

$$\begin{cases} x = r\cos(\phi) \\ y = r\sin(\phi) \end{cases} \qquad (5-285)$$

可计算出 z 位置处的光斑中心坐标为：

$$\bar{x}(z) = \frac{\displaystyle\int_0^{2\pi} \int_0^{+\infty} r\cos(\varphi) \left| \sum_{pl} c_{pl} A_{pl} \left(\frac{\sqrt{2}r}{w_s(z)} \right)^l \mathrm{L}_p^l \left(\frac{2r^2}{w_s^2(z)} \right) \mathrm{e}^{-\frac{r^2}{w_s^2(z)}} \cos(l\phi) \right|^2 r\mathrm{d}r\mathrm{d}\varphi}{\displaystyle\int_0^{2\pi} \int_0^{+\infty} |E_{\text{LG}}(x,y,z)|^2 r\mathrm{d}r\mathrm{d}\varphi} = 0$$

$$(5-286)$$

$$\bar{y}(z) = \frac{\displaystyle\int_0^{2\pi} \int_0^{+\infty} r\sin(\varphi) \left| \sum_{pl} c_{pl} A_{pl} \left(\frac{\sqrt{2}r}{w_s(z)} \right)^l \mathrm{L}_p^l \left(\frac{2r^2}{w_s^2(z)} \right) \mathrm{e}^{-\frac{r^2}{w_s^2(z)}} \cos(l\phi) \right|^2 r\mathrm{d}r\mathrm{d}\varphi}{\displaystyle\int_0^{2\pi} \int_0^{+\infty} |E_{\text{LG}}(x,y,z)|^2 r\mathrm{d}r\mathrm{d}\varphi} = 0$$

$$(5-287)$$

z 位置处光束在 x 轴方向和 y 轴方向的束半宽为

$$w_{xx,\text{L-G}}^2(z) = \frac{4\displaystyle\int_0^{2\pi} \int_0^{+\infty} r^2 \cos^2(\varphi) \left| \sum_{pl} c_{pl} A_{pl} \left(\frac{\sqrt{2}r}{w_s(z)} \right)^l \mathrm{L}_p^l \left(\frac{2r^2}{w_s^2(z)} \right) \mathrm{e}^{-\frac{r^2}{w_s^2(z)}} \cos(l\phi) \right|^2 r\mathrm{d}r\mathrm{d}\varphi}{\displaystyle\int_0^{2\pi} \int_0^{+\infty} |E_{\text{LG}}(x,y,z)|^2 r\mathrm{d}r\mathrm{d}\varphi}$$

$$(5-288)$$

$$w_{xx,\text{L-G}}^2(z) = 4\sum_{pl} |c_{pl}|^2 \int_0^{2\pi} \int_0^{+\infty} \left| A_{pl} \left(\frac{\sqrt{2}r}{w_s(z)} \right)^l \mathrm{L}_p^l \left(\frac{2r^2}{w_s^2(z)} \right) \mathrm{e}^{-\frac{r^2}{w_s^2(z)}} \cos(l\phi) \right|^2 r^2 \cos^2(\varphi) r\mathrm{d}r\mathrm{d}\varphi$$

$$= w_s^2(z) \sum_{pl} |c_{pl}|^2 \begin{cases} 3(p+1), & l = 1 \\ 2p + l + 1, & l \neq 1 \end{cases} \qquad (5-289)$$

$$w_{yy,\text{L-G}}^2(z) = \frac{4\displaystyle\int_0^{2\pi} \int_0^{+\infty} r^2 \sin^2(\varphi) \left| \sum_{pl} c_{pl} A_{pl} \left(\frac{\sqrt{2}r}{w_s(z)} \right)^l \mathrm{L}_p^l \left(\frac{2r^2}{w_s^2(z)} \right) \mathrm{e}^{-\frac{r^2}{w_s^2(z)}} \cos(l\phi) \right|^2 r\mathrm{d}r\mathrm{d}\varphi}{\displaystyle\int_0^{2\pi} \int_0^{+\infty} |E_{\text{LG}}(x,y,z)|^2 r\mathrm{d}r\mathrm{d}\varphi}$$

$$(5-290)$$

$$w_{yy,\text{L-G}}^2(z) = 4\sum_{pl} |c_{pl}|^2 \int_0^{2\pi}\int_0^{+\infty} \left| A_{pl}\left(\frac{\sqrt{2}r}{w_s(z)}\right)^l L_p^l\left(\frac{2r^2}{w_s^2(z)}\right) e^{-\frac{r^2}{w_s^2(z)}} \cos(l\phi)\right|^2 r^2\sin^2(\varphi)r\mathrm{d}r\mathrm{d}\varphi$$

$$= w_s^2(z)\sum_{pl}|c_{pl}|^2 \begin{cases} p+1, & l=1 \\ 2p+l+1, & l\neq1 \end{cases} \tag{5-291}$$

x 轴方向和 y 轴方向的远场发散角为

$$\theta_{xx,\text{L-G}}^2 = \lim_{z\to\infty}\frac{w_{xx,\text{L-G}}^2(z)}{z^2} = \lim_{z\to\infty}\frac{w_s^2(z)}{z^2}\cdot\sum_{pl}|c_{pl}|^2\begin{cases}3(p+1)\\2p+l+1\end{cases}$$

$$= \theta_s^2\cdot\sum_{pl}|c_{pl}|^2\begin{cases}3(p+1), & l=1\\2p+l+1, & l\neq1\end{cases} \tag{5-292}$$

$$\theta_{yy,\text{L-G}}^2 = \lim_{z\to\infty}\frac{w_{yy,\text{L-G}}^2(z)}{z^2} = \lim_{z\to\infty}\frac{w_s^2(z)}{z^2}\cdot\sum_{pl}|c_{pl}|^2\begin{cases}p+1\\2p+l+1\end{cases}$$

$$= \theta_s^2\cdot\sum_{pl}|c_{pl}|^2\begin{cases}p+1, & l=1\\2p+l+1, & l\neq1\end{cases} \tag{5-293}$$

由此，L-G 多模式光束在 x 轴方向和 y 轴方向的 M^2 参数可表示为

$$M_{xx,\text{L-G}}^2 = \frac{\pi}{\lambda}w_{0xx,\text{L-G}}\theta_{xx,\text{L-G}}^2 = \sum_{pl}|c_{pl}|^2\begin{cases}3(p+1), & l=1\\2p+l+1, & l\neq1\end{cases} \tag{5-294}$$

$$M_{yy,\text{L-G}}^2 = \frac{\pi}{\lambda}w_{0yy,\text{L-G}}\theta_{yy,\text{L-G}} = \sum_{pl}|c_{pl}|^2\begin{cases}p+1, & l=1\\2p+l+1, & l\neq1\end{cases} \tag{5-295}$$

L-G 多模式光束在交叉方向的束腰宽度为

$$w_{xy,\text{L-G}}^2(z) = \frac{4\int_{-\infty}^{+\infty}\int_{-\infty}^{+\infty}(x-\bar{x})(y-\bar{y})I_{\text{L-G}}(x,y,z)\mathrm{d}x\mathrm{d}y}{\int_{-\infty}^{+\infty}\int_{-\infty}^{+\infty}I_{\text{L-G}}(x,y,z)\mathrm{d}x\mathrm{d}y} = 0 \tag{5-296}$$

$$\theta_{xy,\text{L-G}}^2 = \lim_{z\to\infty}\frac{w_{xy,\text{L-G}}^2(z)}{z^2} = 0 \tag{5-297}$$

于是有：

$$M_{xy,\text{L-G}}^2 = \frac{\pi}{\lambda}w_{0xy,\text{L-G}}\theta_{xy,\text{L-G}} = 0 \tag{5-298}$$

将 L-G 多模式光束的束半宽平方、发散半角平方和 M^2 因子写成矩阵形式：

$$\begin{bmatrix} w_{xx,\text{L-G},0}^2 & w_{xy,\text{L-G},0}^2 \\ w_{xy,\text{L-G},0}^2 & w_{yy,\text{L-G},0}^2 \end{bmatrix} = w_s^2 \begin{bmatrix} \sum_{pl}|c_{pl}|^2\begin{cases}3(p+1), & l=1\\2p+l+1, & l\neq1\end{cases} & 0 \\ 0 & \sum_{pl}|c_{pl}|^2\begin{cases}p+1, & l=1\\2p+l+1, & l\neq1\end{cases} \end{bmatrix}$$

$$\tag{5-299}$$

$$\begin{bmatrix} \theta^2_{xx,\text{L-G},0} & \theta^2_{xy,\text{L-G},0} \\ \theta^2_{xy,\text{L-G},0} & \theta^2_{yy,\text{L-G},0} \end{bmatrix} = \theta^2_{\text{s}} \begin{bmatrix} \sum\limits_{pl} |c_{pl}|^2 \begin{cases} 3(p+1), & l=1 \\ 2p+l+1, & l\neq1 \end{cases} & 0 \\ 0 & \sum\limits_{pl} |c_{pl}|^2 \begin{cases} p+1, & l=1 \\ 2p+l+1, & l\neq1 \end{cases} \end{bmatrix}$$

$$(5-300)$$

$$\begin{bmatrix} M^2_{xx,\text{L-G},0} & M^2_{xy,\text{L-G},0} \\ M^2_{xy,\text{L-G},0} & M^2_{yy,\text{L-G},0} \end{bmatrix} = \begin{bmatrix} \sum\limits_{pl} |c_{pl}|^2 \begin{cases} 3(p+1), & l=1 \\ 2p+l+1, & l\neq1 \end{cases} & 0 \\ 0 & \sum\limits_{pl} |c_{pl}|^2 \begin{cases} p+1, & l=1 \\ 2p+l+1, & l\neq1 \end{cases} \end{bmatrix}$$

$$(5-301)$$

4. L-G 多模式旋转光束的 M^2 矩阵

当光束绕 z 轴旋转角度 ϕ，光场分布和光强分布为

$$E_{\text{L-G},\phi}(r,\varphi,z) = \sum_{pl} c_{pl} A_{pl} \left(\frac{\sqrt{2}r}{w_{\text{s}}(z)}\right)^l \text{L}_p^l\left(\frac{2r^2}{w_{\text{s}}^2(z)}\right) \text{e}^{-\frac{r^2}{w_{\text{s}}^2(z)}} \cos[l(\varphi+\phi)]$$

$$(5-302)$$

$$I_{\text{L-G},\phi}(r,\varphi,z) = \left| \sum_{pl} c_{pl} A_{pl} \left(\frac{\sqrt{2}r}{w_{\text{s}}(z)}\right)^l \text{L}_p^l\left(\frac{2r^2}{w_{\text{s}}^2(z)}\right) \text{e}^{-\frac{r^2}{w_{\text{s}}^2(z)}} \cos[l(\varphi+\phi)] \right|^2$$

$$(5-303)$$

根据能量守恒，可得

$$\int_0^{2\pi}\int_0^{+\infty} I_{\text{L-G}}(r,\varphi,z)r\text{d}r\text{d}\varphi = \int_0^{2\pi}\int_0^{+\infty} I_{\text{L-G}}(r,\varphi+\phi,z)r\text{d}r\text{d}\varphi \quad (5-304)$$

光束中心坐标为

$$\overline{x}_{\text{L-G},\phi}(z) = \frac{\displaystyle\int_0^{2\pi}\int_0^{+\infty} r\cos\varphi\cdot I_{\text{L-G},\phi}(r,\varphi,z)r\text{d}r\text{d}\varphi}{\displaystyle\int_0^{2\pi}\int_0^{+\infty} I_{\text{L-G}}(r,\varphi,z)r\text{d}r\text{d}\varphi} = 0 \quad (5-305)$$

$$\overline{y}_{\text{L-G},\phi}(z) = \frac{\displaystyle\int_0^{2\pi}\int_0^{+\infty} r\sin\varphi\cdot I_{\text{L-G},\phi}(r,\varphi,z)r\text{d}r\text{d}\varphi}{\displaystyle\int_0^{2\pi}\int_0^{+\infty} I_{\text{L-G}}(r,\varphi,z)r\text{d}r\text{d}\varphi} = 0 \quad (5-306)$$

光束在 x 轴和 y 轴的光束半宽的平方为

$$w^2_{xx,\text{L-G},\phi}(z) = \frac{4\displaystyle\int_0^{2\pi}\int_0^{+\infty} r^2\cos^2\varphi\cdot\left| \sum_{pl} c_{pl} A_{pl} \left(\frac{\sqrt{2}r}{w_{\text{s}}(z)}\right)^l \text{L}_p^l\left(\frac{2r^2}{w_{\text{s}}^2(z)}\right) \text{e}^{-\frac{r^2}{w_{\text{s}}^2(z)}} \cos[l(\varphi+\phi)] \right|^2 r\text{d}r\text{d}\varphi}{\displaystyle\int_0^{2\pi}\int_0^{+\infty} I_{\text{LG}}(r,\varphi,z)r\text{d}r\text{d}\varphi}$$

$$= 4\int_0^{2\pi}\int_0^{+\infty} r^2\cos^2\varphi\cdot\left| \sum_{pl} c_{pl} A_{pl} \left(\frac{\sqrt{2}r}{w_{\text{s}}(z)}\right)^l \text{L}_p^l\left(\frac{2r^2}{w_{\text{s}}^2(z)}\right) \text{e}^{-\frac{r^2}{w_{\text{s}}^2(z)}} \cos[l(\varphi+\phi)] \right|^2 r\text{d}r\text{d}\varphi$$

$$(5-307)$$

若各个模式间正交且无固定的相位关系,则有

$$
\begin{aligned}
w_{xx,\text{L-G},\phi}^2(z) &= 4\int_0^{2\pi}\int_0^{+\infty} r^2\cos^2\varphi \cdot \sum_{pl}|c_{pl}|^2 \cdot \left|A_{pl}\left(\frac{\sqrt{2}r}{w_s(z)}\right)^l L_p^l\left(\frac{2r^2}{w_s^2(z)}\right)e^{-\frac{r^2}{w_s^2(z)}}\cos[l(\varphi+\phi)]\right|^2 rdrd\varphi \\
&= 4\sum_{pl}|c_{pl}|^2 \int_0^{2\pi}\int_0^{+\infty} r^2\cos^2\varphi \cdot \left|A_{pl}\left(\frac{\sqrt{2}r}{w_s(z)}\right)^l L_p^l\left(\frac{2r^2}{w_s^2(z)}\right)e^{-\frac{r^2}{w_s^2(z)}}\cos[l(\varphi+\phi)]\right|^2 rdrd\varphi \\
&= w_s^2(z)\sum_{pl}|c_{pl}|^2 \begin{cases}[2+\cos(2\phi)](p+1), & l=1 \\ 2p+l+1, & l\neq 1\end{cases}
\end{aligned}
\tag{5-308}
$$

同理,可得

$$
w_{yy,\text{L-G},\phi}^2(z) = \frac{4\int_0^{2\pi}\int_0^{+\infty} r^2\sin^2\varphi \cdot \left|\sum_{pl}c_{pl}A_{pl}\left(\frac{\sqrt{2}r}{w_s(z)}\right)^l L_p^l\left(\frac{2r^2}{w_s^2(z)}\right)e^{-\frac{r^2}{w_s^2(z)}}\cos[l(\varphi+\phi)]\right|^2 rdrd\varphi}{\int_0^{2\pi}\int_0^{+\infty} I_{\text{L-G}}(r,\varphi,z)rdrd\varphi}
$$

若各个模式间正交且无固定的相位关系,则有

$$
\begin{aligned}
w_{yy,\text{L-G},\phi}^2(z) &= 4\int_0^{2\pi}\int_0^{+\infty} r^2\sin^2\varphi \cdot \sum_{pl}|c_{pl}|^2 \cdot \left|A_{pl}\left(\frac{\sqrt{2}r}{w_s(z)}\right)^l L_p^l\left(\frac{2r^2}{w_s^2(z)}\right)e^{-\frac{r^2}{w_s^2(z)}}\cos[l(\varphi+\phi)]\right|^2 rdrd\varphi \\
&= 4\sum_{pl}|c_{pl}|^2 \int_0^{2\pi}\int_0^{+\infty} r^2\sin^2\varphi \cdot \left|A_{pl}\left(\frac{\sqrt{2}r}{w_s(z)}\right)^l L_p^l\left(\frac{2r^2}{w_s^2(z)}\right)e^{-\frac{r^2}{w_s^2(z)}}\cos[l(\varphi+\phi)]\right|^2 rdrd\varphi \\
&= w_s^2(z)\sum_{pl}|c_{pl}|^2 \begin{cases}[2-\cos(2\phi)](p+1), & l=1 \\ 2p+l+1, & l\neq 1\end{cases}
\end{aligned}
\tag{5-309}
$$

x 轴和 y 轴的远场发散角为

$$
\theta_{xx,\text{L-G},\phi}^2 = \theta_s^2 \cdot \sum_{pl}|c_{pl}|^2 \begin{cases}[2+\cos(2\phi)](p+1), & l=1 \\ 2p+l+1, & l\neq 1\end{cases}
\tag{5-310}
$$

$$
\theta_{yy,\text{L-G},\phi}^2 = \theta_s^2 \cdot \sum_{pl}|c_{pl}|^2 \begin{cases}[2-\cos(2\phi)](p+1), & l=1 \\ 2p+l+1, & l\neq 1\end{cases}
\tag{5-311}
$$

光束在 x 轴和 y 轴的光束质量因子为

$$
M_{xx,\text{L-G},\phi}^2 = \frac{\pi}{\lambda}w_{0xx,\text{L-G},\phi}\theta_{xx,\text{L-G},\phi} = \sum_{pl}|c_{pl}|^2 \begin{cases}[2+\cos(2\phi)](p+1) & l=1 \\ 2p+l+1 & l\neq 1\end{cases}
\tag{5-312}
$$

$$
M_{yy,\text{L-G},\phi}^2 = \frac{\pi}{\lambda}w_{0yy,\text{L-G},\phi}\theta_{yy,\text{L-G},\phi} = \sum_{pl}|c_{pl}|^2 \begin{cases}[2-\cos(2\phi)](p+1) & l=1 \\ 2p+l+1 & l\neq 1\end{cases}
\tag{5-313}
$$

光束的束半宽平方交叉项 $w_{xy,\phi}^2$ 为

$$
w_{xy,\text{L-G},\phi}^2(z) = \frac{4\int_0^{2\pi}\int_0^{+\infty} r^2\sin\varphi\cos\varphi \sum_{pl}|c_{pl}|^2 |A_{pl}|^2 \left(\frac{\sqrt{2}r}{w_s(z)}\right)^{2l}\left[L_p^l\left(\frac{2r^2}{w_s^2(z)}\right)\right]^2 e^{-\frac{2r^2}{w_s^2(z)}}\cos^2[l(\varphi+\phi)]rdrd\varphi}{\int_0^{2\pi}\int_0^{+\infty} I_{\text{L-G}}(r,\varphi,z)rdrd\varphi}
$$

$$
= \begin{cases}-\sum_{pl}|c_{pl}|^2(p+1)\sin(2\phi)w_s^2(z), & l=1 \\ 0, & l\neq 1\end{cases}
\tag{5-314}
$$

远场发散角平方交叉项 $\theta_{xy,\text{L-G},\phi}^{2}$ 为

$$\theta_{xy,\text{L-G},\phi}^{2} = \begin{cases} -\sum\limits_{pl} |c_{pl}|^{2}(p+1)\sin(2\phi)\theta_{s}^{2}, & l=1 \\ 0, & l\neq 1 \end{cases} \quad (5-315)$$

光束的 M^2 因子的交叉项为

$$M_{xy,\text{L-G},\phi}^{2} = \begin{cases} -\sum\limits_{pl} |c_{pl}|^{2}(p+1)\sin(2\phi), & l=1 \\ 0, & l\neq 1 \end{cases} \quad (5-316)$$

由式(5-308)~式(5-313)可知：

$$w_{xx,\text{L-G},\phi}^{2}(z) + w_{yy,\text{L-G},\phi}^{2}(z) = w_{s}^{2}(z)\sum\limits_{pl} |c_{pl}|^{2}2(2p+l+1) \quad (5-317)$$

$$\theta_{xx,\text{L-G},\phi}^{2} + \theta_{yy,\text{L-G},\phi}^{2} \equiv \theta_{s}^{2}\cdot\sum\limits_{pl} |c_{pl}|^{2}2(2p+l+1) \quad (5-318)$$

$$M_{xx,\text{L-G},\phi}^{2} + M_{yy,\text{L-G},\phi}^{2} = \sum\limits_{pl} |c_{pl}|^{2}2(2p+l+1) \quad (5-319)$$

$$M_{xx,\text{L-G},\phi}^{2} - M_{yy,\text{L-G},\phi}^{2} = \sum\limits_{pl} |c_{pl}|^{2}\begin{cases} 2(p+1)\cos(2\phi), & l=1 \\ 0, & l\neq 1 \end{cases} \quad (5-320)$$

定义光束在主方向上的 M^2 为 $M_1{}^2$ 和 $M_2{}^2$，即有

$$M_{1}^{2} + M_{2}^{2} = M_{xx,\text{L-G},\phi}^{2} + M_{yy,\text{L-G},\phi}^{2} = \sum\limits_{pl} |c_{pl}|^{2}2(2p+l+1) \quad (5-321)$$

$$M_{1}^{2} - M_{2}^{2} = \max(M_{xx,\text{L-G},\phi}^{2} - M_{yy,\text{L-G},\phi}^{2}) = \sum\limits_{pl} |c_{pl}|^{2}\begin{cases} 2(p+1), & l=1 \\ 0, & l\neq 1 \end{cases} \quad (5-322)$$

由式(5-321)和式(5-322)可得

$$M_{1}^{2} = \sum\limits_{pl} |c_{pl}|^{2}\begin{cases} 3(p+1), & l=1 \\ 2p+l+1, & l\neq 1 \end{cases} \quad (5-323)$$

$$M_{2}^{2} = \sum\limits_{pl} |c_{pl}|^{2}\begin{cases} p+1, & l=1 \\ 2p+l+1, & l\neq 1 \end{cases} \quad (5-324)$$

综上，L-G 多模式光束旋转后有如下矩阵关系：

$$\begin{bmatrix} \bar{x}_{\phi} \\ \bar{y}_{\phi} \end{bmatrix} = \begin{bmatrix} 0 \\ 0 \end{bmatrix} \quad (5-325)$$

$$\begin{bmatrix} w_{xx,\text{L-G},\phi}^{2}(z) & w_{xy,\text{L-G},\phi}^{2}(z) \\ w_{xy,\text{L-G},\phi}^{2}(z) & w_{yy,\text{L-G},\phi}^{2}(z) \end{bmatrix}$$

$$= w_{s}^{2}(z)\Phi^{-1}\begin{bmatrix} \sum\limits_{pl} |c_{pl}|^{2}\begin{cases} 3(p+1), & l=1 \\ 2p+l+1, & l\neq 1 \end{cases} & 0 \\ 0 & \sum\limits_{pl} |c_{pl}|^{2}\begin{cases} p+1, & l=1 \\ 2p+l+1, & l\neq 1 \end{cases} \end{bmatrix}\Phi$$

$$(5-326)$$

$$\begin{bmatrix} \theta_{xx,\text{L-G},\phi}^2 & \theta_{xy,\text{L-G},\phi}^2 \\ \theta_{xy,\text{L-G},\phi}^2 & \theta_{yy,\text{L-G},\phi}^2 \end{bmatrix}$$

$$= \theta_s^2 \boldsymbol{\Phi}^{-1} \begin{bmatrix} \sum_{pl} |c_{pl}|^2 \begin{cases} 3(p+1), & l=1 \\ 2p+l+1, & l\neq 1 \end{cases} & 0 \\ 0 & \sum_{pl} |c_{pl}|^2 \begin{cases} p+1, & l=1 \\ 2p+l+1, & l\neq 1 \end{cases} \end{bmatrix} \boldsymbol{\Phi}$$

$$(5-327)$$

$$\begin{bmatrix} M_{xx,\text{L-G},\phi}^2 & M_{xy,\text{L-G},\phi}^2 \\ M_{xy,\text{L-G},\phi}^2 & M_{yy,\text{L-G},\phi}^2 \end{bmatrix}$$

$$= \boldsymbol{\Phi}^{-1} \begin{bmatrix} \sum_{pl} |c_{pl}|^2 \begin{cases} 3(p+1) & l=1 \\ 2p+l+1 & l\neq 1 \end{cases} & 0 \\ 0 & \sum_{pl} |c_{pl}|^2 \begin{cases} p+1 & l=1 \\ 2p+l+1 & l\neq 1 \end{cases} \end{bmatrix} \boldsymbol{\Phi}$$

$$(5-328)$$

5.5.6 像散光束的 M^2 矩阵

1. 像散基模高斯光束的 M^2 矩阵

对像散基模高斯光束,可推得

$$\sqrt{M_{xx,\phi}^4 - \frac{\sin^2 2\phi}{4} a_{\text{ZF}}} = 1 \qquad (5-329)$$

$$\sqrt{M_{yy,\phi}^4 - \frac{\sin^2 2\phi}{4} a_{\text{ZF}}} = 1 \qquad (5-330)$$

基模高斯光束的 M 矩阵为

$$\begin{bmatrix} \sqrt{M_{xx,\phi}^4 - \dfrac{\sin^2 2\phi}{4} a_{\text{ZF}}} & 0 \\ 0 & \sqrt{M_{yy,\phi}^4 - \dfrac{\sin^2 2\phi}{4} a_{\text{ZF}}} \end{bmatrix} = \begin{bmatrix} 1 & 0 \\ 0 & 1 \end{bmatrix} \qquad (5-331)$$

可推得基模高斯光束的不变量:

$$J_{\text{ZF1}} = M_{xx,\phi}^4 + M_{yy,\phi}^4 + 2M_{xy,\phi}^4 \equiv 2 \qquad (5-332)$$

$$J_{\text{ZF2}} = M_{xx,\phi}^4 - M_{yy,\phi}^4 \equiv 0 \qquad (5-333)$$

2. 像散 H-G$_{mn}$ 模式光束的 M^2 矩阵

对像散 H-G$_{mn}$ 模式光束,可推得

$$M_{xx,\phi}^4 - \frac{\sin^2 2\phi}{4}(2m+1)(2n+1)a_{\text{ZF}} = \left[(2m+1)\cos^2\phi + (2n+1)\sin^2\phi \right]^2$$

$$(5-334)$$

$$M_{yy,\phi}^4 - \frac{\sin^2 2\phi}{4}(2m+1)(2n+1)a_{ZF} = \left[(2m+1)\sin^2\phi + (2n+1)\cos^2\phi \right]^2$$

$$(5-335)$$

$$M_{xy,\phi}^4 + \frac{\sin^2(2\phi)}{4}(2m+1)(2n+1)a_{ZF} = (m-n)^2\sin^2 2\phi \quad (5-336)$$

像散 H-G$_{mn}$ 模式光束的 *M* 矩阵为

$$\begin{bmatrix} \sqrt{M_{xx,\phi}^4 - \dfrac{\sin^2 2\phi}{4}(2m+1)(2n+1)a_{ZF}} & \sqrt{M_{xy,\phi}^4 + \dfrac{\sin^2 2\phi}{4}(2m+1)(2n+1)a_{ZF}} \\ \sqrt{M_{xy,\phi}^4 + \dfrac{\sin^2 2\phi}{4}(2m+1)(2n+1)a_{ZF}} & \sqrt{M_{yy,\phi}^4 - \dfrac{\sin^2 2\phi}{4}(2m+1)(2n+1)a_{ZF}} \end{bmatrix}$$

$$= \boldsymbol{\Phi}^{-1}\begin{bmatrix} 2m+1 & 0 \\ 0 & 2n+1 \end{bmatrix}\boldsymbol{\Phi} \qquad (5-337)$$

3. 普通像散光束的 M^2 矩阵

对普通像散光束，可推得

$$M_{xx,\phi}^4 - \frac{\sin^2 2\phi}{4}M_1^2 M_2^2 a_{ZF} = \left[M_1^2\cos^2\phi + M_2^2\sin^2\phi \right]^2 \qquad (5-338)$$

$$M_{yy,\phi}^4 - \frac{\sin^2 2\phi}{4}M_1^2 M_2^2 a_{ZF} = \left[M_1^2\sin^2\phi + M_2^2\cos^2\phi \right]^2 \qquad (5-339)$$

$$M_{xy,\phi}^4 + \frac{\sin^2 2\phi}{4}M_1^2 M_2^2 a_{ZF} = \frac{\sin^2 2\phi}{4}(M_1^2 - M_2^2)^2 \qquad (5-340)$$

矩阵操作：

$$\begin{bmatrix} \sqrt{M_{xx,\phi}^4 - \dfrac{\sin^2 2\phi}{4}M_1^2 M_2^2 a_{ZF}} & \sqrt{M_{xy,\phi}^4 + \dfrac{\sin^2 2\phi}{4}M_1^2 M_2^2 a_{ZF}} \\ \sqrt{M_{xy,\phi}^4 + \dfrac{\sin^2 2\phi}{4}M_1^2 M_2^2 a_{ZF}} & \sqrt{M_{yy,\phi}^4 - \dfrac{\sin^2 2\phi}{4}M_1^2 M_2^2 a_{ZF}} \end{bmatrix}$$

$$= \begin{bmatrix} \cos\phi & -\sin\phi \\ \sin\phi & \cos\phi \end{bmatrix}\begin{bmatrix} M_1^2 & 0 \\ 0 & M_2^2 \end{bmatrix}\begin{bmatrix} \cos\phi & \sin\phi \\ -\sin\phi & \cos\phi \end{bmatrix} \qquad (5-341)$$

对式(5-341)取行列式，可得

$$\begin{vmatrix} \sqrt{M_{xx,\phi}^4 - \dfrac{\sin^2 2\phi}{4}M_1^2 M_2^2 a_{ZF}} & \sqrt{M_{xy,\phi}^4 + \dfrac{\sin^2 2\phi}{4}M_1^2 M_2^2 a_{ZF}} \\ \sqrt{M_{xy,\phi}^4 + \dfrac{\sin^2 2\phi}{4}M_1^2 M_2^2 a_{ZF}} & \sqrt{M_{yy,\phi}^4 - \dfrac{\sin^2 2\phi}{4}M_1^2 M_2^2 a_{ZF}} \end{vmatrix} = M_1^2 M_2^2$$

$$(5-342)$$

可推得

$$M_1^2 = \sqrt{\frac{J_{ZF1} + J_{ZF2}}{2}} \qquad (5-343)$$

$$M_2^2 = \sqrt{\frac{J_{ZF1} - J_{ZF2}}{2}} \tag{5 - 344}$$

由式(5 - 338)和式(5 - 339)可得

$$M_{xx,\phi}^2 + M_{yy,\phi}^2 = \sqrt{(M_1^2 \cos^2\phi + M_2^2 \sin^2\phi)^2 + \frac{\sin^2 2\phi}{4} M_1^2 M_2^2 a_{ZF}}$$

$$+ \sqrt{(M_1^2 \sin^2\phi + M_2^2 \cos^2\phi)^2 + \frac{\sin^2 2\phi}{4} M_1^2 M_2^2 a_{ZF}} \tag{5 - 345}$$

当 $a_{ZF} = 0$(无像散)时,式(5 - 345)变为

$$M_{xx,\phi}^2 + M_{yy,\phi}^2 = M_1^2 + M_2^2 \tag{5 - 346}$$

当 $a_{ZF} > 0$(有像散时)时,式(5 - 345)变为

$$M_{xx,\phi}^2 + M_{yy,\phi}^2 \geq M_1^2 + M_2^2 \tag{5 - 347}$$

当 ϕ 为 0°或 90°时, $M_{xx,\phi}^2 + M_{yy,\phi}^2$ 取最小值 $M_1^2 + M_2^2$,当 ϕ 取值为 45°时,有

$$M_{xx,45°}^2 + M_{yy,45°}^2 = 2\sqrt{\left(\frac{M_1^2 + M_2^2}{2}\right)^2 + \frac{M_1^2 M_2^2 a_{ZF}}{4}} \tag{5 - 348}$$

将式(5 - 348)的两边平方可得

$$(M_{xx,45°}^2 + M_{yy,45°}^2)^2 = (M_1^2 + M_2^2)^2 + M_1^2 M_2^2 a_{ZF} \tag{5 - 349}$$

则可得像散系数为

$$a_{ZF} = \frac{(M_{xx,45°}^2 + M_{yy,45°}^2)^2 - (M_1^2 + M_2^2)^2}{M_1^2 M_2^2} \tag{5 - 350}$$

5.6 M^4 矩阵

5.6.1 像散基模高斯光束的 M^4 矩阵

对像散基模高斯光束,可推得

$$M_{xx,\phi}^4 + M_{xy,\phi}^4 = 1 \tag{5 - 351}$$

$$M_{yy,\phi}^4 + M_{xy,\phi}^4 = 1 \tag{5 - 352}$$

像散基模高斯光束的 M^4 矩阵为

$$\begin{bmatrix} M_{xx,\phi}^4 + M_{xy,\phi}^4 & 0 \\ 0 & M_{yy,\phi}^4 + M_{xy,\phi}^4 \end{bmatrix} = \begin{bmatrix} 1 & 0 \\ 0 & 1 \end{bmatrix} \tag{5 - 353}$$

可推得基模高斯光束的不变量为

$$J_{ZF1} = M_{xx,\phi}^4 + M_{yy,\phi}^4 + 2M_{xy,\phi}^4 \equiv 2 \tag{5 - 354}$$

$$J_{ZF2} = \max(M_{xx,\phi}^4 - M_{yy,\phi}^4) \equiv 0 \tag{5 - 355}$$

5.6.2 像散 H-G$_{mn}$ 模式光束的 M^4 矩阵

对像散 H-G$_{mn}$ 模式光束,可推得

$$M^4_{xx,\phi} + M^4_{xy,\phi} = (2m+1)^2 \cos^2\phi + (2n+1)^2 \sin^2\phi \qquad (5-356)$$

$$M^4_{yy,\phi} + M^4_{xy,\phi} = (2m+1)^2 \sin^2\phi + (2n+1)^2 \cos^2\phi \qquad (5-357)$$

$$M^4_{xx,\phi} - M^4_{yy,\phi} = \left[(2m+1)^2 - (2n+1)^2 \right] \cos(2\phi) \qquad (5-358)$$

利用

$$\sin2\phi = \cos\left(2\phi - \frac{\pi}{2}\right) = \cos\left[2\left(\phi - \frac{\pi}{4}\right)\right] \qquad (5-359)$$

$$\cos2\phi = \sin\left(2\phi + \frac{\pi}{2}\right) = \sin\left[2\left(\phi + \frac{\pi}{4}\right)\right] \qquad (5-360)$$

可得

$$M^4_{xx,\phi} - M^4_{yy,\phi} = \left[(2m+1)^2 - (2n+1)^2 \right] \sin\left[2(\phi + \pi/4)\right] \qquad (5-361)$$

$$M^4_{xx,\phi-\pi/4} - M^4_{yy,\phi-\pi/4} = \left[(2m+1)^2 - (2n+1)^2 \right] \sin(2\phi)$$
$$= 2\left[(2m+1)^2 - (2n+1)^2 \right] \sin\phi\cos\phi \qquad (5-362)$$

$$\left[(2m+1)^2 - (2n+1)^2 \right] \sin\phi\cos\phi = \left(M^4_{xx,\phi-\pi/4} - M^4_{yy,\phi-\pi/4} \right)/2 \qquad (5-363)$$

可进一步写出像散 H-G$_{mn}$ 模式光束的 M^4 矩阵为

$$\begin{bmatrix} M^4_{xx,\phi} + M^4_{xy,\phi} & \left(M^4_{xx,\phi-\pi/4} - M^4_{yy,\phi-\pi/4} \right)/2 \\ \left(M^4_{xx,\phi-\pi/4} - M^4_{yy,\phi-\pi/4} \right)/2 & M^4_{yy,\phi} + M^4_{xy,\phi} \end{bmatrix}$$

$$= \boldsymbol{\Phi}^{-1} \begin{bmatrix} (2m+1)^2 & 0 \\ 0 & (2n+1)^2 \end{bmatrix} \boldsymbol{\Phi} \qquad (5-364)$$

对式(5-364)取行列式,可得

$$\left(M^4_{xx,\phi} + M^4_{xy,\phi} \right)\left(M^4_{yy,\phi} + M^4_{xy,\phi} \right) - \left(M^4_{xx,\phi-\pi/4} - M^4_{yy,\phi-\pi/4} \right)^2/4 = (2m+1)^2(2n+1)^2$$
$$(5-365)$$

可推得

$$M^4_{xx,\phi} + M^4_{yy,\phi} = \left[(2m+1)\cos^2\phi + (2n+1)\sin^2\phi \right]^2 + \left[(2m+1)\sin^2\phi \right.$$
$$\left. + (2n+1)\cos^2\phi \right]^2 + \frac{\sin^2(2\phi)}{2}(2m+1)(2n+1)a_{ZF} \qquad (5-366)$$

当 ϕ 为 0° 或 90° 时,可得

$$M^4_{xx,0°} + M^4_{yy,0°} = (2m+1)^2 + (2n+1)^2 \qquad (5-367)$$

$$M^4_{xx,90°} + M^4_{yy,90°} = (2m+1)^2 + (2n+1)^2 \qquad (5-368)$$

当 ϕ 取值为 45° 时,可得

$$M^4_{xx,45°} + M^4_{yy,45°} = 2\left[\frac{(2m+1) + (2n+1)}{2} \right]^2 + \frac{1}{2}(2m+1)(2n+1)a_{ZF}$$
$$(5-369)$$

则可得到像散系数为

$$a_{ZF} = \frac{2(M_{xx,45°}^4 + M_{yy,45°}^4) - [(2m+1) + (2n+1)]^2}{(2m+1)(2n+1)} \qquad (5-370)$$

5.6.3 一般像散光束的 M^4 矩阵

对普通的像散光束,可推得

$$M_{xx,\phi}^4 + M_{xy,\phi}^4 = M_1^4 \cos^2\phi + M_2^4 \sin^2\phi \qquad (5-371)$$

$$M_{yy,\phi}^4 + M_{xy,\phi}^4 = M_1^4 \sin^2\phi + M_2^4 \cos^2\phi \qquad (5-372)$$

$$M_{xx,\phi}^4 - M_{yy,\phi}^4 = (M_1^4 - M_2^4)\cos(2\phi) \qquad (5-373)$$

利用

$$\sin(2\phi) = \cos\left(2\phi - \frac{\pi}{2}\right) = \cos\left[2\left(\phi - \frac{\pi}{4}\right)\right] \qquad (5-374)$$

$$\cos(2\phi) = \sin\left(2\phi + \frac{\pi}{2}\right) = \sin\left[2\left(\phi + \frac{\pi}{4}\right)\right] \qquad (5-375)$$

可得

$$M_{xx,\phi}^4 - M_{yy,\phi}^4 = [M_1^4 - M_2^4]\sin[2(\phi + \pi/4)] \qquad (5-376)$$

$$M_{xx,\phi-\pi/4}^4 - M_{yy,\phi-\pi/4}^4 = [M_1^4 - M_2^4]\sin(2\phi) = 2[M_1^4 - M_2^4]\sin\phi\cos\phi \qquad (5-377)$$

$$(M_1^4 - M_2^4)\sin\phi\cos\phi = (M_{xx,\phi-\pi/4}^4 - M_{yy,\phi-\pi/4}^4)/2 \qquad (5-378)$$

可进一步写出像散光束的 M^4 矩阵为

$$\begin{bmatrix} M_{xx,\phi}^4 + M_{xy,\phi}^4 & (M_{xx,\phi-\pi/4}^4 - M_{yy,\phi-\pi/4}^4)/2 \\ (M_{xx,\phi-\pi/4}^4 - M_{yy,\phi-\pi/4}^4)/2 & M_{yy,\phi}^4 + M_{xy,\phi}^4 \end{bmatrix}$$

$$= \begin{bmatrix} \cos\phi & -\sin\phi \\ \sin\phi & \cos\phi \end{bmatrix} \begin{bmatrix} M_1^4 & 0 \\ 0 & M_2^4 \end{bmatrix} \begin{bmatrix} \cos\phi & \sin\phi \\ -\sin\phi & \cos\phi \end{bmatrix} \qquad (5-379)$$

对式(5-379)取行列式,可得

$$(M_{xx,\phi}^4 + M_{xy,\phi}^4)(M_{yy,\phi}^4 + M_{xy,\phi}^4) - (M_{xx,\phi-\pi/4}^4 - M_{yy,\phi-\pi/4}^4)^2/4 = M_1^4 M_2^4 \qquad (5-380)$$

5.7 光束特征

5.7.1 理想基模高斯光束

理想基模高斯光束的特征如下:

(1)光束在传输过程中光斑束半宽轮廓形状始终为圆形。

(2)光束的 M_{xx}^2 随方位角变化是半径为 1 的圆形,$M_{xx}^2(\phi)$ 曲线包含的面积相对于所有其他光束来说是最小的,它的光束质量最好,$Q_{ZF} = 1$。

（3）光束的 $M_{xy}{}^4$ 随方位角变化始终为 0。

（4）光束的 $M_r{}^2 = 2$,是所有光束中最小的。

（5）光束的 M^2 矩阵和 M^4 矩阵满足矩阵旋转操作。

（6）光束无像散、无扭曲,即像散系数 $a_{ZF} = 0$,扭曲系数 $t_{ZF} = 0$。

（7）光束的 $J_{ZF1} = 2$,$J_{ZF2} = 0$。

5.7.2　H-G$_{mn}$ 模式光束

H-G$_{mn}$ 模式光束的特征如下:

（1）光束在传输过程中光斑束半宽轮廓形状始终为圆形、椭圆形或 8 字形。

（2）光束在主方位角方向上的 M^2 为 $2m + 1$ 和 $2n + 1$。

（3）光束在与主轴方向夹角为 ϕ 的方向上的取值为 $M_{xx}{}^2 = (2m + 1)\cos^2\phi + (2n + 1)\sin^2\phi$,$M_{xx}{}^2(\phi)$ 曲线包含的面积相对于它的像散扭曲光束来说是最小的,它的光束质量相对于它的像散扭曲光束来说是最好的,$Q_{ZF} = 1/(m + n + 1)$;光束的阶数越高,Q_{ZF} 越小,光束质量越差。

（4）光束的 $M_{xx,\phi}^2 + M_{yy,\phi}^2$ 的值不随角度 ϕ 的变化而变化,保持 $2(m + n + 1)$。

（5）光束的 $M_r{}^2 = (2m + 1)^2 + (2n + 1)^2$。

（6）光束的 M^2 矩阵和 M^4 矩阵满足矩阵旋转操作。

（7）光束无像散、无扭曲,即像散系数 $a_{ZF} = 0$,扭曲系数 $t_{ZF} = 0$。

（8）光束的传输旋转不变量 $J_{ZF1} = (2m + 1)^2 + (2n + 1)^2$,
$$J_{ZF2} = \left| (2m + 1)^2 - (2n + 1)^2 \right|。$$

（9）根据光束的 M 参数可求得模式的阶数:$m = \sqrt{(J_{ZF1} + J_{ZF2})/8} - 0.5$;$n = \sqrt{(J_{ZF1} - J_{ZF2})/8} - 0.5$。

5.7.3　无像散无扭曲光束

无像散无扭曲光束的特征与 H-G$_{mn}$ 模式光束的特征相似,只是 M^2 的取值不再是整数,其特征如下:

（1）光束在传输过程中光斑束半宽轮廓形状始终为圆形、椭圆形或 8 字形。

（2）光束在主方位角方向上的 M^2 为 $M_1{}^2$ 和 $M_2{}^2$。

（3）光束在与主轴方向夹角为 ϕ 的方向上 $M_{xx}{}^2$ 的取值为 $M_1{}^2\cos^2\phi + M_2{}^2\sin^2\phi$,$M_{xx}{}^2(\phi)$ 曲线包含的面积相对于它的像散扭曲光束来说是最小的,它的光束质量相对于它的像散扭曲光束来说是最好的,$Q_{ZF} = 2/(M_1{}^2 + M_2{}^2)$;光束的 $M_1{}^2$ 与 $M_2{}^2$ 之和越大,Q_{ZF} 越小,光束质量越差。

（4）光束的 $M^2_{xx,\phi} + M^2_{yy,\phi}$ 的值不随角度 ϕ 的变化而变化，保持 $M_1^2 + M_2^2$。

（5）光束的 $M_r^2 = M_1^2 + M_2^2$。

（6）光束的 M^2 矩阵和 M^4 矩阵满足矩阵旋转操作。

（7）光束无像散、无扭曲，即像散系数 $a_{ZF} = 0$，扭曲系数 $t_{ZF} = 0$。

（8）光束的传输旋转不变量 $J_{ZF1} = M_1^4 + M_2^4$，$J_{ZF2} = \left| M_1^4 - M_2^4 \right|$。

（9）根据光束的 M 参数可求得光束在主方向上的 M^2：$M_1^2 = \sqrt{(J_{ZF1} + J_{ZF2})/2}$；$M_2^2 = \sqrt{(J_{ZF1} - J_{ZF2})/2}$。

5.7.4　像散光束

像散光束的特征如下：

（1）光束在传输过程中光斑束半宽轮廓形状呈椭圆或 8 字形，仅在特殊位置呈圆形。

（2）光束在主方位角方向上的 M^2 为 M_1^2 和 M_2^2。

（3）光束的 $M_{xx}^2(\phi)$ 曲线套在它的无像散光束相应曲线的外面，包含的面积更大；它的光束质量相对于它的无像散光束来说更差，$Q_{ZF} < 2/(M_1^2 + M_2^2)$；光束的 M_1^2 与 M_2^2 之和越大，Q_{ZF} 越小，光束质量越差。

（4）光束的 $M^2_{xx,\phi} + M^2_{yy,\phi}$ 的值不再保持不变。

（5）光束有像散，像散系数 $a_{ZF} > 0$；a_{ZF} 越大，像散越严重。

（6）光束的 M^2 矩阵不再满足矩阵旋转操作，但 M^4 矩阵满足矩阵旋转操作。

（7）光束无扭曲，即扭曲系数 $t_{ZF} = 0$。

（8）光束的传输旋转不变量 $J_{ZF1} = M_1^4 + M_2^4$，$J_{ZF2} = \left| M_1^4 - M_2^4 \right|$。

（9）根据光束的 M 参数可求得光束在主方位角方向上的 M^2：$M_1^2 = \sqrt{(J_{ZF1} + J_{ZF2})/2}$；$M_2^2 = \sqrt{(J_{ZF1} - J_{ZF2})/2}$。

（10）根据光束的 M 参数可进一步求得光束的像散系数 a_{ZF}：$a_{ZF} = M_r^4 - (M_2^2 + M_2^2)^2$。

5.7.5　扭曲光束

扭曲光束的特征如下：

（1）光束在自由空间传输的过程中没有光斑束半宽轮廓为圆形的位置。

（2）光束的等相面曲率对角化方向在传输过程中始终在旋转；光束的等相面曲率对角化方向在传输过程中始终在旋转；光束的等相面曲率对角化方向与光斑束半宽对角化方向始终不一致。

（3）光束的 $M_{xx}^2(\phi)$ 曲线没有镜像对称轴。

（4）光束的 $M_{xx,\phi}^2 + M_{yy,\phi}^2$ 的值不再保持不变。

（5）光束有像散,像散系数 $a_{ZF} > 0$；a_{ZF} 越大,像散越严重。

（6）光束的 M^2 矩阵不再满足矩阵旋转操作,但 M^4 矩阵满足矩阵旋转操作。

（7）光束有扭曲,即扭曲系数 $t_{ZF} > 0$；t_{ZF} 越大,扭曲越严重。

5.8 光束的传输旋转不变量

5.8.1 旋转对称光束

$$M_{xx,\phi}^4 \equiv M_{yy,\phi}^4 \equiv \frac{M_r^4}{4} \tag{5-381}$$

$$J_{ZF1} \equiv M_{xx,\phi}^4 + M_{yy,\phi}^4 + 2M_{xy,\phi}^4 \equiv M_r^4/2 \tag{5-382}$$

$$J_{ZF2} = 0, a_{ZF} = 0, t_{ZF} = 0 \tag{5-383}$$

5.8.2 像散光束

$$M_{xx,\phi}^4 = \left[M_1^2 \cos^2\phi + M_2^2 \sin^2\phi \right]^2 + \frac{\sin^2 2\phi}{4} M_1^2 M_2^2 a_{ZF} \tag{5-384}$$

$$a_{ZF} = \left[\left(\frac{w_{01}}{w_{02}} - \frac{w_{02}}{w_{01}} \right)^2 + \frac{\lambda^2 d^2}{\pi^2 w_{01}^2 w_{02}^2} \right] > 0 \tag{5-385}$$

$$M_{yy,\phi}^4 = \left[M_1^2 \sin^2\phi + M_2^2 \cos^2\phi \right]^2 + \frac{\sin^2 2\phi}{4} M_1^2 M_2^2 a_{ZF} \tag{5-386}$$

$$M_{xy,\phi}^4 = \frac{\pi^2}{\lambda^2} w_{xy}^2 \theta_{xy}^2 = \frac{\sin^2 2\phi}{4} \left[(M_1^2 - M_2^2)^2 - M_1^2 M_2^2 a_{ZF} \right] \tag{5-387}$$

$$M_r^4 = \frac{\pi^2}{\lambda^2} w_{0r}^2 \theta_r^2 = (M_1^2 + M_2^2)^2 + M_1^2 M_2^2 a_{ZF} \geqslant (M_1^2 + M_2^2)^2 \tag{5-388}$$

$$J_{ZF1} \equiv M_{xx,\phi}^4 + M_{yy,\phi}^4 + 2M_{xy,\phi}^4 = M_1^4 + M_2^4 \tag{5-389}$$

$$J_{ZF2} \equiv \max(M_{xx,\phi}^4 - M_{yy,\phi}^4) = |M_1^4 - M_2^4| \tag{5-390}$$

$$M_1^4 = \frac{J_{ZF1} + J_{ZF2}}{2} \tag{5-391}$$

$$M_2^4 = \frac{J_{ZF1} - J_{ZF2}}{2} \tag{5-392}$$

$$M_r^4 = (M_1^2 + M_2^2)^2 + M_1^2 M_2^2 a_{ZF} \geqslant (M_1^2 + M_2^2)^2 \tag{5-393}$$

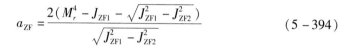
$$a_{ZF} = \frac{2(M_r^4 - J_{ZF1} - \sqrt{J_{ZF1}^2 - J_{ZF2}^2})}{\sqrt{J_{ZF1}^2 - J_{ZF2}^2}} \qquad (5-394)$$

$$t_{ZF} = 0 \qquad (5-395)$$

5.8.3 扭曲光束

$$J_{ZF1} \equiv M_{xx,\phi}^4 + M_{yy,\phi}^4 + 2M_{xy,\phi}^4 \leqslant M_1^4 + M_2^4 \qquad (5-396)$$

$$J_{ZF2} = \max(M_{xx,\phi}^4 - M_{yy,\phi}^4) = |M_1^4 - M_2^4| \qquad (5-397)$$

$$M_r^4 > (M_1^2 + M_2^2)^2 \qquad (5-398)$$

$$a_{ZF} = \frac{M_r^4 - (M_1^2 + M_2^2)^2}{M_1^2 M_2^2} \qquad (5-399)$$

$$t_{ZF} = \min\{\operatorname{abs}[\min(M_{xy}^4)], \operatorname{abs}[\max(M_{xy}^4)]\} \qquad (5-400)$$

参考文献

[1] Siegman A E. New developments in laser resonators[C]. in Proc. SPIE,1990,1224:2 – 14.

[2] ISO 11146 – 1[S]. Lasers and laser – related equipment – Test methods for laser beam widths,divergence angles and beam propagation ratios – Part 1:Stigmatic and simple astigmatic beams,2005.

[3] ISO/TR 11146 – 3[S]. Lasers and laser – related equipment – Test methods for laser beam widths,divergence angles and beam propagation ratios – Part 3:Intrinsic and geometrical laser beam classification,propagation and details of test methods,2004.

[4] ISO 11146 – 2[S]. Lasers and laser – related equipment – Test methods for laser beam widths,divergence angles and beam propagation ratios – Part 2:General astigmatic beams,2005.

[5] Yuqing Fu,Guoying Feng,Dayong Zhang,et al. Beam quality factor of mixed modes emerging from a multimode step – index fiber[J]. Optik,2010,121(5):452 –456.

[6] Dt Gloge. Dispersion in weakly guiding fibers[J]. Applied Optics,1971,10(11):2442 – 2445.

[7] Anthony E Siegman. Defining the effective radius of curvature for a nonideal optical beam[J]. IEEE Journal of Quantum Electronics,1991,27(5):1146 – 1148.

[8] Koplow J P,Kliner D A,L Goldberg. Single – mode operation of a coiled multimode fiber amplifier[J]. Optics Letters,2000,25(7):442 – 4.

[9] 冯国英,周寿桓. 激光光束质量综合评价的探讨[J]. 中国激光,2009,36(7):1643 – 1653.

[10] 李玮. 全固态激光的输出模数及 M^2 因子矩阵的研究[D]. 四川大学博士学位论文,2010.

[11] 刘晓丽,冯国英,李玮,等. 像散椭圆高斯光束的 M^2 因子矩阵的理论与实验研究[J]. 物理学报,2014,62(19):194 – 202.

[12] Hidehiko Yoda,Pavel Polynkin,Masud Mansuripur. Beam quality factor of higher order modes in a step – index fiber[J]. Journal of Lightwave Technology,2006,24(3):1350.

［13］Yoda H,Pavel Polynkin,Masud Mansuripur. Corrections to "Beam Quality Factor of Higher Order Modes in a Step – Index Fiber"［J］. Journal of Lightwave Technology,2009,27(27):1237 – 1237.

［14］Yage Zhan,Qinyu Yang,Hua Wu,et al. Degradation of beam quality and depolarization of the laser beam in a step – index multimode optical fiber［J］. Optik,2009,120(12):585 – 590.

［15］Zhou Pu,Liu Zejin,Xu Xiaojun,et al. Beam quality factor for coherently combined fiber laser beams［J］. Optics & Laser Technology,2009,41(3):268 – 271.

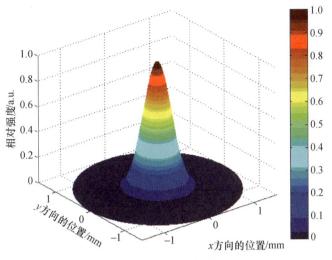

图 2 - 2　高斯光束光强分布

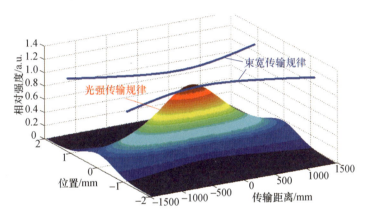

图 2 - 3　高斯光束束腰宽度及光强的传输规律

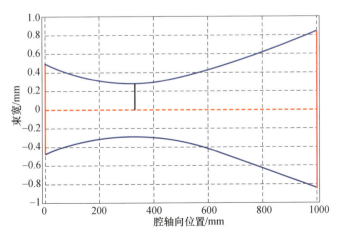

图 2 - 5　基模高斯光束在无源稳定腔内的传输变换

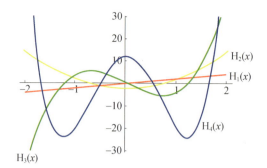

图 2-6　前 4 阶厄米多项式

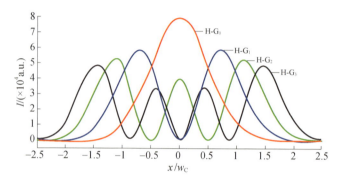

图 2-7　H-G_{mn} 光束在 x 方向的功率归一化光强分布

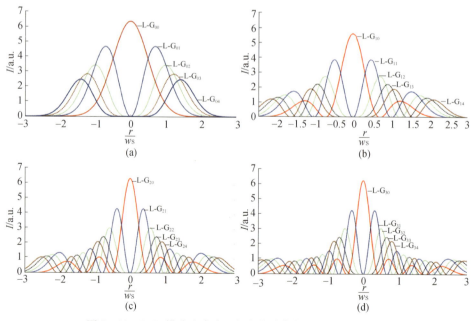

图 2-10　L-G_{pl} 模式光束在 r 径向的功率归一化光强分布图

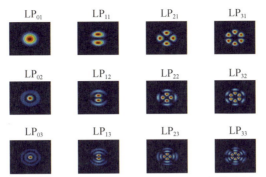

图 2 – 13　$LP_{01} \sim LP_{33}$ 模式光场的光强度分布图

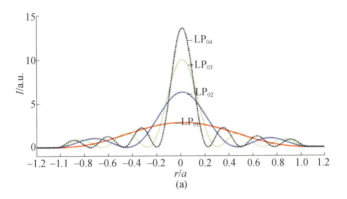

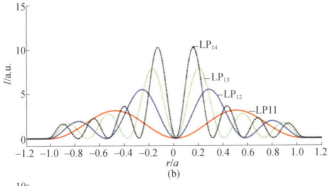

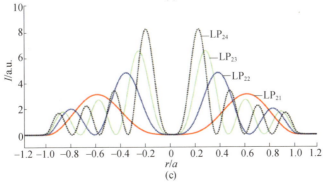

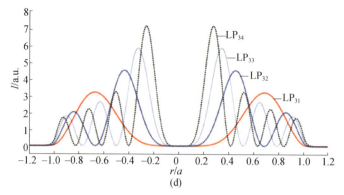

图 2 - 14　LP$_{mn}$模式光束在 r 径向的功率归一化光强分布

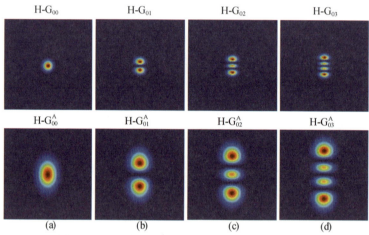

图 2 - 18　无像散和像散 H-G$_{00}$ ~ H-G$_{03}$模式光束的
强度分布(上标 A 表示有像散)

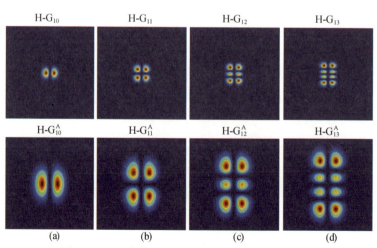

图 2 - 19　无像散和像散 H-G$_{10}$ ~ H-G$_{13}$模式光束的
强度分布(上标 A 表示有像散)

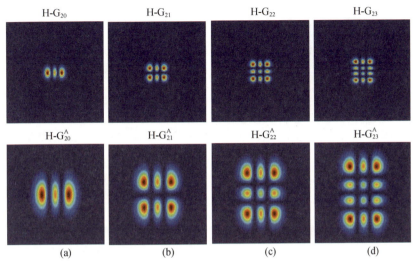

图 2 – 20　无像散和像散 H-G$_{20}$ ~ H-G$_{23}$ 模式光束的
强度分布（上标 A 表示有像散）

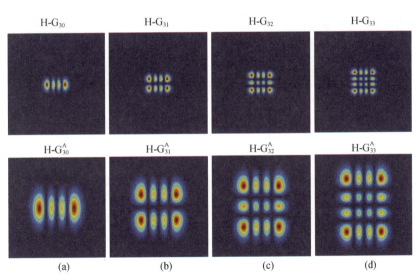

图 2 – 21　无像散和像散 H-G$_{30}$ ~ H-G$_{33}$ 模式光束的
强度分布（上标 A 表示有像散）

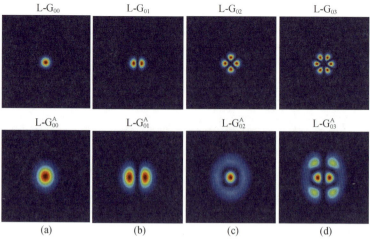

图 2 – 22 无像散和像散 L-G$_{00}$ ~ L-G$_{03}$ 模式光束的
强度分布(上标 A 表示有像散)

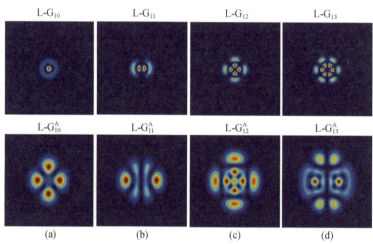

图 2 – 23 无像散和像散 L-G$_{10}$ ~ L-G$_{13}$ 模式光束的
强度分布(上标 A 表示有像散)

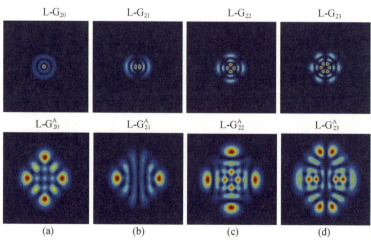

图 2 – 24 无像散和像散 L-G$_{20}$ ~ L-G$_{23}$ 模式光束的
强度分布(上标 A 表示有像散)

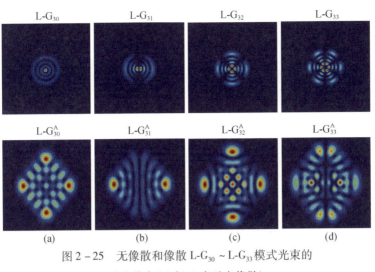

图 2-25　无像散和像散 L-G$_{30}$ ~ L-G$_{33}$ 模式光束的
强度分布(上标 A 表示有像散)

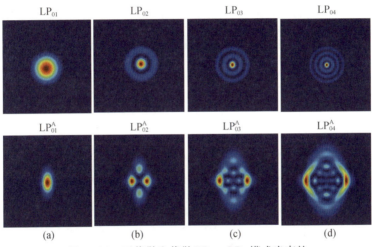

图 2-26　无像散和像散 LP$_{01}$ ~ LP$_{04}$ 模式光束的
强度分布(上标 A 表示有像散)

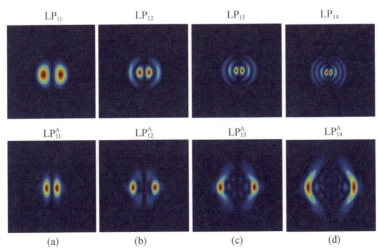

图 2-27　无像散和像散 LP$_{11}$ ~ LP$_{14}$ 模式光束的
强度分布(上标 A 表示有像散)

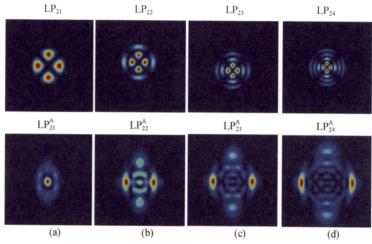

图 2-28　无像散和像散 LP$_{21}$ ~ LP$_{24}$模式光束的
强度分布（上标 A 表示有像散）

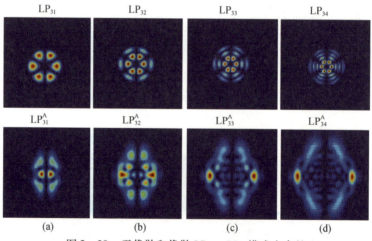

图 2-29　无像散和像散 LP$_{31}$ ~ LP$_{34}$模式光束的
强度分布（上标 A 表示有像散）

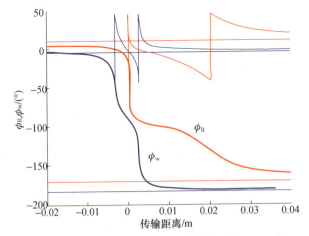

图 2 - 34 在 $z = 0$ 处复矩阵 $\mathbb{Q}^{-1}$ 为 $\begin{bmatrix} -289 - 796i & -61 \\ -61 & -55 - 127i \end{bmatrix}$ 的

扭曲光束的等相面主方向与 x 轴的夹角 ϕ_R(红色曲线)以及
光斑椭圆与 x 轴的夹角 ϕ_w(蓝色曲线)随传输距离的变化曲线

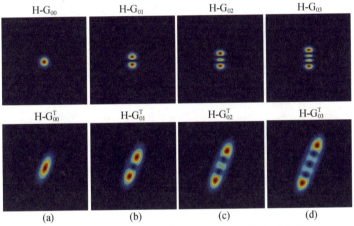

图 2 - 35 无扭曲和扭曲 H-G$_{00}$ ~ H-G$_{03}$ 模式光束的
强度分布(上标 T 表示有扭曲)

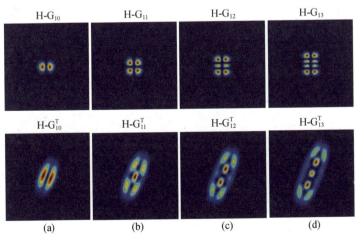

图 2 - 36 无扭曲和扭曲 H-G$_{10}$ ~ H-G$_{13}$ 模式光束的
强度分布(上标 T 表示有扭曲)

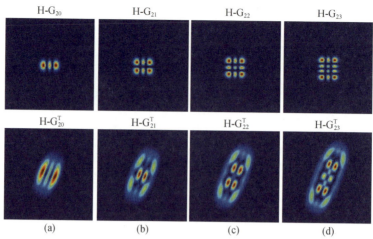

图 2 – 37　无扭曲和扭曲 H-G_{20} ~ H-G_{23} 模式光束的
强度分布（上标 T 表示有扭曲）

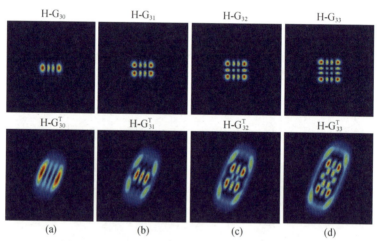

图 2 – 38　无扭曲和扭曲 H-G_{30} ~ H-G_{33} 模式光束的
强度分布（上标 T 表示有扭曲）

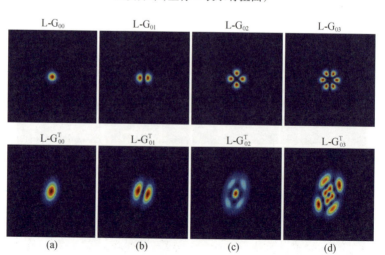

图 2 – 39　无扭曲和扭曲 L-G_{00} ~ L-G_{03} 模式光束的
强度分布（上标 T 表示有扭曲）

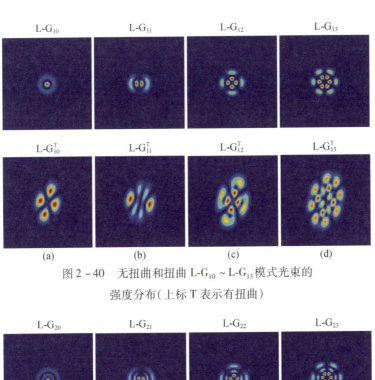

图 2 - 40　无扭曲和扭曲 L-G$_{10}$ ~ L-G$_{13}$ 模式光束的
强度分布（上标 T 表示有扭曲）

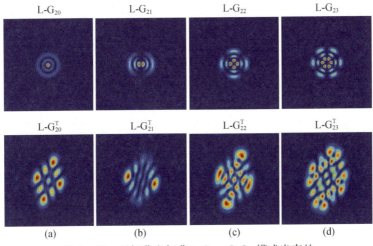

图 2 - 41　无扭曲和扭曲 L-G$_{20}$ ~ L-G$_{23}$ 模式光束的
强度分布（上标 T 表示有扭曲）

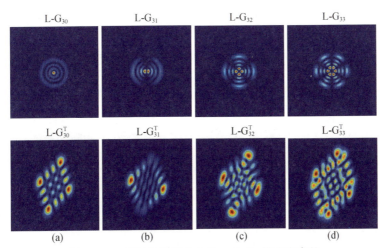

图 2 - 42　无扭曲和扭曲 L-G$_{30}$ ~ L-G$_{33}$ 模式光束的
强度分布（上标 T 表示有扭曲）

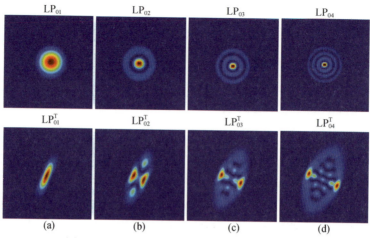

图 2-43 无扭曲和扭曲 $LP_{01} \sim LP_{04}$ 模式光束的
强度分布（上标 T 表示有扭曲）

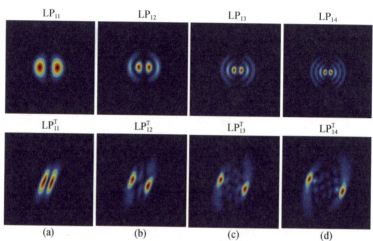

图 2-44 无扭曲和扭曲 $LP_{11} \sim LP_{14}$ 模式光束的
强度分布（上标 T 表示有扭曲）

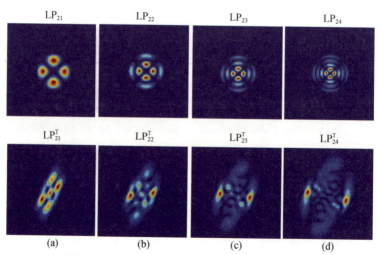

图 2-45 无扭曲和扭曲 $LP_{21} \sim LP_{24}$ 模式光束的
强度分布（上标 T 表示有扭曲）

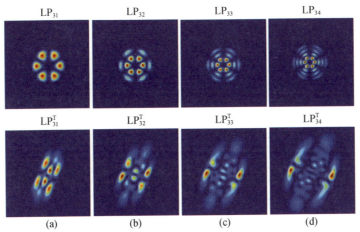

图 2 - 46　无扭曲和扭曲 $LP_{31} \sim LP_{34}$ 模式光束的

强度分布(上标 T 表示有扭曲)

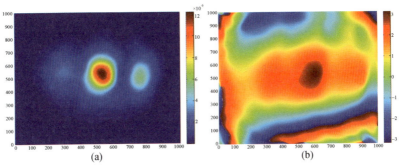

图 2 - 50　测量得到的激光模场的光强分布和位相分布

（a）光强分布；（b）相位分布。

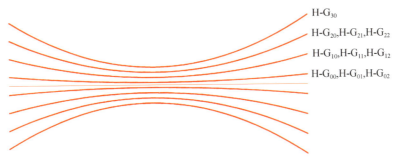

图 3 - 1　H-G_{mn} 模式光束的二阶矩束宽平方随传输距离变化曲线（x 轴方向）

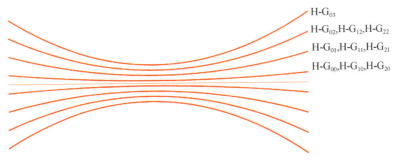

图 3 - 2　H-G_{mn} 模式光束的二阶矩束宽平方随传输距离变化曲线（y 轴方向）

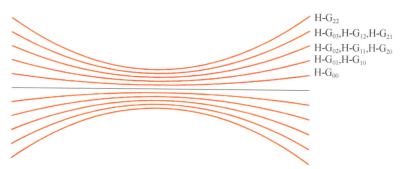

图 3 – 3   H-G$_{mn}$ 模式光束的二阶矩束宽平方随传输距离变化曲线(r 径向)

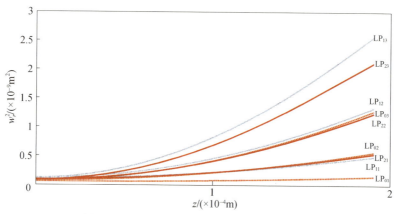

图 3 – 7   LP$_{mn}$ 模式光束的二阶矩束宽平方随
传输距离变化的曲线(r 径向)

光斑轮廓图

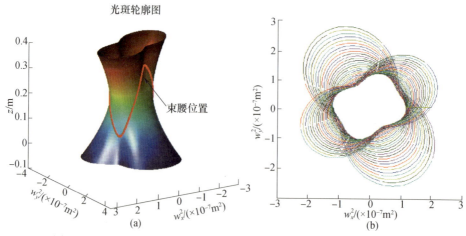

图 4 – 1   基于强度二阶矩得到的(a)像散基模高斯光束的束宽轮廓图和
(b)在不同传输位置处的束宽曲线图

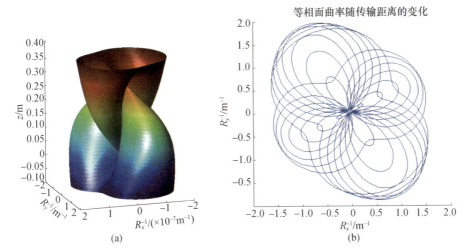

(a)   (b)

图 4 - 2   像散基模高斯光束的(a)等相面曲率轮廓图和

(b)在不同传输位置处的等相面曲率曲线图

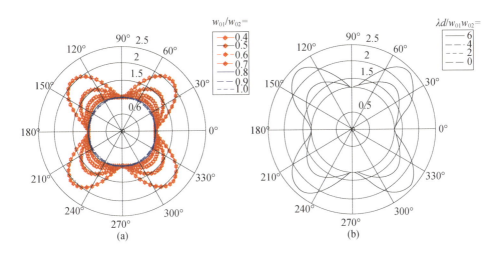

(a)   (b)

图 4 - 3   像散基模高斯光束的 M^4 曲线图

（a）$w_{01}:w_{02}=0.4,0.5,0.6,0.7,0.8,0.9,1.0(d=0,\lambda=1.064\mu m)$；

（b）M^4 曲线图，$d\lambda/w_{01}w_{02}=0,2,4,6(w_{01}=w_{02},\lambda=1.064\mu m)$。

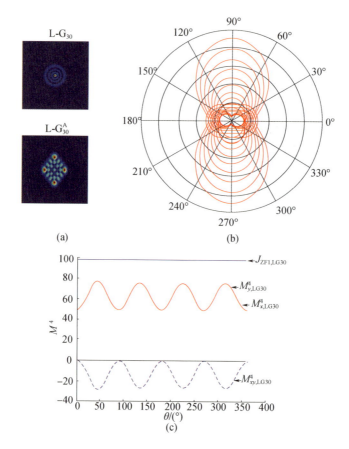

图4-6 当柱透镜母线在 x 轴方向上，像散 L-G$_{30}$ 模式光束的
光斑图样不同传输位置的光斑轮廓图和 M^4 曲线图

（a）光斑图样；（b）光斑轮廓图；（c）M^4 曲线图。

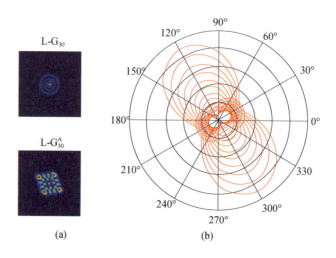

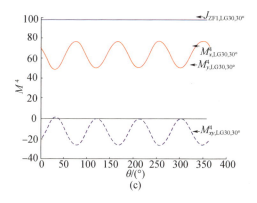

图 4 - 7 当柱透镜的母线绕 z 轴旋转 30°时，像散 L-G$_{30}$ 模式光束的

光斑图样不同传输位置的光斑轮廓图和 M^4 曲线图

（a）光斑图样；（b）光斑轮廓图；（c）M^4 曲线图。

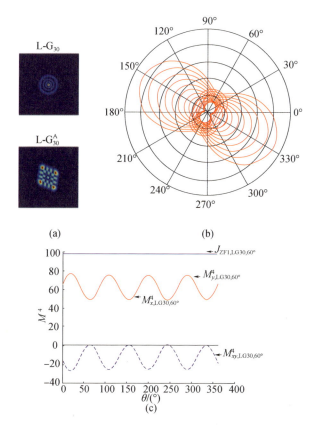

图 4 - 8 当柱透镜的母线绕 z 轴旋转 60°时，像散 L-G$_{30}$ 模式光束的

光斑图样不同传输位置的光斑轮廓图和 M^4 曲线图

（a）光斑图样；（b）光斑轮廓图；（c）M^4 曲线图。

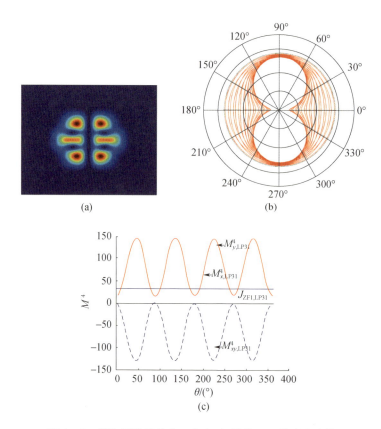

图 4-9　当柱透镜母线在 x 方向时，像散 LP_{31} 模式光束的
光斑图样不同传输位置的光斑轮廓图和 M^4 曲线图

（a）光斑图样；（b）光斑轮廓；（c）M^4 曲线图。

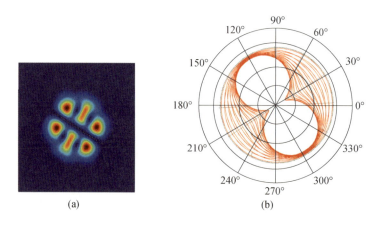

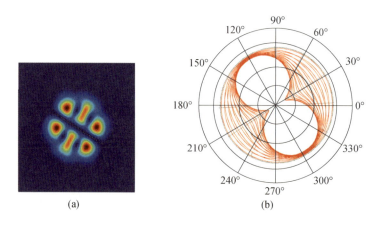

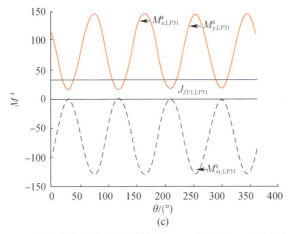

图 4-10 当柱透镜的母线绕 z 轴旋转 30° 时，像散 LP$_{31}$ 模式光束的

光斑图样不同传输位置的光斑轮廓图和 M^4 曲线图

（a）光斑图样；（b）光斑轮廓；（c）M^4 曲线图。

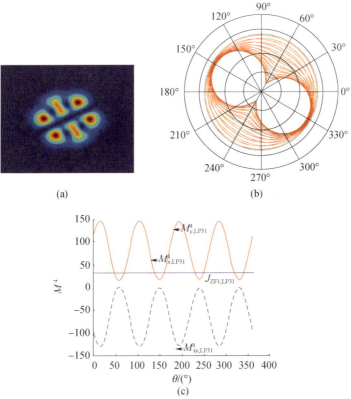

(a) (b)

(c)

图 4-11 当柱透镜的母线绕 z 轴旋转 60° 时，像散 LP$_{31}$ 模式光束的

光斑图样不同传输位置的光斑轮廓图和 M^4 曲线图

（a）光斑图样；（b）光斑轮廓；（c）M^4 曲线图。

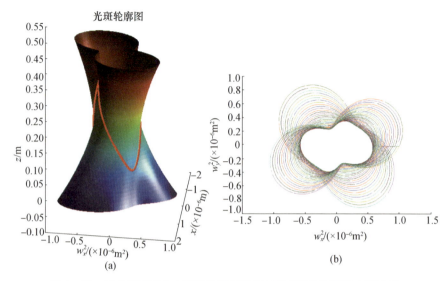

图 4-13　扭曲光束的(a)束宽轮廓图和(b)不同传输位置的束宽曲线

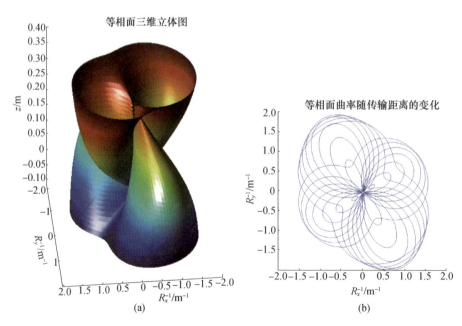

图 4-14　扭曲光束的(a)等相面曲率轮廓图和
(b)不同传输位置的等相面曲率曲线

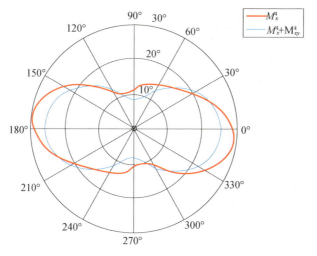

图 4 - 15   扭曲光束的 M^4 曲线

光斑轮廓图

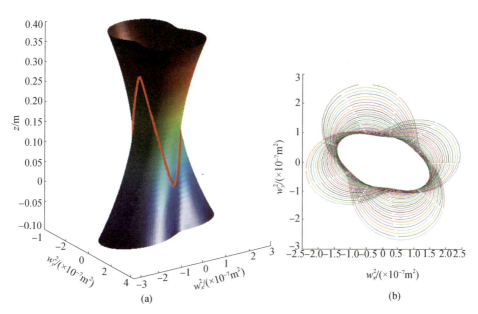

图 4 - 18   基于强度二阶矩得到的(a)扭曲基模高斯光束的
束宽轮廓图和(b)在不同传输位置处的束宽曲线图

等相面三维立体图

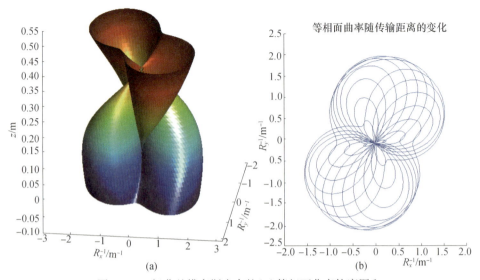

(a)

等相面曲率随传输距离的变化

(b)

图 4 - 19　扭曲基模高斯光束的(a)等相面曲率轮廓图和

(b)在不同传输位置处的等相面曲率曲线图

H-G$_{03}$,M_X^2=1.0,M_Y^2=7.0,M_r^2=8.15

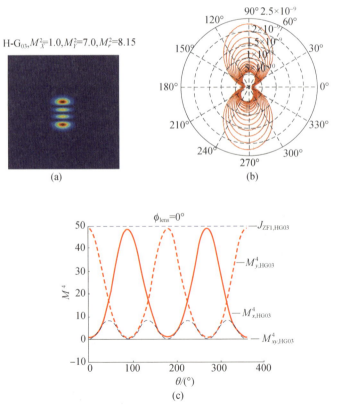

(a)

(b)

ϕ_{lens}=0°

(c)

图 4 - 21　H-G$_{03}$模式光束的(a)光斑图样、(b)不同传输位置的

光斑轮廓图和(c)M^4曲线

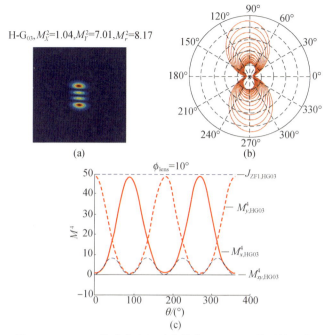

H-G$_{03}$,M_X^2=1.04,M_Y^2=7.01,M_r^2=8.17

(a)

(b)

ϕ_{lens}=10°

$J_{\text{ZF1,HG03}}$

$M_{y,\text{HG03}}^4$

$M_{x,\text{HG03}}^4$

$M_{xy,\text{HG03}}^4$

(c)

图4-22　H-G$_{03}$模式光束经过方位角 ϕ_{lens} = 10°的透镜后的

（a）光斑图样、（b）不同传输位置的光斑轮廓图和（c）M^4曲线

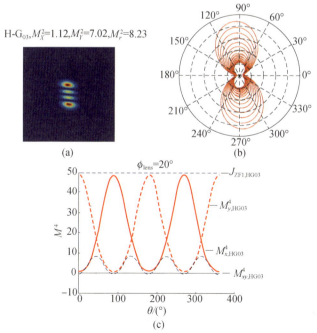

H-G$_{03}$,M_X^2=1.12,M_Y^2=7.02,M_r^2=8.23

(a)

(b)

ϕ_{lens}=20°

$J_{\text{ZF1,HG03}}$

$M_{y,\text{HG03}}^4$

$M_{x,\text{HG03}}^4$

$M_{xy,\text{HG03}}^4$

(c)

图4-23　H-G$_{03}$模式光束经过方位角 ϕ_{lens} = 20°的透镜后的

（a）光斑图样、（b）不同传输位置的光斑轮廓图和（c）M^4曲线

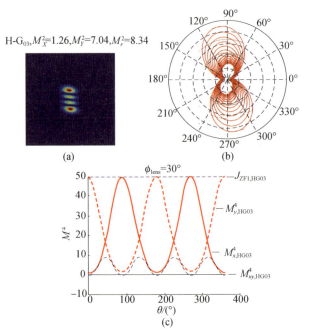

图 4 - 24　H-G$_{03}$ 模式光束经过方位角 $\phi_{\text{lens}}=30°$ 的透镜后的
（a）光斑图样、（b）不同传输位置的光斑轮廓图和（c）M^4 曲线

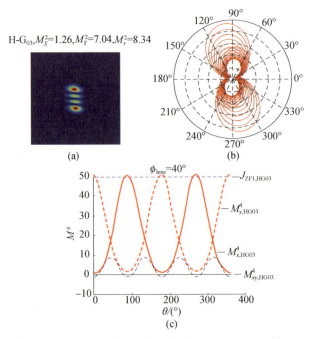

图 4 - 25　H-G$_{03}$ 模式光束经过方位角 $\phi_{\text{lens}}=40°$ 的透镜后的
（a）光斑图样、（b）不同传输位置的光斑轮廓图和（c）M^4 曲线

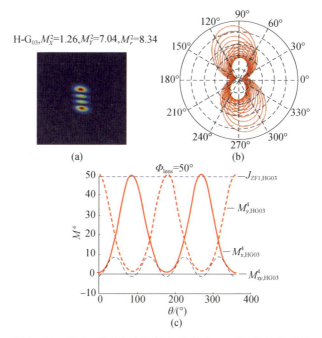

图4-26 H-G$_{03}$模式光束经过方位角 ϕ_{lens} =50°的透镜后的
（a）光斑图样、（b）不同传输位置的光斑轮廓图和（c）M^4曲线

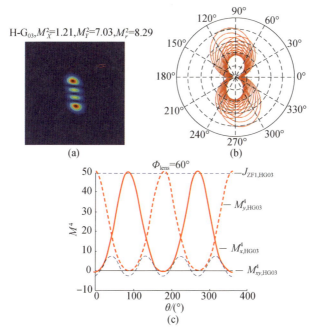

图4-27 H-G$_{03}$模式光束经过方位角 ϕ_{lens} =60°的透镜后的
（a）光斑图样、（b）不同传输位置的光斑轮廓图和（c）M^4曲线

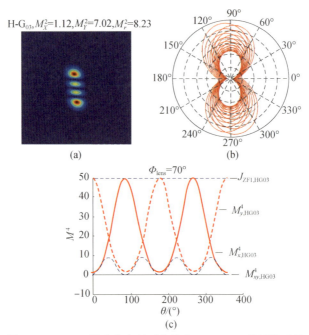

图 4-28　H-G$_{03}$ 模式光束经过方位角 $\phi_{lens}=70°$ 的透镜后的
（a）光斑图样、（b）不同传输位置的光斑轮廓图和（c）M^4 曲线

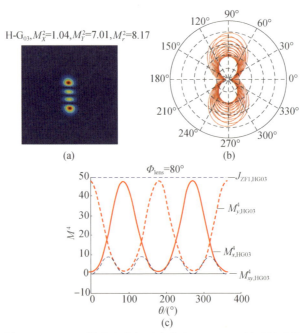

图 4-29　H-G$_{03}$ 模式光束经过方位角 $\phi_{lens}=80°$ 的透镜后的
（a）光斑图样、（b）不同传输位置的光斑轮廓图和（c）M^4 曲线

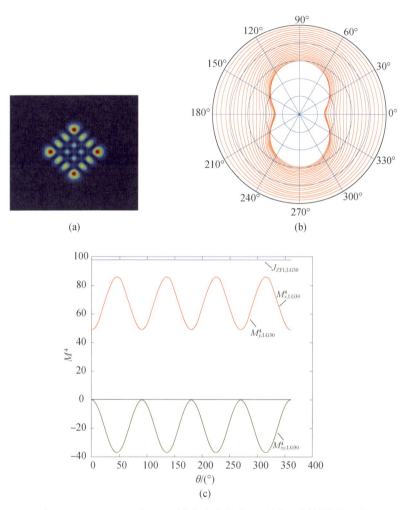

图 4 – 34 $\phi_{lens} = 0°$ 时，L-G_{30} 模式光束的光斑图样、不同传输位置的

光斑轮廓图和 M^4 曲线

（a）光斑图样；（b）光斑轮廓图；（c）M^4 曲线。

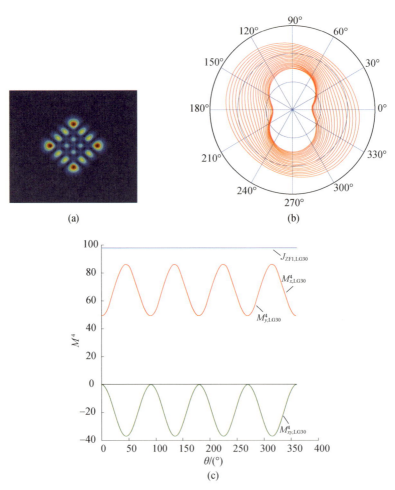

图 4 − 35 $\phi_{\mathrm{lens}} = 10°$ 时，扭曲 L-G$_{30}$ 模式光束的光斑图样、不同传输位置的

光斑轮廓图和 M^4 曲线

(a)光斑图样;(b)光斑轮廓图;(c)M^4曲线。

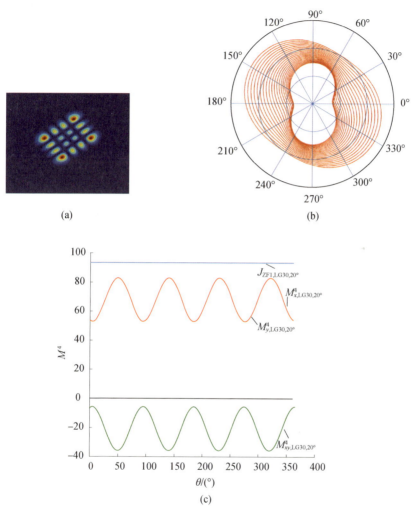

(a)

(b)

(c)

图 4 - 36　$\phi_{\text{lens}} = 20°$ 时，扭曲 L-G$_{30}$ 模式光束的光斑图样、不同传输位置的

光斑轮廓图和 M^4 曲线

（a）光斑图样；（b）光斑轮廓图；（c）M^4 曲线。

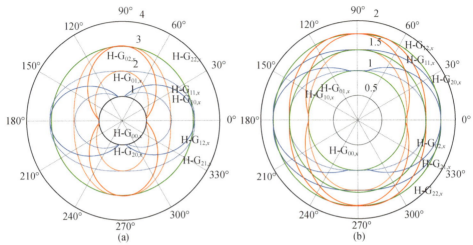

图 5 - 4　H-G$_{00}$ ~ H-G$_{22}$模式光束的极坐标 M^2 曲线和极坐标 M 曲线

（a）极坐标 M^2 曲线；（b）极坐标 M 曲线。

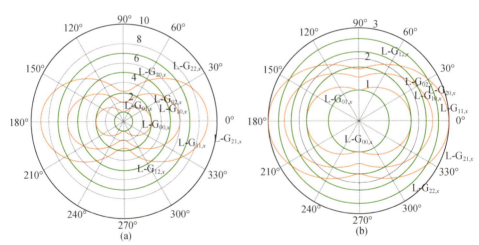

图 5 - 5　L-G$_{00}$ ~ L-G$_{22}$模式光束的极坐标 M^2 曲线和极坐标 M 曲线

（a）极坐标 M^2 曲线；（b）极坐标 M 曲线。

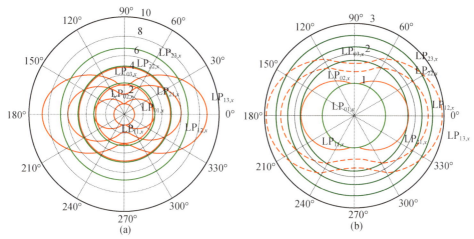

图 5 - 6　LP$_{01}$ ~ LP$_{23}$ 模式光束的极坐标 M^2 曲线和极坐标 M 曲线

（a）极坐标 M^2 曲线；（b）极坐标 M 曲线。

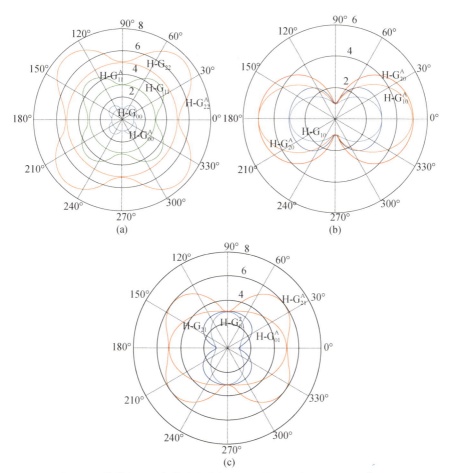

图 5 - 7　像散的 H-G$_{mn}^{A}$ 模式光束与 H-G$_{mn}$ 模式光束的极坐标 M^2 曲线

（a）H-G$_{00}$，H-G$_{11}$，H-G$_{22}$；（b）H-G$_{10}$，H-G$_{20}$；（c）H-G$_{21}$，H-G$_{01}$。

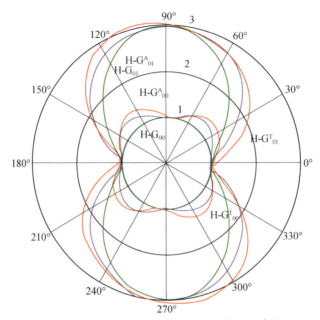

图 5 – 9　H-G$_{00}$ 模式光束和 H-G$_{01}$ 模式光束、像散 H-G$_{00}^A$ 模式光束和 H-G$_{01}^A$ 模式光束以及扭曲 H-G$_{00}^T$ 模式光束和 H-G$_{01}$^{T} 模式光束的极坐标 M^2 曲线